U0281741

RHS

英国皇家园艺学会

植物学指南

花园里的科学与艺术

[英] 杰夫 · 霍奇 著　何毅 译
刘全儒 审订

重庆大学出版社

RHS

BOTANY

for

GARDENERS

花园里的植物学
（代译序）

这是一本将植物学知识和艺术有机结合的植物学入门书籍。众所周知，园艺本身就是源自植物科学和园林艺术的完美组合。英国人酷爱园艺，其园艺水平处于世界公认的一流水准，而皇家园艺学会也是国际顶级的园艺机构，该机构已经编辑出版了大量有关园林植物和园艺方面的工具书。本书非常适合那些有一定园艺实践经验，还想进一步了解植物学理论知识的园艺爱好者和园林工作者，也适合具有一定生物学基础，想在园艺上有所拓展的新手。

这本书既不是一本百科性的全书，也不是手把手教会你各类园艺实践的操作指南，更不是专业的植物学教材，因此，作者并不像一般的植物学教材那样对植物学知识进行全面系统的介绍，而是深入浅出、恰到好处地解释了我们在园艺实际操作中涉及的植物学原理，帮助我们更好地理解植物如何发芽、生长、繁殖以及如何同环境相互影响，让我们在实际操作中得到植物学理论的指导。

书中精美的植物插图充满了强烈的历史感和艺术冲击力，给广大读者带来了视觉上的极大享受。书中同时穿插介绍的14位植物学家和植物科学画家的生平事迹，也让读者得以一窥这些为园艺和植物学做出突出贡献的杰出人士的风采，对通过本书进行植物学学习的广大读者来说也有一定的人生启迪意义。

刘全儒

北京师范大学生命科学学院教授

2015年12月14日于北京

目录

Dahlia × hortensis
大丽花

Aloe brevifolia
短叶芦荟

如何使用本书

《英国皇家园艺学会植物学指南》一书是写给那些对园艺有兴趣，还想进一步了解其背后的植物学知识的读者们。本书所涉及的科学知识处于一个适中的水平，因此不会难于理解，并且其中所使用的植物学术语都加以详细的解释。此外，作者一直十分小心避免偏离园艺工作者的实际兴趣，因此文中所举的许多例子都来源于园艺工作者们了解甚至可能曾经种植过的植物。“植物学在行动”的文本框一直贯穿全书，突出强调了那些对园艺工作者们非常实用的信息。

本书共分为九章，分别涉及与园艺工作者们相关的植物学的重要领域。例如，第一章着重介绍了植物界和植物命名，第五章介绍了种子的发芽和生长，第七章从植物学视角审视植株修剪，第六章和第九章跨越了植物学的范畴进入到土壤科学、病理学和昆虫学等密切相关的科学领域。本书的设计初衷并非让读者们按照任何特定的顺序阅读，每个章节实际上都是独立的模块。当某处的内容需要涉及另一章的知识时，书中都提供了明确的引用参考。

书中每隔一段篇幅就对一些植物学家和植物插画家的生平成就进行介绍。这既是为了提醒读者有关植物学发展的历史背景，同时也是向数百年来不懈努力的植物学家们致敬。无论如何，书中选定的这十四位植物学家并非一个最终清单——在植物学史上还有大量做出同等重大发现的传奇人物，有时他们还需努力地使自己的想法被世人接受。这是一个仍然值得进一步研究的学科。

尽管本书旨在面向园艺工作者，但书中所罗列的实例及实用的建议无法做到面面俱到。读者们会发现第九章中讨论了许多害虫和疾病以及一些防治的建议；同样在第七章也描述了多种修剪手段。有意了解这些方面更多实践性细节的园艺工作者们应阅读更多其他材料。整体而言，本书的目的旨在启发读者更深入地了解植物科学及园艺学。

Prunus persica
桃

李属（*Prunus*）是盛产观赏和食用植物的大属，例如樱桃和李子。种加词“persica”表示它是由波斯（今伊朗）传入欧洲的。

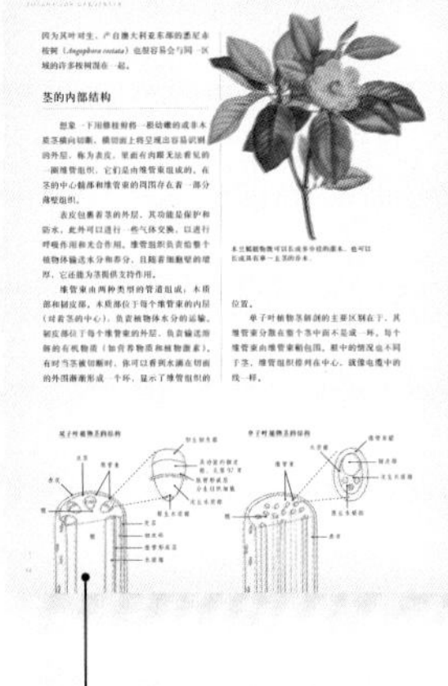
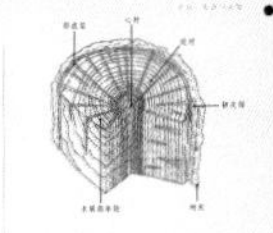
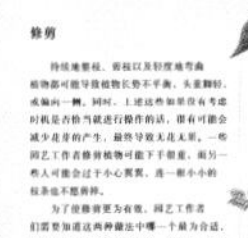
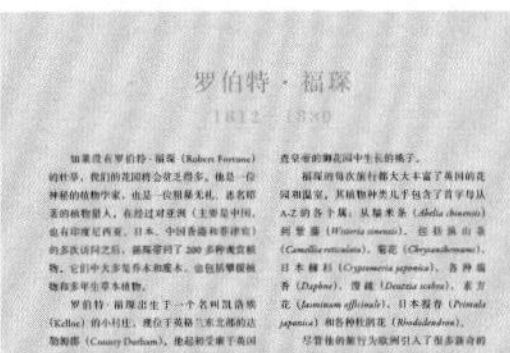

主要页面

所有九章的内容主要由这些核心页面组成。清晰的说明和分类标题使文字通俗易懂，同时所有的插图均标注有拉丁文和通用名。

园艺小贴士

这些贯穿全书各处的简短专栏主要介绍了理论转变为实践的方式，为园艺工作者们提供实用的技巧。

示意图

书中还有许多精彩的植物插图和版画，以及众多有简单注释的示意图，以展示技术方面的知识。

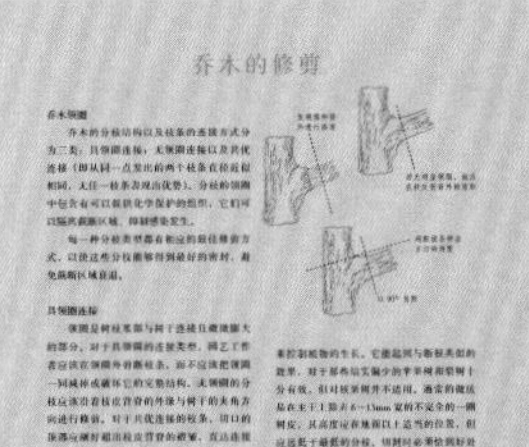

专题页面

本书还设有部分专题页面，简练地提供了一系列实际应用案例，包括如何修剪和怎样打破种子休眠等。

植物学家和植物画家

这些版面介绍了植物学史上著名的人物，还原了他们的生活经历，并阐释了他们的工作如何产生了巨大的影响。

植物学

从词源学上看，植物学“Botany”这个单词源于17世纪末期的“botanic”，这个词又来自于法语中的“botanique”，并可追溯至希腊语中的“botanikos”，其最早的词源为“botanē”，本意即指“植物”。

有关植物的科学研究，包括了植物生理学、形态解剖学、遗传学、生态学、分布、分类和经济价值等方方面面。

Cycas siamensis
云南苏铁

植物学简史

对植物的首次简单研究始于早期人类，这些旧石器时代的狩猎采集者们首先开始了定居生活并开启了原始农业的历程。起初这些“研究”只是基本的信息交流，例如哪些植物营养丰富可以食用，而哪些又有毒，诸如此类的植物知识一代一代流传下来。随后，进一步的知识交流包括了诸如如何使用植物作为草药治疗疾病等其他问题。

随着文字书写逐步发展成为一种交流的手段，有关植物的第一份实体记录可以追溯到距今约 10 000 年前，但第一个真正研究植物的人当属被称为“植物学之父”的泰奥弗拉斯托斯（Theophrastus，公元前 371 年至公元前 286 年）。他是亚里士多德的学生，并被认为是研究植物以及由此产生的植物学的鼻祖。他著作颇丰，包括两套最为重要的植物著作《植物的历史》（*Historia de Plantis*）和《植物生长的原因》（*De Causis Plantarums*）。

泰奥弗拉斯托斯最早辨识出单、双子叶植物以及被子植物与裸子植物之间的区别。他将植物归为四类：乔木、灌木、亚灌木和草本。他同时也对诸如植物发芽、栽培和繁殖等重要领域做了阐述。

佩丹尼乌斯·迪奥科里斯（Pedanius Dioscorides）是早期植物学研究领域中另一位重要的人物。作为尼禄皇帝（Emperor Nero）的随军医生和植物学家，在公元 50—70 年这二十年间，他共完成了五卷百科全书式的巨著——《药物论》（*De Materia Medica*），书中详述了植物的药理作用。直到 17 世纪，该书一直是该领域最有影响力的著作，并为后来的植物学家提供了重要参考。

在中世纪的欧洲，相比于当时风头正盛的植物药理研究，植物科学的研究则黯然失色，退居二线。同时草药集也成了当时植物研究和写作的标准成果。可能其中最有名的当属库尔佩珀（Culpeper）的两部书：《草药大全》（*Complete Herbal*）和《英国医师》（*English Physician*）。

直至公元 14 世纪至 17 世纪，植物学研究才在文艺复兴时期的欧洲得以复活，并凭借自身实力在自然世界的诸多研究中恢复了其重要地位，成为一门科学。草药集们此时摇身一变，成为了更详细的植物志，它们涵盖了一个国家或地区内所有原生植物的各种信息。到了 16 世纪 90 年代，显微镜的发明促

Lonicera* × *brownii
布朗忍冬

一种半常绿攀援忍冬，为贯月忍冬（*Lonicera sempervirens*）和粗毛忍冬（*L. hirsuta*）的杂交种。

进了解剖学、有性繁殖和植物生理学等第一批翔实的植物实验研究的开展。

随着人类对世界的探索更加广泛，以及同更遥远的国家之间的贸易往来变得频繁，许多植物新品种随之被发现。这些植物往往会被种在欧洲的花园里，有些还成为了新的粮食作物，其准确地命名和鉴定由此变得非常重要。

1753年，就在达尔文出版其《物种起源》（*The Origin of Species*）一个多世纪之前，卡尔·林奈（Carl Linnaeus）出版了他著名的《植物种志》（*Species Plantarum*）。作为生物学领域最重要的著作之一，林奈的书中记载了当时已知的植物种类。为了能以一套统一的标准分类排列植物，林奈建立了一套分类系统以便任何人都可以根据植物的物理特性找到其系统位置并对其命名。他对植物进行分组，并给每种植物起了一个分为两部分的名称，由此创造了延续至今仍在普遍使用的双名法系统。

在此之后，众多科学家们逐渐开始有所作为，越来越多的发现使得植物学知识海量扩增。科学家们也变得更加专业化，从而有助于更进一步地探索和发现。

在19世纪和20世纪，更先进的科学技术和方法的使用更是指数倍地扩增了人类的植物学知识。19世纪为整个现代植物学研究奠定了基础。研究结果通过研究院、大学和科研机构的论文得以发表，所有这些新的信息可以提供给更广泛的受众，而不再是仅仅属于少数的“绅士科学家们”的精英领域。

1847年，科学家们首次探讨了有关光合作用捕获太阳辐射能量的作用原理；1903年，叶绿素从植物提取物里被分离出来；20世纪40年代到60年代，科学家们逐步全面了解了光合作用的完整机制；随后，从实用性很强的农学、园艺学和林学等经济植物学领域，到极其详细的植物结构和功能研究，包括生物化学、分子生物学和细胞学说等一大批新的研究领域开始产生。

荣桦叶拟木槿（*Alyogyne hakeifolia*）产于澳大利亚南部地区，本属植物同木槿属（*Hibiscus*）相似。

到了20世纪，诸如放射性同位素、电子显微镜以及包括计算机在内的多种新技术得以发展，这些技术都有助于科学家们更好地了解植物如何生长以及应对环境变化等问题。进入21世纪，植物的基因操作技术成为了学界讨论的热点话题，并很可能会在未来社会中扮演重要的角色。

事实显而易见，直到写作本书时，仍然有相当多数量的植物仍不为我们所知，但我们应冷静地认识到距离人类揭示光合作用的奥秘也才仅仅过去了60年。而此时，仍有成千上万的植物物种的无数奥秘等待着人类去发现。

Lilium pensylvanicum
毛百合

第一章

植物界

The Plant Kingdom

在对自然的研究历程中，面对生物如此丰富的多样性，人们一直设法按照生物各自相似的特征将其分门别类。根据此过程中使用的分类系统，所有的生物都被分入到若干个被称为“界”（Kingdom）的主要类群。

从园艺工作者的角度而言，植物分类通常源于这些问题，“它究竟是乔木还是灌木？是多年生的还是长球茎的？”等等。虽然植物学家们也认可依此划分的类群，但它们并不能作为分类系统（科学分类）的基础，植物界也并未依照此类标准进行划分。

本书关注植物界中的各种生物，并根据其在进化树上的位置对它们进行了分组：从比较简单的藻类开始，并以高度发达的开花植物作结。除少数例外，植物界中的所有生物均可从阳光中获得能量，这一过程被称为光合作用。

乍看之下，植物分类似乎是一个令人困惑的“雷区”。然而，了解植物分类的方式及其基于的原则，这些都将使你更好地在花园里大显身手，同时也为进一步的学习和研究打下了坚实的基础。本章将重点介绍植物界的各个主要类群。

藻类

园艺工作者对藻类的兴趣可以说非常有限。除了池塘中的藻类植物和积聚在潮湿平台和天井上的湿滑软泥，这些生物只是园艺工作者眼中的小角色。

然而，在我们排除藻类之前，有一点还是值得一提的：这些简单的生命形式构成了植物界的很大一部分，并在地球生态系统中发挥了极其重要的作用。藻类之所以“简单”，是因为它们并不像其他植物一样，拥有多样的细胞类型，产生更为复杂的，如根、叶这样的特化器官的结构。

硅藻是非常常见的藻类，几乎出现在一切光线充足且潮湿的地方——池塘、沼泽和湿润的青苔。它们也是最常见的浮游植物之一，并且大多数是单细胞生物。

藻类有着极高的多样性。尽管大多数人都对多细胞的海藻比较熟悉，但单细胞浮游藻类同样十分普遍。它们遍布海洋，利用太阳能生产有机物，从而支撑起整个海洋食物网。藻类中有一个长相十分古怪的类群——硅藻，这种体形微小的单细胞藻类几乎存在于任何有水的环境里。它们的细胞被包裹在一层精妙绝伦的硅质细胞壁中。

从藻类简单的生命形态可以推断，它们的繁殖策略并不会像高等植物中所见的那般复杂。大多数情况下，藻类进行无性繁殖：通过单个细胞或更大的多细胞单位的分裂形成新个体。有性繁殖则是通过两个移动细胞的接触与最终融合实现的。

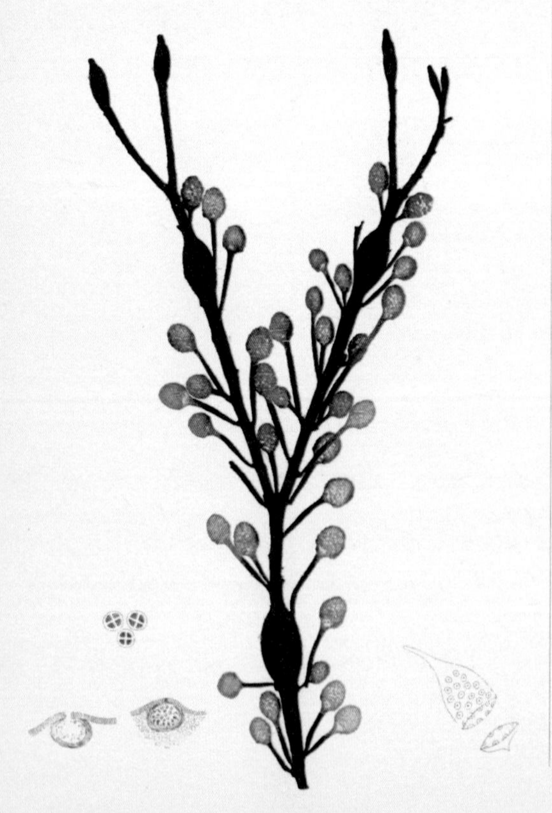

Ascophyllum nodosum
泡叶藻

这种常见的褐藻又被称为挪威海带，可用作植物肥料，也可制成藻类食品。

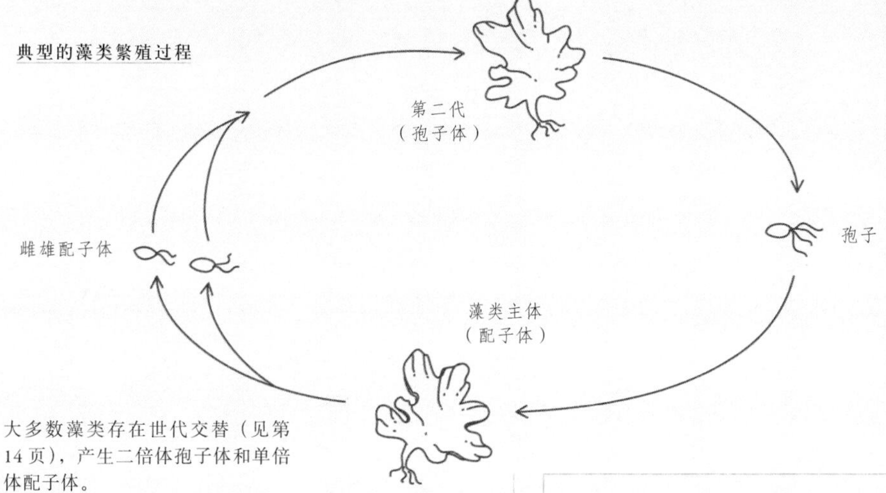

大多数藻类存在世代交替（见第14页），产生二倍体孢子体和单倍体配子体。

花园中的藻类

由于藻类细胞并不具备不透水的角质层或其他可以避免自己被晒干的结构，因此它们要么生活在水中，要么就只能栖居于潮湿、阴暗的环境。只有在水稳定存在的前提下，藻类才能完成其生长和繁殖过程。

在花园里，任何池塘、积水或潮湿的地方几乎都会发现藻类的身影。有时，土壤中也可以找到它们的踪迹。

池塘中的藻类

池塘是大多数园艺工作者“邂逅”藻类的地方，虽然有时这种邂逅并不美妙，尤其在每年春暖花开的时候。如果条件适宜，藻类可以迅速使池塘里的水变色并形成难看的浮渣，或是在池塘中长满密密的一层“藻毯”。若任其发展，藻类将耗尽水中的氧气，并最终威胁池塘中的其他生命。

尽管如此，藻类仍然是水景园自然食物链的重要组成部分，当水体中的藻类数量平衡时，它们有助于维持健康的水体环境。但当池塘受到过度暴晒，水体温度剧烈波动（小池塘问题尤其严重），水体的营养水平过高时，问题就会随之而来。池塘中植物碎屑的累积，或是土壤肥料中的养分浸出，都可能导致水体的营养含量过高。

> **园艺小贴士**
>
> **清除池塘中的藻类**
>
> 要想完全地清除池塘中的藻类是一件非常困难的事情。尽管使用化学药物可以杀灭藻类，但随后的问题会变得更棘手：死去的藻类腐烂反而会加剧水体富营养化。在池塘中种植一些浮水或沉水植物可以帮助改善水体变绿的情况，这类植物可以吸收水中的营养物。更好的选择则是安装一个过滤器，以去除营养物质和藻类。

硬表面上的藻类

藻类也会生长在潮湿道路、围墙以及花园家具等硬表面上，尤其是在那些凉爽、荫蔽的地方。苔藓和地衣同样可生活在类似这样的生境中。不同于流行观点的是，藻类并不会破坏它们生长所依附的硬表面（尽管可能会留下一些污渍）。尽管如此，藻类却会使这些表面变得湿滑危险，因此还是应该将其清除掉为好。高压清洗机或是专门的路径和庭院清洁工具都可以完成这项工作。

苔类和藓类植物

对于植物学家而言，这类生物被称为苔藓植物。它们通常仅在潮湿的生境中存在，其中甚至有很多水生种类。作为多细胞有机体，苔藓植物虽被认为比藻类更进化，却仍然相对简单。的确一些种类的苔藓演化出了专门运输水分的组织，可从整体上看，苔藓植物的细胞分化仍比较有限。

对园艺工作者而言，苔藓具有重要的意义：它们几乎会出现在所有的花园里，在潮湿、荫蔽的地方长成一片。泥炭藓通常被认为是一类相当有益的苔藓，因为它是泥炭的重要组成部分，而泥炭则是被广泛使用的植物盆栽用土。相比之下，苔类植物则并不起眼：在外形上，它们与藓类差异颇大。苔类有着一副扁平革质的“身材”，有时具浅裂；藓类的结构则更为精细，它们常常会竖起直立的嫩枝，嫩枝上还有一些“小叶”。

苔藓植物是由多细胞组成的结构较复杂的植物体。它们产生了闭合的、被称为孢子囊的繁殖器官，并通过孢子传播扩散。

与藻类相同，苔藓植物的有性繁殖只能在有水存在的条件下进行。如果没有水作为介质，精子和卵子将无法相遇并最终受精。

世代交替

苔藓植物的生活史相对复杂，其具有的世代交替现象同样见于较之进化的各植物类群。其生活史中存在两个世代：配子体世代和孢子体世代。苔藓植物的大部分生活周期都处在配子体世代；而在蕨类植物和其他所有更为高等的植物中，则是孢子体世代占主导地位。在被子植物中，由于太过短暂，其配子体世代甚至通常不被提及。（见第22页）

在配子体阶段，每一个细胞仅携带生物体一半的遗传物质。因此，我们所见的苔藓

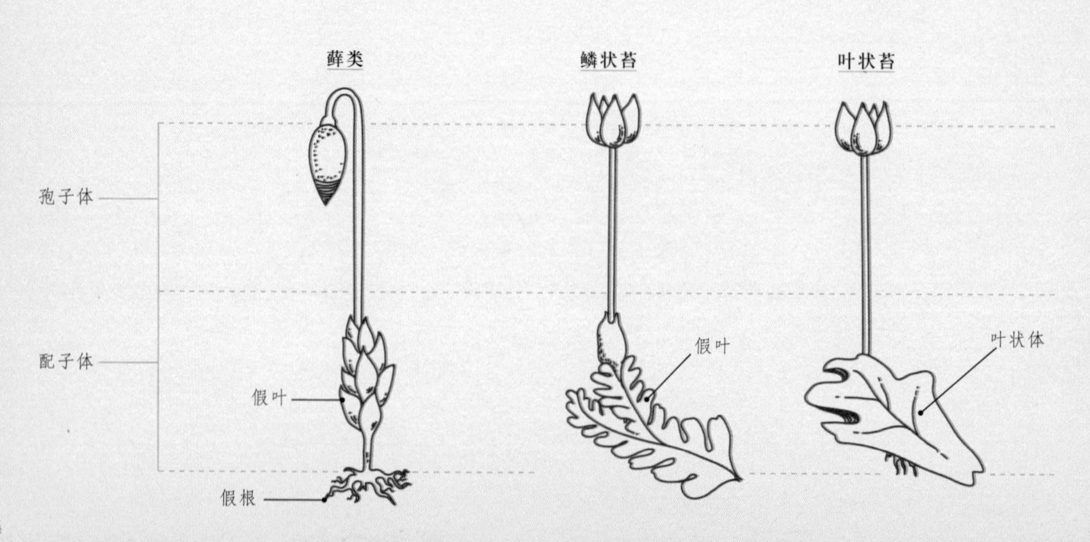

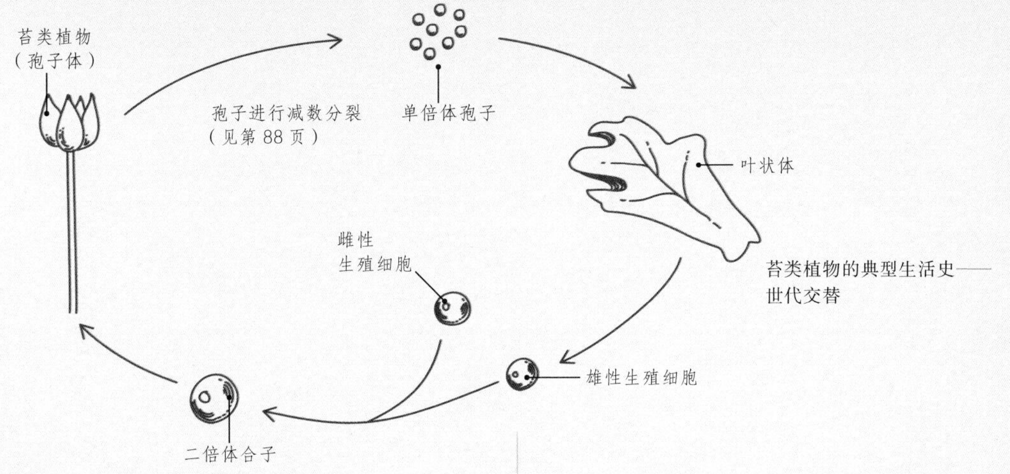

苔类植物的典型生活史——世代交替

的结构都是由单倍体细胞构成的。只有当这些结构释放的精子和卵细胞在水环境中相遇融合受精之后，一个完全的二倍体细胞才得以产生。苔藓的孢子体世代由此起始，但是它们的孢子体已经退化成了简单的产生孢子的结构，需要依附于配子体生存。

鞭苔（*Bazzania trilobata*）是一种苔类植物，此处可见其两个世代的形态。

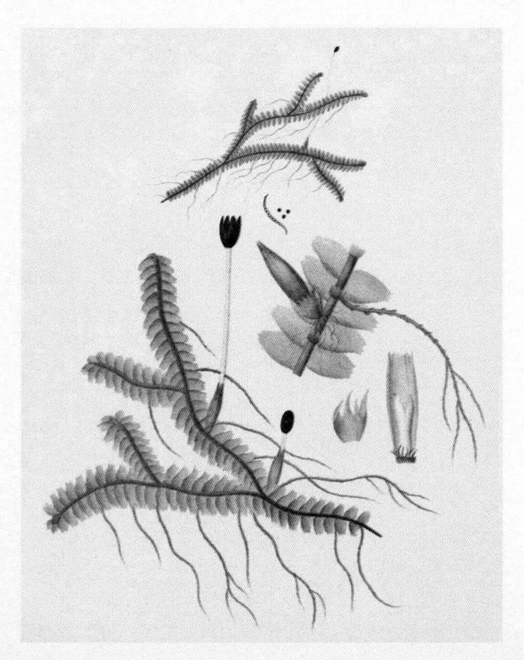

如其名称一样，二倍体的孢子体细胞通过减数分裂产生并释放孢子，所以孢子本身是单倍体。孢子被雨水和风带到各处，其中一部分会成长为新的苔藓配子体。

园艺小贴士

花园中的苔藓植物

藓类的出现常常是个麻烦：它们会侵扰排水不良以及荫蔽处的草坪，进一步阻塞排水系统；或是长在铺石路面和木质结构上，有碍观瞻。尽管如此，某些藓类仍具有一定的观赏价值。在日式花园里，藓类会被用来装饰老旧的建筑，同时它们也被广泛地用作盆景覆土以及吊篮中保水固定的材料。如今，打造绿色屋顶的流行趋势也扩大了藓类的应用范围。然而，由于藓类植物通常对光照、湿度和基质的化学性质有着非常特殊的要求，因此一旦离开了自然生境，藓类便非常难以养护。

砖、木材和混凝土以及人造凝灰岩都是很适合藓类生长附着的表面。在此基础上，还可以在上面施加一些营养使它们变得更加“宜居”，如使用牛奶、酸奶、有机肥或上述三种物质的混合物，这些物质都可以为藓类提供营养。

相比之下，苔类就显得乏善可陈，要么被忽略不计，要么时常会成为背阴处的土壤、花盆以及所有其无法被容忍之处的大问题，并最终被当作杂草处理。

格雷戈尔·约翰·孟德尔

1822—1884

被誉为“遗传学之父”的格雷戈尔·约翰·孟德尔（Gregor Johann Mendel）出生在当时属于奥地利的海钦多夫（Heinzendorf），现已划归捷克。

格雷戈尔·孟德尔因其在植物形态、性状、遗传研究中的实验工作而闻名。

童年时代，他在自家的农场生活和工作，学习养蜂并在花园里度过了相当多的时间。他随后进入奥尔米茨（Olmütz）大学哲学学院进行深造，在那里他学习了物理、数学以及实践和理论哲学并且成绩优异。该大学博物学与农业科学部（Natural History and Agriculture Department）的主管是约翰·卡尔·内斯特勒（Johann Karl Nestler），他当时正在研究植物和动物的遗传性状。

在孟德尔毕业那一年，他开始学习成为一名修道士，并加入了位于布尔诺（Brno）圣托马斯修道院（St Thomas Monastery）的奥古斯丁修会（Augustinian order），在那里被命名为格雷戈尔（Gregor）。这个修道院是一个文化中心，孟德尔很快参与到其会员的研究和教学当中，并且可以使用修道院里藏书丰富的图书馆和齐全的实验设施。

在修道院中工作八年之后，孟德尔被派到维也纳大学，由修道院资助他继续进行科学研究。在这里，他师从弗朗茨·昂格尔（Franz Unger）学习植物学。昂格尔使用显微镜进行科学研究并且是前达尔文版本的进化论的支持者。

当他在维也纳完成学业之后，孟德尔回到修道院并在那里得到了一所中学的教职。在此期间，他开始了那个让他名垂史册的著名实验。

孟德尔开始研究植物杂交过程中遗传性状的传递。在孟德尔开展研究的年代，人们普遍认为后代的遗传性状只是双亲性状的简单地稀释混合，不论双亲表现出的是什么性状。另一个被普遍接受的观点认为：经过几个世代之后，杂交个体将恢复成原有的性状，即杂交不能产生新性状。但是，这样的研究结果通常由于实验周期短暂而被歪曲了。孟德尔的研究持续了长达八年之久，涉

“我的科学研究给予了我极大的满足，而且我相信过不了多久世人将会承认我的工作成果。”

格雷戈尔·孟德尔

及了数以万计的植物个体。

孟德尔用豌豆来做实验，因为它们不仅具有许多鲜明的特征，还能够快速且容易地产生后代。他把具有明显相反形状的豌豆进行杂交，包括植株高矮、种皮光滑或褶皱、种子黄色或绿色等。在分析结果之后发现，有四分之一的豌豆有纯种的显性基因，四分之一具有纯种隐性基因，其余二分之一为显隐基因的杂合体。

这些结果让他得到了两个最重要的结论，即分离定律和自由组合定律，它们统称为孟德尔遗传定律。分离定律指出，显性和隐性的性状会从亲代到子代随机传递。自由组合定律指出，由亲代遗传给子代的性状是相互独立、自由组合的。他还提出这种遗传方式遵循基本的数学统计规律。虽然孟德尔的实验材料是豌豆，但他提出的理论适用于所有生物。

1865 年，孟德尔将他的研究结果在布尔诺自然科学学会上发表了两次演讲，学会随后以《植物的杂交试验》为题在其会刊上发表了他的研究成果。孟德尔很少宣传他的工作且在当时他的成果也很少被引用，这表明其很大一部分工作都被误解了。当时的学界普遍认为孟德尔仅仅证明了一个已经广为人知的事实，即杂交个体最终恢复到原来的形态。变异的重要性及其内在启示均被忽视了。

1868 年，在他任教 14 年后，孟德尔被选为修道院学校的院长。政务缠身和视力衰退这两大因素让他无法进行进一步的科学工作了。直至去世，孟德尔的工作很大程度上依旧默默无闻，并且多少受到质疑。

直到 20 世纪初，当植物育种、基因和遗传学成为一个重要的研究领域时，孟德尔的发现的意义才变得完全理解和认可，并开始被称为“孟德尔遗传定律”。

Lathyrus odoratus
香豌豆

豌豆是孟德尔著名遗传实验的实验材料——
它们具有明显的性状特征，
且可以快速且容易地产生后代。

地衣

直到150年前，科学家们才搞清楚地衣的本质。它们是真菌和藻类组成的一类特殊的联合体，二者实为共生的关系。如今，地衣的分类是依照其真菌的组分进行的，这使得它们被排除在植物界之外。但是，因为此前地衣一直作为植物学的一个研究领域，故而本书仍然将其包括进来。

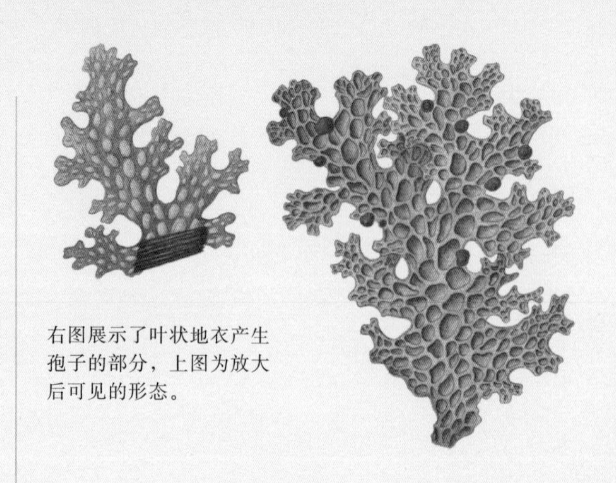

右图展示了叶状地衣产生孢子的部分，上图为放大后可见的形态。

地衣似乎能够在地球的任何环境中生长，以至于在某些极端环境下，如两极地区裸露的岩石上，它们似乎是唯一可以生存的生物。2005年，科学家们甚至发现，有两种地衣能够在太空的真空环境中生存15天之久。当然，地衣通常生长在树皮、裸岩、墙壁、屋顶、块石路面以及土壤的表面。根据地衣的生长形态，它们一般被分为七类：壳状、丝状、叶状、枝状、粉状、鳞片状以及胶状地衣。

地衣的形态十分多变。有的呈叶状，还有的如壳状、枝状或者胶状。

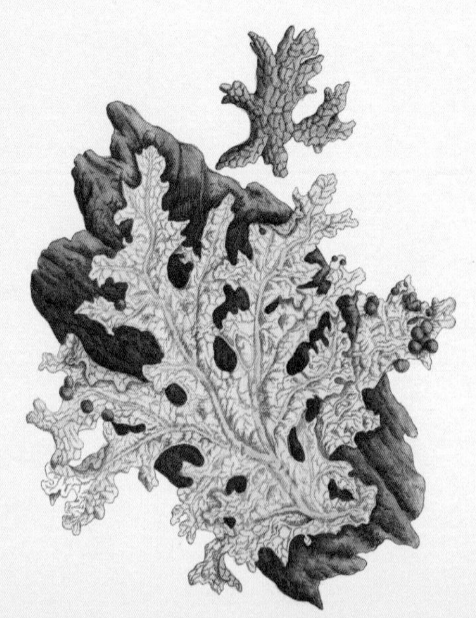

花园中的地衣

很多时候，草坪上生长的地衣被人们观察到，这主要是因为其外观引起了园艺工作者的关注。地衣不仅影响草坪的美观，还会阻挡阳光，进而导致草坪枯死，与此同时，它们也会使草地表面变得十分湿滑。

在草皮上，最常见的是地衣种类是地卷(*Peltigera*)。它们呈深褐色，灰色或近黑色，体态扁平，与草皮平行生长。它们通常会阻碍草坪排水，压实土壤以及影响光照。由于地卷和苔藓的生活条件类似，它们经常共同出现。值得注意的是，地卷同样可以固定大气中的氮，因而它们对土壤肥力也有所影响。

为了防止草坪上出现地衣，园艺工作者们需要改善草坪排水，根除地衣生长的必要条件。几乎没有化学药剂可以有效消灭地衣，但道路清洁器可以将它们从坚硬的表面上清除。

蕨类植物及其近亲

从演化的角度看，蕨类及其近亲有了明显的进步：植物体细胞的分化程度显著提高。蕨类植物中产生了最早的维管系统，它可以为植物体输送水分和营养，并支撑植物结构。由此，蕨类植物也成为第一批真正适应陆生生活的植物。

金光卷柏（*Selaginella martensii*）可以产生蔓生的茎，是潮湿、荫蔽区域很好的地被植物。

植物学家将这类植物归为蕨类植物，其中包括石松类，真蕨类和木贼类。园艺工作者们可能听说过木贼，也一定对真蕨类植物有所了解，但对石松恐怕就比较陌生了——即便也有一两种石松被栽培。虽然英文名中有“苔藓”的词根，但石松并非苔藓①，相较而言，石松更加进化。

和苔藓植物一样，蕨类植物的生活史中也存在明显的世代交替现象。然而其中最显著的差异在于，蕨类植物的孢子体世代在生活史中占据了绝大多数时间。这为更加复杂的结构的产生创造了条件：蕨类植物的孢子体呈现直立分枝或叶状，有时更加特化出专门的生殖枝（或叶），上面着生有许多微小的突起，称为孢子囊。孢子囊破裂

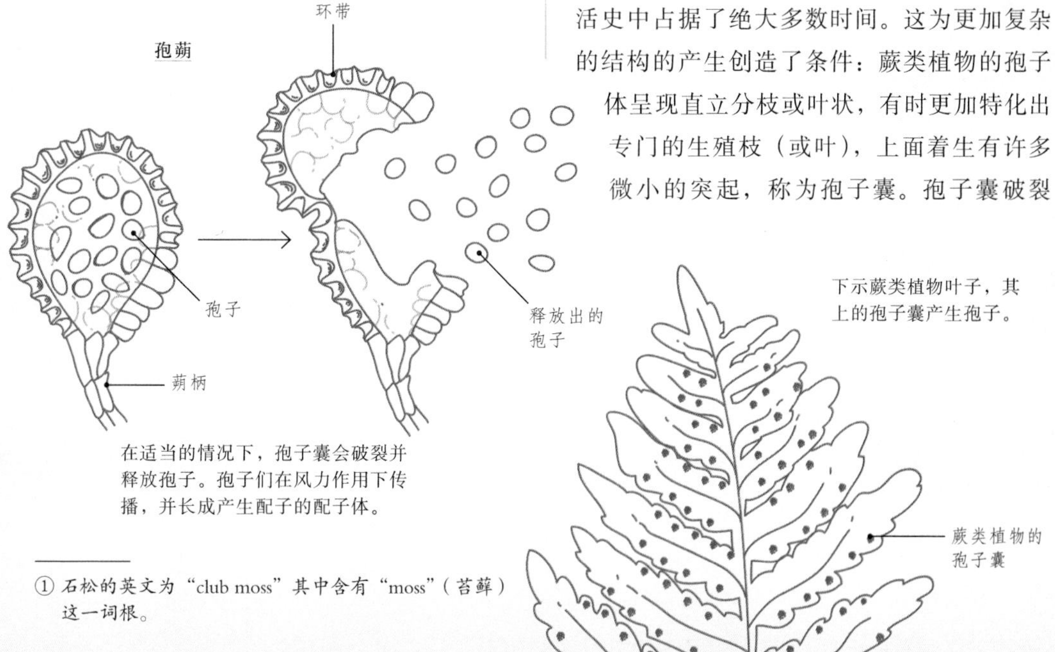

在适当的情况下，孢子囊会破裂并释放孢子。孢子们在风力作用下传播，并长成产生配子的配子体。

下示蕨类植物叶子，其上的孢子囊产生孢子。

① 石松的英文为“club moss”其中含有“moss”（苔藓）这一词根。

时，孢子随之释放，并萌发成为一代配子体。

园艺工作者们简单地将孢子与种子等同看待也是情有可原的。因为它们都是植物自我扩散的途径，在栽培上也有相似之处。但值得注意的是，二者在本质上存在着显著差异：一个孢子通常比一个种子要小得多，并且孢子的产生并不依赖受精过程：蕨类植物是不产生种子的。

将孢子撒在一盘播种培养土上，给予充足的水分以及所需要的光照和热量，蕨类植物的孢子就会开始萌发。但它们并不直接长成幼年的蕨类，而是进入到生活史的下一个阶段：配子体世代。这些模样奇怪的东西被称为原叶体。若环境保持湿润，它们就会慢慢开始长成新的蕨类——在此期间，原叶体中已经产生了精子和卵子，并相互结合受精（这就是蕨类植物的有性生殖阶段），而上述这些仅凭人眼是观察不到的。随后，二倍体的受精卵成长为新的孢子体世代的蕨类植物。

花园中的蕨类

全世界大约有 10 000 种蕨类植物，它们的体型大小和生长环境差异都很大，从高大雄伟的皇家蕨（*Osmunda regalis*），到微小浮水的细叶满江红（*Azolla filiculoides*）。在某些国家，满江红被看作入侵植物——它们长势实在太迅猛了；在另一些国家，满江红却颇受重视——它们可以提高农作物如水稻的产量①。无论好坏，它都是一种非常成功的植物，也需要我们严防其在花园中瘟疫般大肆扩散。蕨属（*Pteridium*）植物是一类陆生蕨，也具有和满江红类似的入侵性，它们被认为是全球分布最广的蕨类植物。

越来越多的蕨类植物已被广泛用于花园和室内观赏。同时，植物育种者们也已经从中选育出了无数品种，其叶型和颜色差异颇大。蕨类植物大多生长在潮湿阴暗的森林环境，因此它们也成了花园里生长最好的植物。

近年来，一些被称为树蕨的蕨类植物在花园中广受欢迎。它们通常具有高出地面的木

Pteridium aquilinum
欧洲蕨

欧洲蕨很容易成为撂荒地的入侵者。它体内含有可导致牲畜死亡的致癌化合物。

① 满江红常与有固氮作用的项圈藻共生，可以提高水田肥力，促进作物增产。

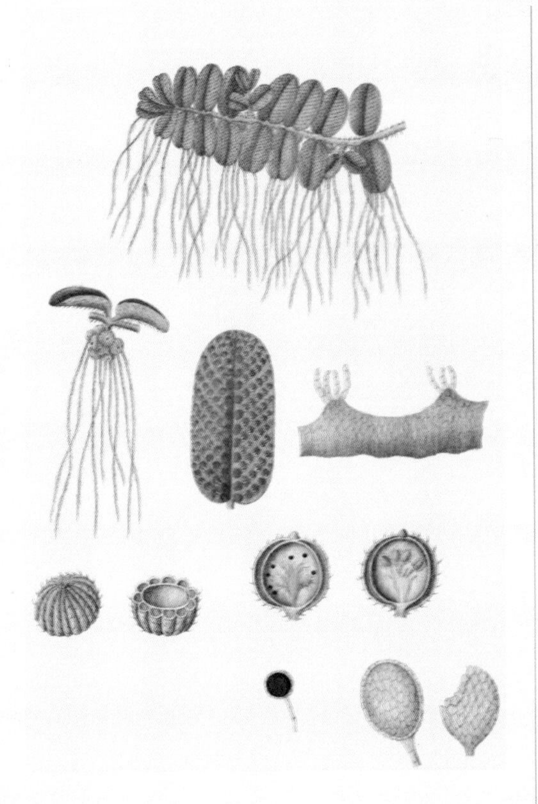

Azolla filiculoides
细叶满江红

质主干，其上长出大大的叶子。凉爽的气候条件下，最常见的树蕨大概要数来自澳大利亚的软树蕨（*Dicksonia antarctica*）。它的“树干”并不像一般乔木或灌木那样坚实，而是下部由许多长须根缠绕在一起形成，这些须根随着蕨类叶冠本身的不断生长而延长。在野外，树蕨类的许多物种由于森林破坏而濒临灭绝。

真蕨类植物的近亲

真蕨类最惹眼的亲戚非木贼属（*Equisetum*）莫属。虽然少数种类（如 *E. hyemale* 和 *E. scirpoides*）也被作为观赏植物栽培，但其中最出名的种类还是问荆（*E. arvense*），它们在世界许多地区都是臭名昭著的杂草。问荆很难根除，花园也饱受它们顽固生长与过量繁殖的困扰。

木贼最特别的一点在于其作为“活化石”的地位。它们的祖先曾经在大约 4 亿年前占据了全世界森林的下层空间，现代的木贼则是该类群中唯一幸存至今的属。从煤层中发现的化石显示，当时某些木贼类植物可以长到超过 30 m 高。

卷柏作为石松类的一种，被视为植物之中的“奇葩”：鳞叶卷柏（*Selaginella lepidophylla*）是一种生活在沙漠里的卷柏，当缺水干燥时，它的身体就会紧缩成红棕色的一团，再次湿润时才会舒展变绿，因此它也被称为可以复活的植物。小翠云草（*S. kraussiana*）是生长在温暖气候下的一种观赏植物，它有许多栽培品种，因其可以在缺乏植被的地块儿上快速增殖，对于荫蔽处的地表绿化大有作用。

Equisetum arvense
问荆

问荆扎根很深，一旦占据某地，就可能造成难以控制的杂草问题。

裸子植物：球果植物及其近亲

这些更复杂的植物生命形式隶属于一个更大的植物类群：种子植物。顾名思义，种子植物即所有产生种子的植物，它们都具有复杂的维管系统和特化的解剖结构，如起到支持作用的木质部组织和用于繁殖的球花。种子植物包括所有的球果植物和苏铁类（二者统称为裸子植物）以及有花植物（被子植物）——后者将在下一节介绍。（见第 25 页）

Ginkgo biloba
银杏

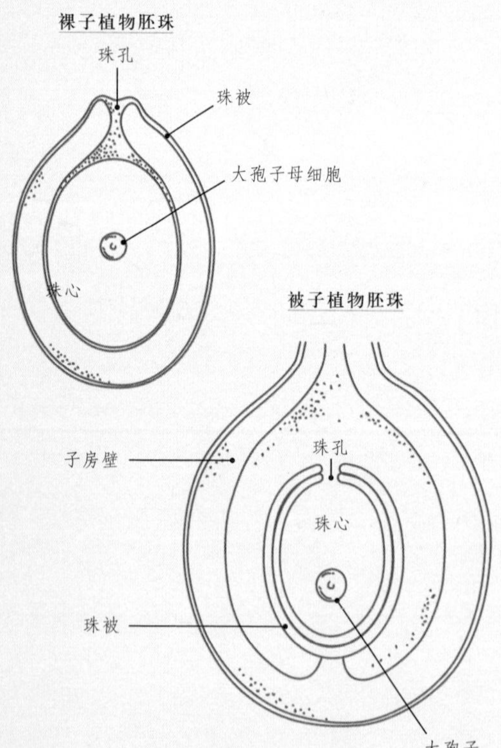

被子植物的胚珠包裹在子房内，裸子植物的胚珠缺乏子房的保护，因此被称为“裸子植物”。

种子的出现是植物演化中的突破进展：蕨类这些较低等的植物类群，它们微小的原叶体（即配子体）在外部环境中显得格外脆弱，这也是此类植物的致命弱点。为了克服这个问题，种子植物演化出了一个专门的结构——胚珠，它保护着卵细胞；精子包藏在花粉粒中并由此进入胚珠。二者相遇受精，胚珠便发育成种子。

术语“gymnosperm”的意思是“裸露的种子”。对业余爱好者而言，这是一个相当晦涩的词语。它指的是一个微小的解剖学细节，然而结构虽小，有无的差异却很显著：被子植物的胚珠包裹在子房里；裸子植物的胚珠缺乏子房的保护。

然而，园艺工作者们仅凭外观就能认出几乎所有常见的裸子植物：哪些是松柏，哪些是苏铁。银杏也许是一个例外，因为它们是落叶阔叶树，看起来与长满针叶的球果植物相差甚远。

球果植物

球果植物大名鼎鼎的球花实际分为两种类型：一种是产生大量风媒花粉、个头较小的雄球花，另一种是个头较大、携带胚珠并最终产生种子的雌球花。其种子的传播方式也是多种多样，通常由风或动物传播。

某些特殊的球果植物也发生了一些不寻常的变化。红豆杉（*Taxus*）、刺柏（*Juniperus*）和三尖杉（*Cephalotaxus*）是三类带有“浆果”的球果植物。在这些物种中，球果高度特化，有时其中仅含有一枚种子，被一个或数个珠被包围，而这些珠被特化成柔软的浆果状。这些“浆果”可以吸引鸟类或者其他动物取食，在它们消化外面的“果肉”之后，无法消化的种子便得以随粪便传播。

相比被子植物，球果植物的种类相对少，但它们同样占据了地球表面大片的陆地。自然状态下，它们的分布贯穿了整个北半球的广阔森林，还有一些针叶林延伸到南部，特别是在寒冷的高海拔地区；凭借其较高的经济价值——球果植物的软木原木广泛用于建筑业和造纸业——人造针叶林同样遍布世界各地。

Juniperus communis
欧刺柏

地中海柏木（右图）和罗汉柏（下图）：示叶、小雄球花和大雌球花。

就像其他任何植物类群一样，无论是作为自然演化还是人工培育的结果，球果植物同样千姿百态。生长于寒冷气候下的球果植物的树冠通常呈狭圆锥形，这有助于它们抖落积雪；来自强日照地区的球果植物枝叶往往带有清白色或银色的色调，有助于反射紫外线。植物育种者们也会利用突变或杂交的方式创造新品种，用于园艺栽培。因此，我们有了杂交柏（× *Cuprocyparis leylandii*）——这是在1888年大果柏（*Cupressus macrocarpa*）和黄扁柏（*Xanthocyparis nootkatensis*）首次在临近地域生长时偶然产生的一个杂交种。

虽然大多数球果植物是常绿树，但也有少数种类是落叶的，如落叶松属（*Larix*）、金钱松属（*Pseudolarix*）、落羽杉属（*Taxodium*），水杉属（*Metasequoia*）和水松属（*Glyptostrobus*）等。

苏铁和银杏

从远处看，苏铁看起来很像棕榈树，但走近观察就会发现它们之间明显的区别。苏铁粗壮、木质的树干与棕榈的纤维树干有很大的不同，前者的树冠看起来也更加翠绿。苏铁产生球花，这也是一个重要的差异。

大多数苏铁的生长非常缓慢，因此，栽培状态下很少见到超过两三米高的植株。苏铁的寿命极长，已知的一些个体至少已经生长了 1 000 年。由此说苏铁是种子植物中的“活化石”也就不足为奇了，自恐龙统治地球的侏罗纪时期至今，苏铁变化甚微。大多数苏铁有非常专一的传粉者，通常是某种特定的甲虫。

自然状态下，苏铁的生长范围包括世界大部分热带和亚热带地区，从半干旱区到潮湿的热带雨林都能看到它们的身影；栽培状态下，除温室条件之外，苏铁仅见于暖温带或热带气候环境。由于野外的过度采集和自然栖息地的破坏，野生苏铁已经岌岌可危。有些种类如伍德苏铁（*Encephalartos woodii*），其野生植株已经消失殆尽，只能在人工培养箱中一睹它的芳容了。

华南苏铁（*Cycas rumphii*），它的髓部富含淀粉，可用于制作西米。

银杏，又名白果树、公孙树，是另一个著名的“活化石”物种。其化石记录最早出现在距今约 2.7 亿年前，但它的身世却仍是一个谜：植物学家找不到它的任何近亲，也就不能精确地定位它在植物系统中的位置。由于其种子未被子房包被，现在的处理方法是将银杏划归为裸子植物，然而银杏种子的形态十分容易引起混淆。银杏叶呈迷人的扇形，秋天来临，树叶会变成灿烂的金黄色，落满一地。

园艺小贴士

花园中的苏铁

相对而言，花园中的苏铁类植物种类就比较少了。其中苏铁（*Cycas revoluta*）是最为常见的种。其他栽培属包括泽米铁属（*Zamia*），微泽米铁属（*Microzamia*）和鳞木铁属（*Lepidozamia*）。当你购买苏铁时，请务必确认来其来自人工栽培而不是从野外采挖，因为所有的苏铁类植物都是受国际贸易公约（CITES）所保护的濒危物种。

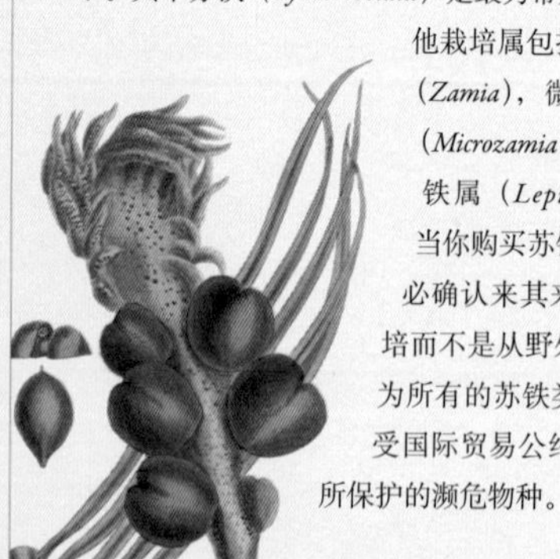

Cycas revoluta
苏铁

花园中的球果植物

尽管球果植物的流行时尚变来变去，但独特的外形和叶形让它们始终是花园里的主流。一些常见热门类群包括：冷杉属（*Abies*）、南洋杉属（*Araucaria*）、雪松属（*Cedrus*）、柏属（*Cupressus*）、刺柏属（*Juniperus*）、松属（*Pinus*）、云杉属（*Picea*）和扁柏属（*Chamaecyparis*）等。事实上，球果植物中包含数以千计的杂交种和栽培品种，从低矮的灌木到地被植物，乃至有些超过百米的非常高大的乔木，这些都是园艺工作者们的栽培对象。

被子植物：有花植物

被子植物是陆地上种类最多且最为多样的植物类群。与裸子植物相同，被子植物也属于种子植物。其之所以能够成为一个独立的类群，完全凭借它们的一个独门绝技：产生花朵。

在植物学上，被子植物与裸子植物的差异还包括：

- 种子包裹在子房中，心皮是产生种子的基本单位。
- 种子受精之后，心皮显著发育，形成果实并将成熟的种子包围起来。产生真正的果实是被子植物的独特之处。
- 种子中含有营养丰富的胚乳，为新生的植物体提供能量。

被子植物的配子体十分退化，仅由每朵花中的寥寥数个细胞组成，其结构将在第四章详述（第 88 页），第二章则进一步介绍了它们的花、种子和果实的解剖结构。

在植物界，被子植物站在了演化发展的顶峰。其区别于其他类群植物的特征给予了它们巨大的生态优势，帮助它们成功占据了地球的大部分地区，并能在其他植物不能生存的地方繁衍生息。

被子植物的祖先

被子植物起源于裸子植物，从化石记录上看，这个过程发生在距今约 2.45 亿—2.02 亿年之前。但是化石记录的空白也使得科学家们很难精确地掌握所有细节。最早的被子植物祖先可能为大灌木或小乔木的形态，生长在排水良好且未被裸子植物占据的丘陵地区。

根据现有的化石记录，第一株真正的被子植物出现在距今约 1.3 亿年前，这便是辽宁古果（*Archaefructus liaoningensis*）。辽宁古果是已知最早的被子植物化石。和所有其他早期被子植物一样，辽宁古果早已灭绝——它们很快就被后来更成功的物种取代了；但仍有一些原始的物种在暖温带和热带气候中幸存下来，数百万年间，这里气候变化甚微。最好的例子就是无油樟（*Amborella trichopoda*），它是一种仅生长在太平洋上的新喀里多尼亚岛的珍稀灌木。

在距今大约 1 亿年前，被子植物开始接管曾经被蕨类植物和苏铁类植物占据的栖息地。

早期被子植物化石，*Dillhoffia cachensis*，现已灭绝，距今约 4 950 万年。

从演化的角度而言，木兰类是最古老的被子植物之一，它们的生殖器官与裸子植物非常类似。

6 000 万年前，它们已经在很大程度上取代了裸子植物成为优势树种。起初，被子植物大多是木本，随后草本被子植物的出现为这一类群的演化带来了另一次飞跃。草本植物通常比木本植物生活史更短，因此能够在更短时间内产生更多的变异，进而更快地演化。

在这一时期，另一个独立的被子植物世系也出现了：单子叶植物。整个被子植物类群由此划分：单子叶植物约占被子植物总数的三分之一，双子叶植物占其余的三分之二。二者的差异将在后面更详细地说明。据估计，现存的被子植物种数大约在 25 万至 40 万之间。

木兰亚纲的植物是最原始的被子植物类群之一。其中包含了一些园艺工作者们比较熟悉的植物属如木兰属（*Magnolia*）、睡莲属（*Nymphaea*）、月桂属（*Laurus*）、林仙属（*Drimys*）、草胡椒属（*Peperomia*）、蕺菜属（*Houttuynia*）和细辛属（*Asarum*）等。如果你仔细观察这些植物的花解剖（玉兰花是一个很好的例子），就会发现它们与裸子植物之间存在着明显的联系：例如，雄蕊可能呈鳞片状，很像裸子植物雄球花的小孢子叶；心皮通常长在伸长的花序轴上，这也与裸子植物的雌球花的结构类似。

几乎所有的被子植物亚纲都会包含一些原始类型的代表种，高度进化的菊亚纲却是个例外，其中包括了薄荷和向日葵等种类。一般认为，菊亚纲是从蔷薇亚纲（包括蔷薇科和豆科）演化而来的。在菊亚纲中，我们可以看到花的解剖结构发生了变化，实现了授粉和种子传播效率的最大化：菊亚纲植物的花瓣通常融合在一起，花结构通常退化并聚集在一起。向日葵就是一个很好的例子，因为它本质上就是一个由成百上千朵小花组成的巨大花序。

红花除虫菊（*Tanacetum coccineum*），同其他菊科一样，其花序通过将成百上千朵小花聚集在一起，使授粉和种子传播的效率得以最大化。

花的特征

被子植物的花中可以看到进化和原始特征的各种排列组合，这也造就了它们极为丰富的多样性。从柔荑花序到伞形花序，从麦穗到兰花，甚至是一朵简单的毛茛，都存在着很大的变异和特化，但这些花也都遵循相同的基本结构模式。

花被是描述花的外层部分——花瓣和萼片的总称。通常情况下，花瓣和外部的萼片有着很大的不同：萼片多为绿色，稍呈叶状，而花瓣格外缤纷艳丽。但同样有许多花瓣萼片差异甚微的情况，比如在郁金香和水仙中，它们就被统称为花被片。在其他情况下，花瓣或花萼中的一个会退化，甚至有时两者会一并退化消失。在罂粟属（*Papaver*）中，萼片包裹着花芽，但当花开之后，萼片便很快脱落。对于更先进的花的类型，花被的部分可以融为一体：草莓属（*Fragaria*）植物的果实开始膨胀时，花瓣便会脱落，只留下绿色的萼片——就是人们吃草莓之前常常要去除的部分。

雄蕊是描述花中雄性部分的术语，由花药和花丝构成。花丝支撑起花药，花药中装满了花粉粒。有些植物仅产生雄花或雌花（单性花），如在冬青属（*Ilex*）植物中，雌花中的雄蕊大多退化消失。

雌蕊是对花中雌性生殖部分的称呼，通常位于花的中心，被雄蕊和其外的花被所包围。它由柱头、花柱和子房构成，有时三者为倍数关系。子房内是胚珠。柱头往往依靠长长的花柱向外延伸，以使其处在接收花粉的最佳位置，它的表面通常具有黏性，花粉粒就在这里与之结合。在柱头上，成功着陆的花粉粒会长出花粉管，沿着花柱一路向下到达胚珠，在胚珠内与卵子完成受精。

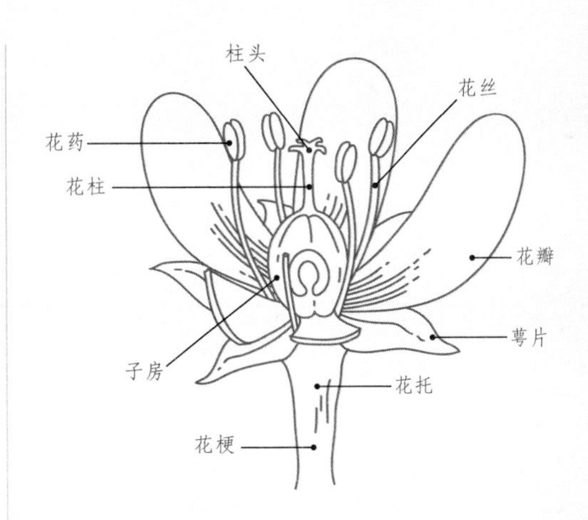

在被子植物的演化历程中，动物始终出现在其周围环境中，从它们的花朵样式中也能观察到动植物协同进化的作用。因此，有时我们会看到一些非常专一而奇特的授粉机制，如蜜蜂与蜂兰（*Ophrys apifera*）、寄生蜂与榕属（*Ficus*）植物。在这些例子中，植物通过欺骗或给动物提供某种好处，诱使动物帮助它们授粉。

园艺小贴士

园艺和农业生产中的被子植物

绝大多数观赏植物都是被子植物。随着栽培品种数量的日益增大，它们宛如一个巨大的调色板，以便园艺工作者从中选取“颜料”妆点花园。

然而不要忘了，农业的建立几乎完全依赖于被子植物，人类几乎所有植物性食物以及大部分牲畜饲料都由它们提供。在所有被子植物科中，禾本科是迄今为止最重要的一个，它贡献了世界上许多种主要作物，如大麦、玉米、燕麦、水稻和小麦。

单子叶植物与双子叶植物

如前所述，约三分之一的被子植物是单子叶植物。这类植物因其种子仅具有一枚子叶而得名，双子叶植物则具有两枚子叶。种子发芽时，这种差异尤为明显。

二者间另一个重要区别在于主茎中的维管束（运输水分和营养的输导组织）的排列方式不同。在双子叶植物中，维管束沿着茎的外部一圈呈圆筒形排列，环割会导致树木死亡，就是这些重要的输导组织都被移除带来的后果。相比之下，单子叶植物的维管束排列没有规律，因此环割对它们而言是毫无意义的。

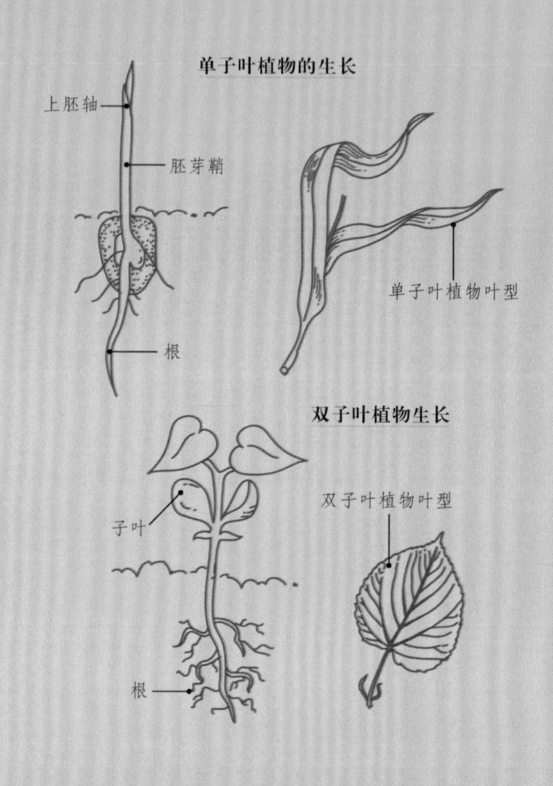

双子叶植物通常有一个主根，属直根系；而单子叶植物的主根在生长早期就会死掉，并被不定根所取代。叶形态上也可见明显的差异：单子叶植物的叶子几乎都是平行脉，而双子叶植物的叶子上通常为复杂的网状脉。

单子叶植物的花通常为三基数，这表示其花部结构是以三的整数倍排列。同时，它们通常还具有非常发达的地下贮存器官，可在休眠期间为植物提供营养。

绝大多数单子叶植物都是草本植物，虽然有少数如棕榈、竹子和丝兰等具有木质增长的能力，但由于维管束的排列方式差异，其茎干的物理结构与木本双子叶植物之间还是存在着较大的区别。

很少有单子叶植物能够成为其生境中的优势品种。但禾本科是个例外，它们是有史以来最成功的植物类群之一。禾本科种类超过 10 000 种，全球广布。它们成功存活下来的重要原因之一在于可以经受住沉重的放牧压力。

番红花，隶属于鸢尾科。一些常见的花园宿根植物，如葱属、番红花、水仙和雪花莲都是单子叶植物。

植物命名与俗名

植物命名和植物学拉丁文的使用对初学者而言可谓是一项艰巨的任务。尽管如此，分类学——这门对生物进行分类的科学——仍对我们理解这个自然世界起到了至关重要的作用。否则，你怎么能完全肯定你所指的是哪些植物，你买来又种下去的是哪些植物呢？

Aquilegia vulgaris
欧耧斗菜

分类学是为生物学领域准备的“百科全书”，但生物总是不断地挑战着分类学家们试图强加在它们身上的人为规则，所以任何命名系统都必须经过不断地修订。随着科学的进步，越来越多的物种被了解和发现，我们必须接受这个事实。

俗名

使用俗名或方言称呼似乎是一个很有吸引力的选择，这类名字往往更容易记忆和发音。然而，这些常用的俗名也经常被曲解、误用，或是在从不同语言之间翻译转换的过程中被混淆，结果就会导致命名上极大的重复和混乱。

不同国家，甚至同一国家的不同地区，植物的俗名都是不一样的。当某个植物的俗名是从如日语和希伯来语等非罗马字母文字音译过来的时，问题就更加复杂了。以“bluebell”这个俗名为例，在英格兰它指的是蓝铃花（*Hyacinthoides non-scripta*），在苏格兰则是圆叶风铃草（*Campanula rotundifolia*），在澳大利亚是指蓝钟藤（*Sollya heterophylla*），而在北美则指滨紫草属（*Mertensia*）植物。

大多数人会毫不犹豫地选择铁线莲、倒挂金钟、玉簪、绣球花甚至杜鹃等名字作为俗名使用，但这些也都是上述植物的学名。甚至，有些植物的拉丁学名更广为人知。你上一次听到“plantain lilies”这个词儿已经是多久之前的事儿了？它其实就是玉簪（*Hosta*）的俗名。

俗名也会引起其他方面的误解。比如俗名“匍匐百日菊”（*creeping zinnia*）其实并不是百日菊属植物（*Zinnia*），其学名应为卧茎蛇目菊（*Sanvitalia procumbens*）；名为“flowering maple”的风铃花（*Abutilon*）也不是“maple”枫树（*Acer*）；夜来香（*Oenothera*）的英文名是“evening primrose”，可它并不是种“primrose”报春花（*Primula*）。使用俗名很容易引起混乱，这就是我们使用植物学名的原因。

植物学名

植物学名的使用受一套世界通用法规的约束：国际藻类、真菌和植物命名法规（ICN）。最近，针对栽培植物的国际法规也被制定出来，称为国际栽培植物命名法规（ICNCP），该法规对栽培植物有时附加的其他名称作出了规定。所有的植物学名都必须符合这两部法规。

现代植物学名的起源

虽然对植物的科学命名可以追溯到著有第一部植物分类手册的古希腊哲学家泰奥弗拉斯托斯（Theophrastus，公元前370—前287年）的古希腊时代，但直到文艺复兴时期，科学才开始了它的现代化征程。当时的航海探索在诸如热带美洲等遥远的土地上发现了种类丰富的新奇植物，这重新激发了人们进行植物学研究的兴趣。

在此一百年间被引入欧洲的植物数量是过去两千年之中的二十多倍。在无法依靠泰奥弗拉斯托斯的著作的情况下，科学家们面临着描述这些物种的艰巨任务：这些物种此前没有任何记录。

第一部现代草药集是由奥托·布罗因费尔斯（Otto Brunfels）和伦纳德·福赫斯（Leonard Fuchs）分别于15和16世纪完成的。1583年，安德烈·凯沙尔宾罗（Andrea Caesalpino）出版了16卷的巨著《论植物》（*De Plantis libri*），这是植物学史上最重要的作品之一。它以细致的观察和详尽的拉丁文描述为人称道，同时这也是人类第一次通过科学的方式研究有花植物。

园艺小贴士

科、属、种

为了对植物进行分类，并使命名和引用更为容易，植物被分配到不同的分类阶元。对于园艺工作者而言，以下三个较低的分类阶元是最重要的：科、属和种。任何生物的学名由后两个阶元的名字组合而成：按照先属名、后种名的顺序，属名的首字母大写，种加词为小写，并均应采用斜体表示。因此，黑茶藨子的学名为 *Ribes nigrum*。

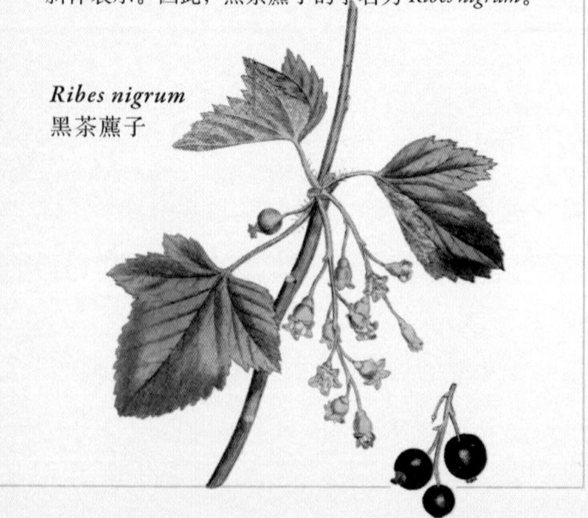

Ribes nigrum
黑茶藨子

“没有学名，就不可能有永久的知识”

林奈

1596年，让·鲍欣和加斯帕尔·鲍欣（Jean & Gaspard Bauhin）父子二人出版了《植物大观》（*Phytopinax*）。在书中，他们命名了数千种植物，更为重要的是，他们将拉丁描述缩短为仅仅两个词，发明了双名法。这种用双词命名的系统被植物学家沿用至今。

尽管问世较晚，出版于1753年的《植物种志》（*Species Plantarum*）却被普遍认为是现代植物学名的起点。它的作者是瑞典科学家卡尔·林奈（Carolus Linnaeus）。在此书和他后来的著作中，林奈扩充了双名法系统，并创造了基于共同性状对生物体进行分类的学科规范。一些旅行家，如在英国皇家海军“奋进号”船上陪伴库克船长的约瑟夫·班克斯（Joseph Banks），将其采集的来自世界各地的标本送给林奈进行分类。

林奈还积极倡导植物进行有性繁殖的观点。在当时，教会嘲笑他的观点道：“上帝怎能允许雄蕊能有这么多的妻子。”但这是他对花的结构进行详细观察后得出的结论，也是他所做的分类工作的基础。他在《自然系统》（*Systema Naturae*）一书中介绍其分类方法以及生物命名的统一规则。

有时候，你可能会在一个植物学名的末尾看到命名人名字的缩写，这使得植物名字的权威性可被追溯到它的原始命名人。林奈的名字简写为“L.”。

科

与各级分类阶元相同，将植物划分到科（family），目的在于方便研究。尽管有关科的知识乍看起来可能只有学术意义，但对园艺工作者而言，了解植物属于哪一个科，对了解它们可能的样子以及习性都有指导意义。植物科名的首字母均为大写，根据《国际藻类、真菌和植物命名法规》的建议，都应以斜体书写。

Cydonia oblonga
榅桲

Rosa chinensis
'Semperflorens'
月季花"常年开放"品种

科名

大多数植物科名是基于科内的一个大属的名字并加以后缀"*-aceae*"，如蔷薇科（*Rosaceae*）就是基于蔷薇属（*Rosa*）命名的。然而，仍有许多科命名并未按照这种传统的模式。虽然我们完全可以继续使用这些不合规则的名称（保留名），但现在，大家更倾向使用以"*-aceae*"结尾的新科名。以下就是这些具有保留名的科及其现代科名：菊科（*Compositae*; *Asteraceae*）、十字花科（*Cruciferae*; *Brassicaceae*）、禾本科（*Gramineae*; *Poaceae*）、藤黄科（*Guttiferae*; *Clusiaceae*）、唇形科（*Labiatae*; *Lamiaceae*）、豆科（*Leguminosae*; *Fabaceae*）或基于其下三个亚科所建立的科：苏木科（*Caesalpiniaceae*）、含羞草科（*Mimosaceae*）和蝶形花科（*Papilionaceae*）、棕榈科（*Palmae*; *Arecaceae*）、伞形科（*Umbelliferae*; *Apiaceae*）。

芭芭拉·麦克林托克

1902—1992

芭芭拉·麦克林托克（Barbara McClintock）出生在康涅狄格州哈特福德（Hartford, Connecticut），她出生时名叫埃莉诺·麦克林托克（Eleanor McClintock）。这位研究玉米遗传的美国科学家是世界上最杰出的细胞遗传学家之一。

在高中时，她就对信息和科学充满了兴趣。随后，她进入康奈尔大学农学院学习植物学。出于对遗传学和细胞学的新领域——细胞的结构、功能和化学研究的兴趣，她在康奈尔大学学习研究生的遗传学课程，由此开启了她的终身职业生涯：玉米细胞遗传学的发展、细胞的结构和功能（尤其是染色体）的研究。

研究中，她的才能和全面缜密的方法很快得到了认可。在研究生工作的第二年，她就改进了她导师使用的方法，进而能够识别玉米染色体。在此之前，这一难题已经困扰其导师多年。

芭芭拉·麦克林托克是世界上最杰出的细胞遗传学家之一，因其她缜密的方法和研究而闻名。

在细胞遗传学领域她所做的开创性的工作中，芭芭拉主要研究玉米染色体以及它们在繁殖过程中的变化方式。她开发的技术使得玉米染色体变得可见，并利用显微分析证实了许多繁殖过程中的基本遗传过程，包括基因重组以及染色体如何交换遗传信息。

她制作了玉米的第一个遗传图谱，证明了特定的染色体区域负责产生一个特定的物理性状，并演示了重组染色体是如何与新性状一一对应的。在此之前，减数分裂过程中可能发生基因重组这一观点还仅仅是一个理论假设。她还解释了基因是如何负责开启或关闭性状的，并发展相关理论用于解释玉米从亲代向子代所传递过程中的遗传信息的抑制或表达模式。

不幸的是，芭芭拉经常被认为过于独立并且有点特立独行，不符合大多数科学研究所对于一个“小姐科学家”的看法。因此，多年来她不断地从一个机构转到另一个机构，特别是康奈尔大学和密苏里大学。她甚至还在德国工作过一段时间。因为她针对基因调控的研究在概念上很难理解，所以与她同时代的研究者们并不总能接受她的观点。她经常形容他们对她研究的反应是“困惑甚至敌意的”。然而，她从来没有停止不前。

1936 年，芭芭拉终于获得了密苏里大学的教职，干了五年的助理教授，直到她意识到她永远不会得到提升。随即她离开密苏里大学并在冷泉港实验室工作了一个夏天，最终拿到了下一年的全职岗位。就是在冷泉

Zea mays
玉米

芭芭拉·麦克林托克博士证明了玉米颜色的变化是由于特定的遗传因子导致的。

港，麦克林托克搞清楚了基因在玉米染色体中表达的过程。

基于这项工作和她的其他成果，芭芭拉被授予诺贝尔生理学或医学奖并成为了独享该奖第一位女性。诺贝尔基金会的授奖归功于她发现可移动的遗传因子（转座子），瑞典科学院将其与格雷戈尔·孟德尔的贡献相提并论。

1944 年，芭芭拉在斯坦福大学进行了粗糙链孢霉（*Neurospora crassa*）的细胞遗传学分析。她成功地描述了这种面包霉的染色体数量和它的生活史。粗糙链孢霉由此成为一个经典遗传分析的模式物种。

因为芭芭拉对玉米遗传学的研究工作，1957 年她开始研究在中美洲和南美洲发现的玉米土著品系。她研究玉米种族的进化以及染色体变化如何影响到植物的形态和进化特征。作为研究成果，芭芭拉和她的同事们发表了《玉米种族的染色体构造》（*The Chromosomal Constitution of Races of Maize*）一书，这对于了解有关玉米的人类植物学、古植物学和进化生物学起到了极大的帮助。

除了诺贝尔奖，由于她开创性的工作，芭芭拉获得了无数的荣誉和嘉奖，包括当选为美国国家科学院院士——仅有的第三位当选女性、金伯遗传学奖、美国国家科学奖章，以及本杰明·富兰克林杰出科学贡献奖章等。同时她还当选为英国皇家科学学会外籍院士，她也是美国遗传学会的第一位女会长。

芭芭拉·麦克林托克的研究发现：一小部分玉米的各类马赛克式的颜色变异是化学抑制色素合成的结果。

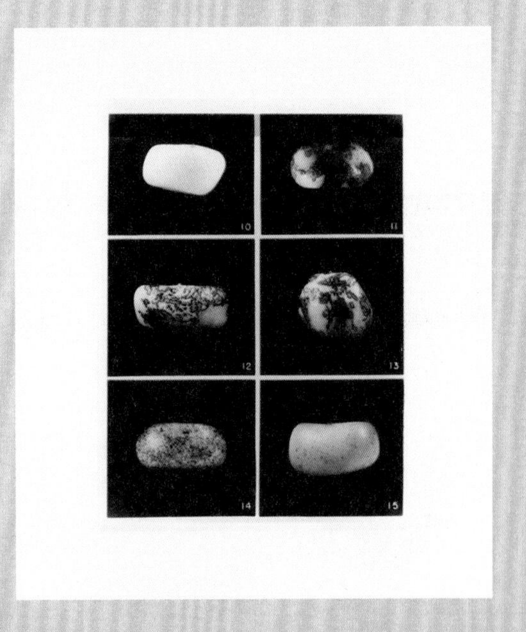

属

属（genus, 复数为 genera）是包含一个或多个物种的分类群。通常当园艺工作者使用“科”这个词时，用“属”可能更为恰当。如某人声称所有的苹果属于同一科，这也毫不奇怪。虽然这称不上学术错误，但实际上“科”指的是整个蔷薇科：包括梨、玫瑰、路边青和山楂等。他可能更想表达的意思是：它们都属于同一个属——苹果属（*Malus*）。

同属物种往往共有许多明显的形态特点，因此，植物被鉴定到属这一级才是对园艺、栽培等实际工作最有意义的。在大多数情况下，这种外观上的联系是相当清楚的，一看便知是同属植物，如老鹳草属（*Geranium*）。但对某些属而言，其种类范围涵盖甚广，以至于我们很难想象一个竟然与另一个同属。就拿荒漠植物大戟芹（*Euphorbia virosa*）来说，相比于常见栽培的大戟（*Euphorbia polychroma*），它们的差异相当惊人。在这样一个拥有 2 000 多个种的大属中，这种巨大的差异不足为奇，尽管如此，它们的花仍具有很多共同点。

Ginkgo biloba
银杏

属的大小差异很大，有的属仅有一个种，也有的包含超过了上千个种。例如，银杏（*Ginkgo biloba*）和捕蝇草（*Dionaea muscipula*）就是其属下唯一的代表，而杜鹃花属（*Rhododendron*）则包括了 1 000 多个种。

有时属名被缩写为单个字母后加一个点。当同属植物被反复提及时，缩写的形式就不会引起混乱。例如，如果上下文语义明确，就没有必要每次都拼出 *Rhododendron* 这个词了，可以简写成“R.”。

Malus domestica
苹果

苹果属只是庞大的蔷薇科下的很多属之一。蔷薇科中还包括山楂属，悬钩子属和花楸属等。

三个有趣的植物属

槲寄生属（*Viscum*）

槲寄生属约有 70 至 100 种，它们均为木本，一部分为寄生性的灌木。它们有一套独特的获取营养的策略，把自身光合作用和从宿主植物上吸收营养结合起来。

槲寄生也被称为“寄生植物”，因为倘若找不到宿主，它们就不能完成其生活史。槲寄生的宿主大多是灌木和乔木，尽管其中大多数种类也能适应不同的宿主物种，但不同种类的槲寄生还是倾向于寄生在各自特定种类的宿主身上。

Passiflora caerulea
蓝西番莲

西番莲属（*Passiflora*）

这些长着奇特花朵的攀援植物在南美洲十分丰富，因此西班牙的基督教传教士们常用它们来讲授耶稣的故事，在十字架上的部分尤其具有创造性。其俗名“passion flower”的意思就是“耶稣的受难曲”：

- 爬藤的卷须被比作耶稣在受鞭刑时使用的鞭子。
- 十枚花瓣和萼片代表十二使徒中的十人，不包括出卖了耶稣的犹大以及否认耶稣的圣彼得。
- 100 多条花丝组成的环代表着荆棘王冠。
- 三个柱头和五个花药代表这三枚钉子和五处伤口。

猪笼草属（*Nepenthes*）

食肉植物猪笼草的存在体现了这样一个事实：植物为了适应其生存的环境真可谓“煞费苦心”。其高度特化的叶片变成了一个壶状陷阱，用于捕捉昆虫甚至更大的动物，这些猎物随后在陷阱中被消化，作为营养来源。每一片叶子，或者说陷阱，都是由三部分组成的：首先是盖子，有助于防止雨水进入瓶身稀释内部的消化液；其次，五颜六色的边缘是为了引诱昆虫；最后，瓶身里面装满了消化液，吸引猎物、将其溺死并最终消化掉。

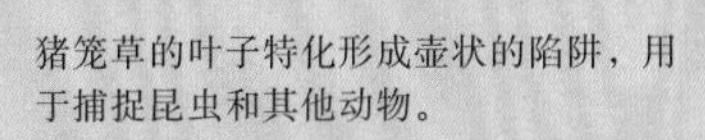

猪笼草的叶子特化形成壶状的陷阱，用于捕捉昆虫和其他动物。

种

什么是种？它们是由可以相互交配的个体所组成的群体，并与其他物种存在生殖隔离。

植物分类的基本单位是种（species，species为单复数同型）。这个词通常缩写为“sp.”，复数形式的缩写为“spp.”。种可以被定义为一群具有许多共同关键特征的个体，且显著区别于来自相同属中的其他种。

同种植物由一系列的杂交个体构成，这些个体繁殖所产生的后代具有相似特征。至关重要的是，它们与其他物种存在生殖隔离。隔离是一个重要因素，它的存在为一个种群演化出与其他近缘种群相区别的特征创造了条件。

数百万年的大陆漂移使许多物种得以分化形成。例如，在东地中海地区，我们可以见到三球悬铃木（*Platanus orientalis*），而在北美东部则是同属的一球悬铃木（*P. occidentalis*）。

Platanus orientalis
三球悬铃木

Platanus × hispanica
二球悬铃木

本种是三球悬铃木和一球悬铃木（*P. occidentalis*）二者的杂交种（杂交符号用 × 表示）。

生态隔离也会促使新物种形成，如广布蝇子草（*Silene vulgaris*）分布于内陆，而海滨蝇子草（*S. maritima*）仅生长在沿海环境里。

然而物种形成并不仅仅是在地质时间尺度发生的事情，甚至今天的我们也会观察到这一现象，因为隔离随时随地都在发生。举一个人类活动导致生态隔离的例子：在威尔士，由于曾经的采矿业，位于帕瑞山（Parys Mountain）东北部的安格尔西岛（Anglesey）的土地受到了铜污染。铜污染已经毁坏了许多受影响地区的植被，而就在这里，科学家们观察到了具有耐受铜污染能力的细弱剪股颖（*Agrostis tenuis*）这一新物种形成过程。

当同属下的不同种被人为地种植在一起时，我们有时会发现，虽然它们已被隔离了上千年，却仍然可以杂交繁殖。这种情况被称为杂交成种，即产生了一个杂交种。因此，在17世纪，当上面提到的两种悬铃木在西班牙碰面之后，二球悬铃木（*P.× hispanica*）便横空出世了。

园艺小贴士

种加词

一个物种的种加词有时可以帮助园艺工作者更多地了解植物，因为它本身可能涉及植物的生长方式、原产地等信息。一些最常用的种加词包括：

· *aurea, aureum, aureus*: 金黄色
· *edulis*: 可食的
· *horizontalis*; 平行贴于地面生长
· *montana, montanum, montanus*: 来自山区
· *multiflora, multiflorum, multiflorus*: 多花的
· *occidentale, occidentalis*: 与西方有关
· orientale, orientalis: 与东方有关
· perenne, perennis: 多年生的
· *procumbens*: 平卧或匍匐的
· *rotundifolia, rotundifolium, rotundifolius*: 圆叶的
· *sempervirens*: 常绿的
· *sinense, sinensis*: 来自中国的
· *tenuis*: 细弱的
· *vulgare, vulgaris*: 常见的

物种的寿命

许多植物都有很长的寿命，有些可以存活上千年之久，相比之下也有些植物的寿命可能仅有几个星期。有记录以来寿命最长的植物是一棵大盆地刺果松（*Pinus longaeva*），它生活在美国加利福尼亚州，在2013年时它已达5 063岁“高龄”。还有几种植物可以角逐“最短寿植物”的头衔，例如原产于欧洲、亚洲和非洲西北部的一年生植物拟南芥（*Arabidopsis thaliana*），它们能够在六个星期之内完成其整个生活史。

从发芽、生长到开花结果，一年生植物可以在一年或一个季节内完成其生活史，有些植物甚至更快，如上面的例子。

二年生植物需要两年才能完成其生活史。在第一年，它们发芽并进行营养生长，如根、茎和叶等部分；随后进入休眠状态，熬过一段时间的恶劣天气或其他环境。次年，通常经过进一步的营养生长之后，它们便会开花结实，最后死亡。

多年生植物的寿命超过两年。同二年生植物一样，它们每年都会休眠，有时地上部分会完全枯死，但当适宜的季节来临时它们便会复苏。通常，多年生植物每年都会开花结实。对园艺工作者来讲，多年生植物这个术语通常指多年生草本植物，植物学家会把任何非木本的植物称为草本植物（herb）（见第二章，第47页）。而园艺工作者词汇库中的“herb”指的完全是另外一种东西——草药，由此可见，植物学和园艺学上的术语之间还是存在着细微差异的。

山郁金香（*Tulipa montana*），其种加词表示其原产地是位于伊朗西北部的石山地区，而非美国的蒙大拿州。

亚种，变种和变型

即便同属于一个物种，不同个体也往往会表现出较大的差异。为了应对这些特殊情况，植物学家们设定了种下的分类等级：亚种、变种和变型。同其他各级分类阶元一样，它们也各自有其命名规则。

像智利南洋杉（*Araucaria araucana*）这类自然分布范围非常有限的物种，其个体之间几乎没有可见的变异。因为没有任何变异类型的存在，也不曾有育种者培育出任何栽培品种，所以智利南洋杉只有自身的种名。

然而有些种情况就非常复杂。常春藤叶仙客来（*Cyclamen hederifolium*）就是一个很好的例子，它至少有两个变种（*confusum* 和 *hederifolium*），并且其中的一个变种还可被进一步分成两个变型（*albiflorum* 和 *hederifolium*）。

Araucaria araucana
智利南洋杉

智利南洋杉仅有种一级名称，而并无任何变型或变种。

亚种（subspecies）

某些野生植物分布非常广泛，尤其当这些分布地各自独立时，各地的种群间就可能会表现出各自略微不同的特征。这些种群就会被归为同一物种下的亚种（缩写为“subsp.”或“ssp.”）。

以分布于欧洲南部的千魂花（*Euphorbia characias*）为例，其自然分布区内存在两个亚种：其中原亚种 subsp. *characias* 栖息于地中海西部，而另一个亚种 subsp. *wulfenii* 分布于地中海东部，二者在株高和蜜腺的颜色上存在差异。

变种（variety）

在一个种或亚种的自然地理分布范围内，零星出现的一些独立种群和个体可被称为变种（*varietas*，缩写为 *var.*）。它们可能出现在整个种或亚种的分布范围内，通常不与地理分布相关。如美丽马醉木丽江变种（*Pieris formosa* var. *forrestii.*）。

变种是自然形成的，通常它们也可以与同种的其他变种自由杂交。变种切忌与品种一词（见下文）相混淆——变种这个词经常会被人错误地用来描述一个品种。二者的区别在于，变种是自然形成的，而品种仅表示人工栽培的植物。

变型（form）

变型（缩写为“f.”）是常用的最小一级的植物分类阶元。它是用来描述微小却又明显可见的差异，例如花色。同变种一样，它们通常不与地理分布相关。

此处举两例：斑点老鹳草白花变型（*Geranium maculatum* f. *albiflorum*）是斑点老鹳草（*G. maculatum*）开白色花朵的一个变型。而滇牡丹黄花变型（*Paeonia delavayi var. delavayi* f. *lutea*）是指开黄色花的一个滇牡丹的变型。

杂交种和栽培品种

园艺工作者们需要对杂交种和栽培品种的概念非常熟悉，因为在栽培植物中会经常用到这些名称。这些改良的产物都是植物育种者们辛勤劳动的成果。

杂交种

在自然或人工环境下，某些生长在一起植物种类会发生自然杂交，或被人类有意为之，所得的后代被称为杂交种。在它们的名字中用一个“×”来表示杂交种的分类地位，例如牛津老鹳草（*Geranium* × *oxonianum*），它是恩氏老鹳草（*G. endressii*）和变色老鹳草（*G. versicolor*）的杂交种。

同属中不同种之间的杂交种被称为种间杂交种，而那些不同属植物之间杂交种被称为属间杂交种。

大部分杂交种都是发生在同属物种之间的。例如，春花欧石楠（*Erica carnea*）和爱尔兰欧石楠（*E. erigena*）之间的杂交种达利欧石楠（*Erica* × *darleyensis*）。

不同属之间的杂交种会得到一个新的杂交属名，这样的组合也同样具有种的分类地位。在这种情况下，乘号被置于属名之前。例如欧洲十大功劳（*Mahonia aquifolium*）和刺黑珠（*Berberis sargentiana*）的杂交种被称为“× *Mahoberberis aquisargentii*”，而红金梅草（*Rhodohypoxis baurii*）和小金梅草（*Hypoxis parvula*）的杂交种被称为“× *Rhodoxis hybrida*”。

也有一些特殊的杂交种被称为嫁接杂交种或嫁接嵌合体，其两种植物的组织仅仅是物理上的而非基因的混合。这些杂交种用“+”来表示。因此，紫金雀花（*Cytisus purpureus*）和苏格兰金链花树（*Laburnum anagyroides*）产生了“+ *Laburnocytisus* ‘Adamii’”，而山楂属（*Crataegus*）和欧楂属（*Mespilus*）之间的嫁接嵌合体被称为“+ *Crataegomespilus*”。

栽培品种

在栽培状态下，由植物育种者们创造培育出的产生了变异的新植物被称为品种（culticated variety，有时缩写为cv.）。它们会有一个品种名，为了使品种名能从纯粹的植物学名的部分中脱颖而出，它们由单引号标示出来，不写成斜体。

自1959年起，所有培育出的新品种名必须遵照国际栽培植物命名法规。法规规定，品

Taxus baccata
欧洲红豆杉

种名必须或至少一部分使用现代语言，以确保它们同植物学名中的拉丁文部分截然不同。

品种群（Group）、兰花杂交群（Grex）和品系（Series）

当同一种下拥有许多栽培品种，或者一个被广泛认可的栽培品种变得性状多变时（通常由于繁殖体的选择不当导致），它们有时就会被给予一个更集体化的名称——品种群名（Group name）。品种群名是由单词“Group”连同一个品种名一起括在括号里使用的。例如，单穗升麻（暗紫色群）“深色”品种（*Actaea simplex* [Atropurpurea Group] ‘Brunette’）。在植物学分类阶元中，种、亚种、变种和变型在某种程度上也可以被视为“群”。当某一等级并非是植物学上承认的分类阶元，但在花园里仍然值得区分时，“群”就显得非常有用。

Brachyglottis
常春菊

Actaea simplex
单穗升麻

在兰科植物中，复杂的杂交种的双方亲本都会被详细记录，因此“群”这一系统得到了进一步地完善。每个杂交种被赋予一个杂交群名（grex，缩写为“gx”）。杂交群包含了一对特定的杂交亲本所产生所有的后代，倘若并非同一对双亲，其杂交群名就会不同。例如，山东独蒜兰杂交群（Pleione Shantung gx）和山东独蒜兰杂交群“穆里尔·哈伯德”品种（Pleione Shantung gx ‘Muriel Harberd’），后者是从前者杂交群中选育出的一个品种。杂交群名应使用非斜体的罗马字母书写，不加引号，置于其他名字的后面。

品系名通常用于种子植物，特别是F1代的杂种。它们与品种群类似，可能包含有多个类似的品种，但它们不受任何的命名法规约束，通常主要用于市场销售使用。植物育种者们往往不会公开那些独特的品种的“身世”，并且同一颜色的品种经过多年以后也可能以一大堆不同的品系名重新出现，以适应不同的市场。

商品名

除了品种名，许多栽培植物还会有商品名或市场名。这些商品名无须遵照法规，在不同的国家往往也不一样，有时一段时间之后还会更换。商品名还可以注册商标，但品种名不能被注册。

当品种名是代码或无意义的名称时，植物的商品名通常就会被使用于注册植物育种权（见下文），这种用法往往不切实际。以下是玫瑰命名的常见做法：植物的标签上本应明确地写清楚品种名，但却时常被商品名所代替。商品名为“卡德法尔兄弟”（Brother Cadfael）的玫瑰其品种名本应为‘Ausglobe’，而“金婚纪念”（Rosa Golden Wedding）的品种名是‘Arokris’。品种名对于园艺工作者而言十分重要，通过品种名，他们就可以确保其购买的植物没有问题。尽管品种名保持不变，但商品名可以为适应市场的需求作出改变。

商品名可能与品种名的种加词类似，它们经常被错误地使用。商品名不应该用单引号，并且应该使用与品种相区别的字体进行打印。例如，“*Choisya ternate* ‘Lich’”以商品名“Sundance”销售，就应该表示为“*Choisya ternate* ‘Lich’ Sundance”或“*Choisya ternata* Sundance（‘Lich’）”，而不是“*Choisya ternate* ‘Sundance’”。

当品种名源自外语且很难发音时，另一类商品名便应运而生。例如间型金缕梅“魔术火”，其商品名为“魔术火”（*Hamamelis* × *intermedia* Magic Fire [‘Feuerzauber’]）。

植物育种者权利（PBR）

植物育种者权利是授予植物新品种培育者保护其品种所专有的权利，是知识产权的一种形式。如果符合一定的国际标准，该法规允许植物育种者们注册他们培育出来的植物品种作为自有财产，其目的就是为了帮助植物育种者从他们的劳动中获取商业收益。

品种权限定了特定的时间段和明确的地域范围。品种权的拥有者们可以给公司发放许可证，允许其种植该品种并收取每株植物的专利费。植物育种者权利办事处遍布世界各地，未经所有者许可，所有受植物育种者权利保护的植物品种都不得以商业目的进行传播，包括种子、插条或微体繁殖等任何途径。

Hamamelis* × *intermedia Magic Fire **(‘Feuerzauber’)**
间型金缕梅“魔术火”品种，商品名为“魔术火”

Prunus domestica
欧洲李

第二章

生长、形态与功能

Growth, Form and Function

在特定的进化水平之上，所有的植物都是由特化的器官组成，它们进一步构成了各类复杂的系统。大自然不会无来由地产生这些复杂的结构：它们都肩负着植物生存、生长以及繁殖所需要的各种不同的功能。这些器官的形态与植物进化历程中的生境紧密相关。

因此，形态、生境和功能都是相互联系的。于是，我们自然而然就会想到：植物体的每一部分都会执行某种特定的功能以帮助自身更好地适应其自然生境。例如，许多沙漠植物长出了多汁的茎干或叶子，以此来储存水分。

然而，某些植物的特征没有任何功能，或者它们的功能尚未被科学恰当地解释，这都是有可能的。植物的某些解剖结构甚至会显得多余，虽然它们曾经在进化中有功能，但现在已经不再需要了——然而这些特征保留了下来。

在栽培条件下，植物的形态和功能很可能与其原有的生境不再相关了。自从原始农业起源以来，人类已经将多种植物从其自然环境的选择压力下分离出来，按照人的需要进行选择，不断地培育和改良品种。其结果就是培育出一大批具有特殊形态和功能的植物，以满足人类的观赏或生产需求。

植物的生长和发育

植物的生长需要特定的条件：光、温度和水分。不同的植物所需要的条件不同。三个条件中的任何一个在特定的条件下都能影响植物的生长。有些对日照长度有反应（例如，三叶草对春天日益增长的日照时间有反应），一些沙漠植物只有在雨后才会生长，例如鳞叶卷柏（*Selaginella lepidophylla*），还有一些乔木只有在平均温度到达特定值以上时才会长叶，例如夏栎（*Quercus robur*）。相反地，当这些条件不适合时，植物就会停止生长，在这种情况下植物可能会进入休眠，也可能死亡。

Anastatica hierochuntica
含生草

分生组织

所有的生长都发生在细胞水平上。在植物中，生长只局限于分生组织区域（见下文），那里的细胞快速分裂。这种微观水平上的生长会带来植物整体结构的变化，并最终形成复杂的器官水平上的生长。

这些区域内活跃分裂的细胞是原分生组织细胞，它们尚未分化成任何特化的形态。原分生组织只存在于植物特定的区域，例如分布在根尖、芽尖或茎尖的原分生组织被称为顶端分生组织，而分布在木本植物树皮下的形成层中的被称为侧生分生组织——它可以使茎和根增粗。分生组织的活性具有潜在不确定性，有可能伴随植物一生，也可能只活跃一段时间。

虽然生长发育的类型惊人地多样化，但所有这些都可由发生在分生组织中细胞水平上的三个步骤加以解释。

1. 细胞分裂（有丝分裂）

2. 细胞增大

3. 细胞分化（一旦细胞达到其最终尺寸，就会特化，不再具有分生能力）

这三个步骤发生方式的多样化决定了一个植物体内不同的组织和器官，同时也造就了不同的植物种类。

新形成的分生组织经常在三维空间上增大，但在例如茎和根这样细长的植物器官中，由于施加在细胞上的物理压力，其增大主要发生在一个方向上，增大也就很快成为了伸长。在这种情况下，长大的细胞排列在分生组织之下，由此产生器官的伸长生长。

居间分生组织迄今为止只在单子叶植物中发现，例如禾草类植物（包括竹子）。这些分生组织位于节的基部（如竹子），或叶片的基部（如草本禾草类）。居间分生组织的这种分布方式最有可能是对食草动物啃食作出的一种反应——想想大熊猫吞食竹叶，或牛咀嚼草叶的场景就会明白。对于园艺工作者们而言也具有特殊的相关性，就是每次修剪草坪的时候。

顶端分生组织，或生长点，位于芽和根的顶端。新细胞在其中产生并生长，并因此在其身后产生不断生长的根或嫩枝。

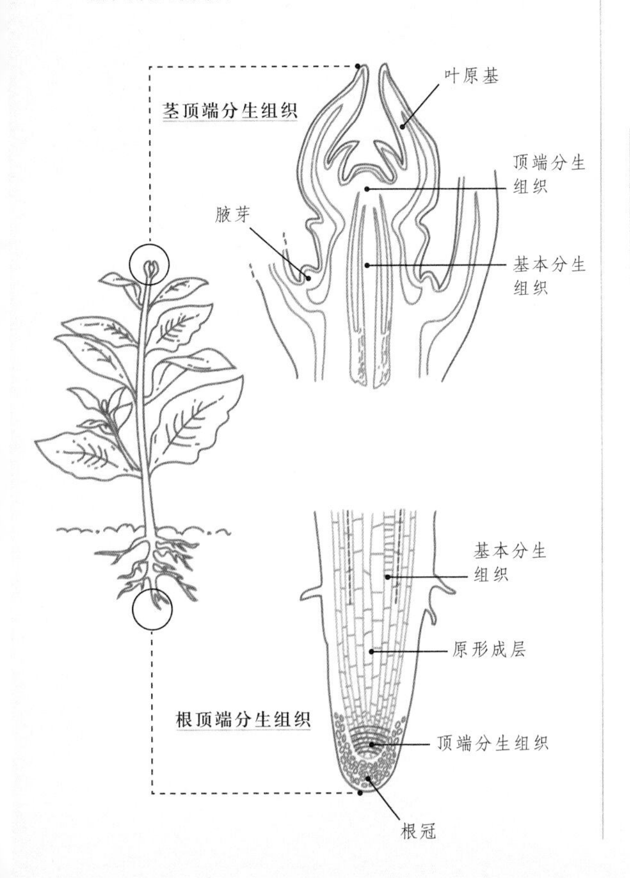

细胞分化

一旦分生组织细胞开始伸长，它们便开始分化并成为特化细胞。

薄壁组织

薄壁组织也许是植物体中最丰富的组织，它由许多细胞壁较薄的“通用”细胞组成，并肩负着植物体内各种不同的功能。更为有用的是，它们还保持着潜在的分生能力，这意味着在有需要时它们可以恢复成分生组织。

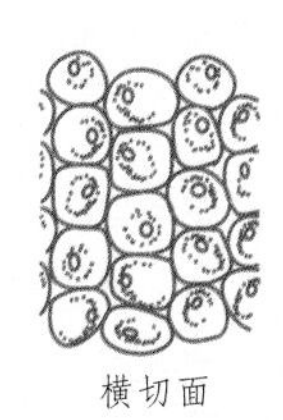
横切面

这些主要的普通细胞被称为薄壁组织

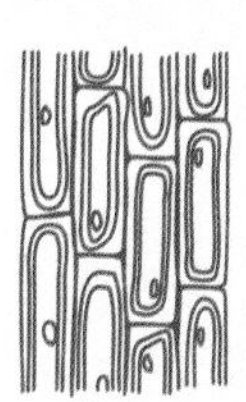
纵切面

园 艺 小 贴 士

薄壁组织的功能

薄壁组织数量丰富，填充出植物的体积，但是除了作为“填充材料”它还有许多有用的功能：

· 蓄水：干旱地区的植物会将水储备在薄壁组织中，同时这也有助于保持植物正常的膨压。

· 通气：薄壁细胞之间的大的空隙可促进气体交换（有利于光合作用和呼吸作用），并且这些气腔对需要额外浮力的水生植物很有帮助。

· 营养储存：薄壁细胞可用于贮存营养，营养物质可以是固体形式也可以是溶液形式，还可以将营养储存在变厚的细胞壁内。

· 吸收：当植物需要时，薄壁细胞会从周围环境中吸收水分（例如根毛细胞）。

· 保护：一些薄壁组织的存在是为了保护植物免受伤害。

厚角组织

厚角组织与薄壁组织类似，但其细胞具有纤维素增厚的壁。因此，它们主要起支持作用，尤其是在幼嫩的茎和叶中，但它仍具有足够的灵活性以适应额外的生长。厚角组织可以再次转化成分生组织，以形成侧生分生组织。

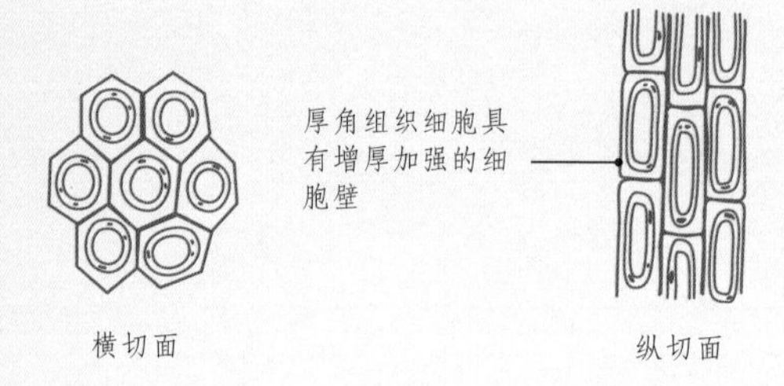

厚壁组织

厚壁组织细胞具有高度增厚的细胞壁，其内含有大量的木质素。只有当生长完成后，厚壁组织才会成熟，因为一旦木质素开始沉积，其细胞就不能进一步增长了。当组织发育成熟以后，细胞会死亡，仅留下木质的细胞壁。正是厚壁组织为木本植物提供了机械支撑。

厚壁组织有两种基本形式：纤维和石细胞。纤维是顶端锥形的长细胞，并经常聚集成束。石细胞是球状的细胞，它们常分布于肉质果实的果肉中。正是石细胞让梨有了坚硬的质感。

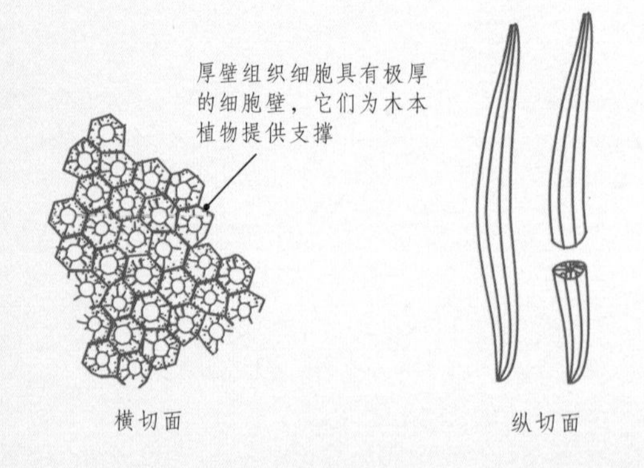

植物类型：植物学家 V.S. 园艺工作者

大多数园艺工作者一般根据植物的观赏用途将植物划分成 10 或 11 个大类，分别为：乔木；灌木；攀援植物；多年生草本植物；岩生植物（高山植物）；一年生和二年生植物；鳞茎植物；球茎和块茎植物；仙人掌及其他多肉植物；蕨类植物；香草；水生植物。其他类群也可能还包括苏铁和蕨类植物。

植物学家则以不同的角度看待这个世界。虽然他们也可能会使用这些园艺术语中的一部分或全部词汇，但他们往往有着严格的定义，以至于园艺工作者们会觉得很奇怪或违背了他们的直觉。下面列出一些最常用的术语定义。

乔木和灌木

植物学家可能只会简单地把乔木或灌木称作木本植物，因为在他们看来乔木和灌木之间没有明确的界限。然而，他们也可能会使用“高位芽”这个术语，它可以指所有茎上的休眠芽位于在地面 25 cm 以上的植物。

一些木本植物，如欧洲板栗（*Castanea sativa*）很明显是乔木，但其他植物很可能会模棱两可，例如丁香属（*Syringa*）或冬青属（*Ilex*）植物，它们会同时显示出灌木和乔木的习性，这取决于它们的种类或品种，或者是它们的种植方式。“小桉树”这一术语对澳大利亚人来说并不陌生，因为它用于描述灌木状、多分枝的桉树。植物学家使用术语“地上芽植物”来描述亚灌木——此类植物的休眠芽不超过地面 25 cm 以上。

园艺工作者们通常认为灌木应有多个主干，而乔木只有一个单一的主干。各种园艺工作者们试图定义乔木，大多数人认为它们的单茎应该超过一定高度（有人说 3 m，也有人说 6 m），

Syringa vulgaris
欧丁香

有时还会附加条件——茎的直径应超过 20 cm。

正如可以预想的那样，这是一个灰色地带，我们必须承认的是，有些小乔木在某些人眼里仅仅只能算作大灌木。

多年生植物，多年生草本植物和香草

任何植物只要生长期超过两年就可被称为多年生植物，其中包括所有的乔木、灌木、鳞茎植物、根茎植物或高山植物。园艺工作者们可能对这种术语的“劫持行为”犹豫不决，因为这是他们专门为非木质的冬季死亡的花境植物预留的术语。然而在这一点上，园艺工作者们却无法与植物学家争辩：字典中定义“多年生”这个词的意思就是“不断反复出现或持续无限期的时间”。

出于这个原因，园艺工作者们还是用“多年生草本植物”这个术语来定义其花境植物更为合适。这个术语排除了所有木本植物（虽然这个界限有时候也是模糊不清，比如当我们提及鼠尾草、百里香或普罗草时，它们有少量木质化的生长，有时也被视为亚灌木）。它还排除了鳞茎、球茎和块茎植物，高山植物和仙人掌等多肉植物。但“草本”这个词还是会带来进一步区分上的困难，因为植物学上该词指的是在休眠期（通常为冬季）植株上部完全死亡的植物。但许多多年生草本植物例如铁筷子和一些蕨类植物如丛叶铁角蕨（*Asplenium scolopendrium*）并没有枯死的现象——它们只会一直生长。在这种情况下，园艺工作者们可以剪掉缺乏活力的叶片以保持整个植株的新鲜外表。

当植物学家提及“herb”这个词时又出现了进一步的混乱。在园艺工作者们看来，“herb”是种在菜园里便于随时烹饪的香草植物，如迷迭香和罗勒（*Ocimum basilicum*）。它们还包括一些药用植物，如薰衣草和月见草属（*Oenothera*）植物。然而对于植物学家而言，“herb”指的是任何非木本植物——这个术语可以涵盖多种植物。也可使用“地面芽”这个术语，它指的是

Asplenium scolopendrium
丛叶铁角蕨

> **园艺小贴士**
>
> 园艺工作者们不太可能会遇到的一个迷人的群体是超大型的草本植物。它们是巨大的多年生草本植物，并且仅生长在新西兰外海的亚南极岛屿上。独立进化的植物常常表现出独特的性状，这些超大型草本植物也不例外：例如坎贝尔岛雏菊（*Pleurophyllum speciosum*），形成了直径 1.2 m 的巨大花环。在同样孤立的环境中也发现了一些巨型草本植物，如分布于乞力马扎罗山的巨头千里光（*Dendrosenecio*）。园艺工作者可能会喜欢那些具有观赏性的多年生巨型草本植物，如刺苞菜蓟（*Cynara cardunculus*）和巨芒（*Miscanthus x giganteus*）。

休眠芽在地面上或者贴近地面的植物。

有些多年生植物一生只会开花结实一次，然后就会死亡，这种植物被称为一次结实植物。例如丝兰和竹子，以及绿绒蒿（*Meconopsis*）和蓝蓟（*Echium*）。然而大多数多年生植物，在它们生活史中，通常每年都会开花结实，这种类型被称为多次结实植物。

一年生和二年生植物

园艺工作者们都知道的一年生植物（annuals）在植物学上被称为一季生植物（therophyte）它们开花、结果继而死亡的整个过程都是发生在适宜的生长季节里，并以种子的形式度过休眠期。因此“一年生”这个术语不解自明。园艺工作者们都很熟悉一年生植物，因为它们可以快速地给花园带来斑斓的色彩。常见栽培的一年生植物有沼沫花（*Limnanthes douglasii*）、黑种草（*Nigella damascena*）和旱金莲（*Tropaeolum majus*）等。

当园艺工作者们谈论到花坛植物时往往会发生混淆。通常这些植物被园艺工作者们称为一年生植物，因为它们被种植在花坛中，经过一两个季节就被丢弃了。但实际上，花坛植物常为多年生植物，例如秋海棠和凤仙花（*Impatiens*），但因其在容易结霜的气候下不能越冬（或是经过一季之后便开始活力减退、破败不堪），所以都把它们作为一年生植物种植。

二年生植物是指存活期只有两年的植物，随后它们便开花、结实、死亡——因此它们也是一次结实植物。例如常见的毛地黄（*Digitalis purpurea*）和蓝蓟（*Echium candicans*）。许多蔬菜都是二年生植物。一些寿命较短的多年生植物，如糖芥（*Erysimum*），有时也被归为二年生植物，尽管这再一次模糊了二者的界限。一些寿命较长的多年生草本植物其实也令园艺工作者们感到焦虑，因为他们可能会为自己喜爱植物的猝死而伤心不已。事实上，一些多年生植物的寿命比另一些更长：松果菊（*Echinacea*）的寿命会相对短暂；而鸢尾则会持续不断地生长下去。

Tropaeolum majus
旱金莲

攀援植物

植物学家会把这类植物称为藤本植物。热带地区非常大型的攀援植物，如圭亚那羊蹄甲（*Bauhinia guianensis*），称为木质藤本植物，然而在温带森林也有一些大型的攀援植物，如生命铁线莲（*Clematis vitalba*）也被称为木质藤本植物。

园艺工作者们可能更喜欢以“藤本植物”这个词特指葡萄（*Vitis*），而使用“攀援植物”这一术语代替。攀援植物可以是像香豌豆（*Lathyrus odoratus*）这样的草本植物，也可以是木本植物，如紫藤和上述的葡萄。

园艺工作者们描述了各种各样的攀援植物：攀爬植物（scramber）、缠绕植物（twiner）和黏附植物（clinger）只是其中三个例子。其他类型可能会蔓延、弯曲或下垂生长。这些各式各样的术语显示了攀援植物不同的生长方式，但它们都有一个共同点，即茎过于柔软以至于不能支撑本身。它们的生长方式意味着它们需要利用附近的植物作为支撑，进而才能够获得阳光，开花结果。园艺工作者可以利用其他植物来种植攀援植物（如在玫瑰旁种植铁线莲）或利用棚架提供支撑。

黏附植物

黏附植物会从卷须末端产生不定的气生根或自动附着的吸盘垫，利用这种特殊的结构，它们会黏附住任何提供足够牢靠的落脚点的表面。例如常春藤属（*Hedera*）植物和一些攀援习性的绣球属植物会产生气生根。因为它们可以自我支撑，所以它们不需要任何辅助支撑的结构——它们会爬上任何可接触到的结构。

Clematis vitalba
生命铁线莲

缠绕植物

某些植物会产生卷曲缠绕的叶卷须、叶柄或茎，借助这些结构它们可以缠绕支撑物攀援生长，这种植物就被称为缠绕植物。例如铁线莲属、忍冬属和紫藤属植物。因此如果想种植此类植物，就需要在花园里放置框格棚架、金属线或网架等物品。

攀爬植物

攀爬植物通过螺旋状的刺（如蔷薇），或者是通过它们快速增长的枝条来获得支撑，例如智利藤茄（*Solanum crispum*）。为了保证它们稳妥地生长，需要在花园里构建一套强大的支撑系统来给它们的茎提供攀爬地方。

花园中也有许多的灌木，虽然它们不是天生的攀爬植物，但也会倚靠着墙壁和栅栏生长。例如火棘属（*Pyracantha*）和木瓜属（*Chaenomeles*）植物，还有许多果树也会以这种方式生长。因为这类植物可以仅在二维平面中生长，这使得园艺工作者们可以最大限度地利用花园中的所有可用空间。

攀缘植物节约了一些必须由其支撑植物提供的一些资源。在某些情况下，攀爬植物最终可能会导致支撑植物窒息甚至死亡。因此从进化的角度来说，为攀爬植物提供支撑的乔木和灌木处于明显的劣势中。园艺工作者可能会注意到，花园中的桉树每年都要脱一次树皮，这有可能是为了应对攀缘植物而演化出的一种适应对策。

鳞茎、球茎和块茎植物

这些植物被植物学家统称为隐芽植物，这是一个包罗万象的术语，用来描述任何一种从地下结构生长出来的植物，如郁金香（*Tulipa*）。它也包括那些生长在干燥的土壤里的地下芽植物，生长在沼泽里的沼生植物和生长在水下的水生植物，如睡莲。

“隐芽植物”这一术语没有得到广泛的使用是一件令人遗憾的事情，因为当大多数园艺工作者发现鳞茎、球茎或块茎这些术语之间的细微区别混乱不清并且还有点荒谬的时候，“隐芽植物”就能一言以蔽之了。

“隐芽植物”这个术语并未得到广泛使用，园艺工作者们却纠结在了另外四个植物学术语上。鳞茎是一种地下类型的芽，其茎粗短，有紧凑且肉质的鳞片。洋葱就是一个典型的鳞茎。球茎是膨大的地下茎，没有鳞片，如番红花和剑兰。块茎是地下的贮藏器官，可以从母株上分离并且重新种植，在寒冷气候中，人们经常把块茎挖出来并将其放在无霜的地方越冬。大丽花和土豆便是典型的块茎植物。还有另一个类别，属于具根状茎的植物：其植株水平生长，茎匍匐于地面之上或只有部分位于地下。香根鸢尾（*Iris pallida*）就是典型的根茎植物。（请参阅后文第 82 至 83 页的进一步描述。）

园艺小贴士

附生植物

该术语用于描述长在另一种植物上（通常是树，但有时是人造建筑），但是并不从依附对象上获取任何营养的植物。其根部将其自身固定在适当的位置上，并从空气或依附对象表面上吸收水分。附生植物从裂缝中的腐烂物中吸收养分，而它们本身也有特殊的收集雨水的结构。在温带花园里，附生植物并不常见。在亚热带或热带地区，它们都比较常见，如鹿角蕨（*Platycerium*）和铁兰（*Tillandsia*）。许多兰花都是附生植物，当它们作为室内植物种植时就需要考虑它们特殊的生根需求。

Tillandsia
铁兰属

铁兰属植物是一类隶属于凤梨科的附生植物，它们俗称“空气凤梨”。

岩生植物

这个名称其实是更形象地描述了该类植物的生境而不是植物本身的类型。例如岩生植物可以是灌木、多年生草本植物或一年生植物。它们有时也被称为高山植物。它们共同的特点就是它们的生境均寒冷且生长期短，冬季严寒降水少（水分都以雪的形式固定下来），土壤排水良好。

高山草甸或岩屑堆是岩生植物的典型生境，但这类植物也很喜欢类似例如海崖和海岸等生境。高山生境通常是位于山的顶部，树线以上。愈接近两极的地方，这种生境的海拔就越低。而在热带，高山带仅见于最高峰的峰顶。园艺工作者可以建立专门的高山植物温室，排水条件良好的岩石园、岩屑床和干砌石墙来种植这些植物，为它们提供所需要的苛刻条件。

芽

芽是植物茎上处于休眠状态的枝条，当环境适宜时便会生长。这种生长可以是营养生长也可以是生殖生长，取决于芽的类型，但一些芽也可以发育产生根。

芽通常产生于叶腋或茎尖处，在植物的其他部分并不常见。它们可能在很长一段时间之内保持休眠状态，只有当需要生长时才会变得活跃，也可能在形成之后就立即生长。

芽的形态

鳞芽

产生鳞芽的植物通常生活在相对较凉爽的气候中，“鳞芽”这一名字来源于为它们提供保护的鳞片，它们实为特化了的叶片。这些鳞片紧紧地包裹着其内的芽。芽鳞还可能被一层黏稠的树胶覆盖，它给芽提供了进一步的保护。对于落叶树而言，通常可以由其芽的形状和芽鳞的数目来鉴定物种。

植物会产生多种类型的芽，它们可以依据其在植株上的着生位置、萌生方式以及功能进行分类。

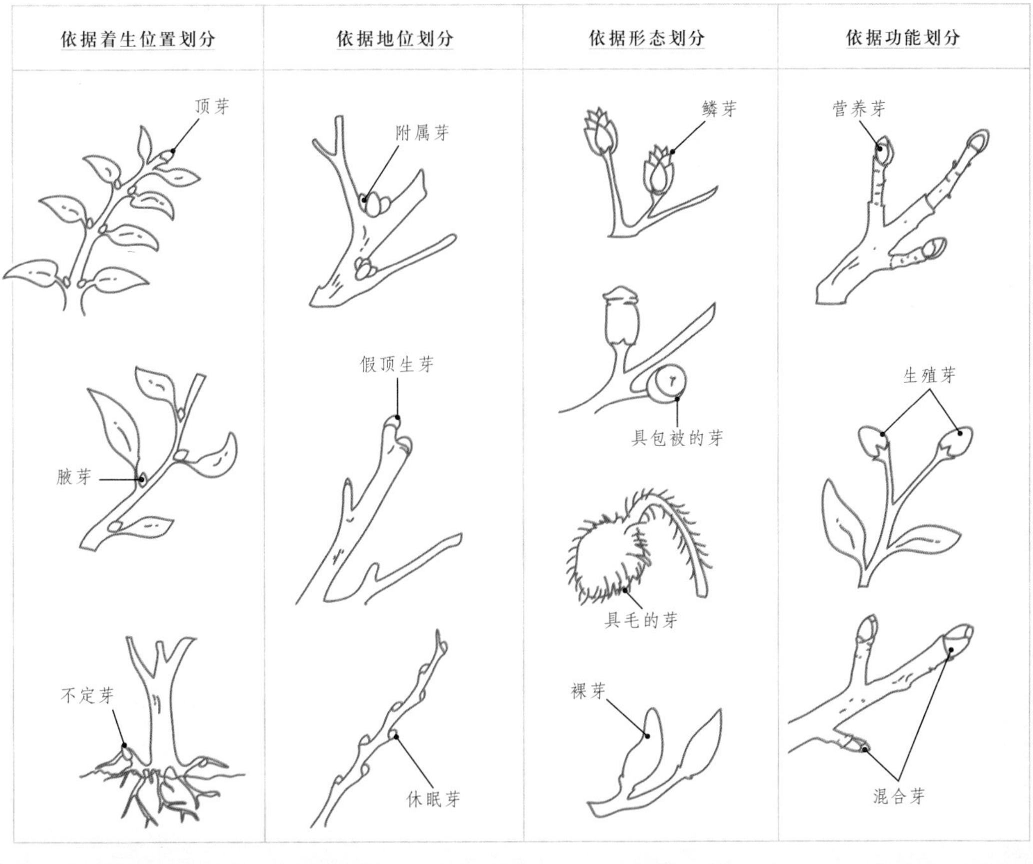

依据着生位置划分	依据地位划分	依据形态划分	依据功能划分
顶芽	附属芽	鳞芽	营养芽
腋芽	假顶生芽	具包被的芽	生殖芽
不定芽	休眠芽	具毛的芽	混合芽
		裸芽	

裸芽

裸芽没有芽鳞保护，而是由未发育的小叶片覆盖于其上。这些小叶片通常具有毛，可以提供一些保护作用，因此裸芽有时也被称为毛芽。一些鳞芽也有毛的保护，例如柳属（*Salix*）植物的花芽。

许多一年生和草本植物不会产生明显的芽。实际上，在这些植物中，芽都退化了，仅由在叶腋内的大量未分化的分生细胞组成。相反地，一些草本植物真正的芽却并不被认为是芽。例如，十字花科（*Brassicaceae*）部分蔬菜的食用部分就是芽：甘蓝叶球就是一个巨大的顶芽，球芽甘蓝是大型的侧芽，菜花和西兰花实际上就是花芽。

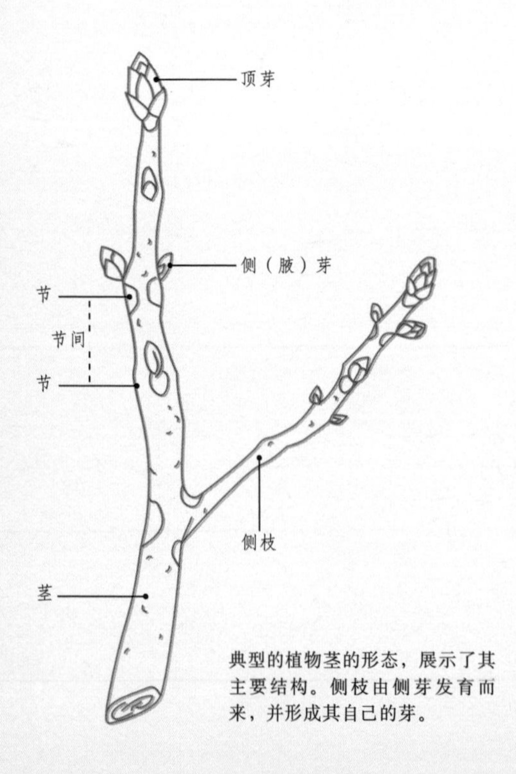

典型的植物茎的形态，展示了其主要结构。侧枝由侧芽发育而来，并形成其自己的芽。

不同类型的芽

一株植物上会有各种类型的芽，它们各具有不同的功能。

顶芽

顶芽出现在茎尖，它可以产生生长调节激素以控制下方侧芽的生长——这就是所谓的顶端优势，在某些针叶树中表现最明显。高加索冷杉（*Abies nordmanniana*）鲜明的金字塔造型就是一个很好的例子。如果顶芽被摘除或受其他损坏导致缺失，顶端优势就会解除，下方的芽就会加快生长以取代顶芽。园艺工作者们会采取这种机制促进植物生长得更为茂密。

侧芽或腋芽

侧芽或腋芽通常形成于叶腋——叶与茎的连接处。它们通常会发育成叶或侧枝。

不定芽

不定芽形成于植物的其他部位，如树干、叶或根。有些不定芽在根上形成，产生新植株的生长，园艺工作者称之为“吸根”。许多植物中都会产生吸根，但有时也会成为一个麻烦，如火炬树（*Rhus typhina*），它们有时也会作为一种繁殖手段。

一些植物叶上的不定芽是另一种繁殖手段，对植物本身和园艺工作者而言都很有用。花园里的千母草（*Tolmiea menziesii*）正是凭借这种能力才成为能够迅速传播开来的地被植物。

Eucalyptus obliqua
偏叶桉

营养芽和花芽

营养芽或称叶芽，通常较小且瘦弱，最终形成叶片。生殖芽或称花芽，有时在果树上也指果芽，一般更为肥厚，其内含有萌芽期的花。混合芽同时包含有萌芽期的叶和花。

在果树中，花芽的产生是一个复杂的过程，它由品种、砧木、光照水平、营养物质和水分供应决定的。然而，通过调节这些影响因素可以在一定程度上促进花芽产生，超过营养芽的产量——这对于果农提高产量非常有用。

通过多种方式均可实现这个目标，例如精心修剪和满足植物的营养需求。传统的果树整枝类型（如扇形、单干形和垣篱式整枝）也能起到一定的作用，因为这些手段可以通过减少植株垂直方向上的生长来限制树液的流动，进而营养物和激素也被限制起来。它可以促进果芽的形成并减少营养生长。

潜伏芽

潜伏芽是一种不定芽。它们位于一些木本植物的树皮下保持休眠状态。当植物遭受物理损伤，或没有其他芽留下来时，其生长就会被激发。当园艺工作者们对植物进行重剪时，潜伏芽就会被唤醒，但必须指出的是，并非所有的植物都可以通过潜伏芽产生新枝。例如许多针叶树以及薰衣草和迷迭香，可能会在重剪之后死亡。

澳大利亚的桉树严重依赖潜伏芽，这是它们对丛林大火的一种适应。在这些树木中，芽的位置很深以抵御极端的高温。这些休眠芽的生长由火引发，随后植株便开始了再生。

一些物种能够从不定芽生根，园艺工作者进行扦插时利用的就是这种能力。在冬季，柳树和杨树能够很容易地从光秃秃的茎上生根（硬枝扦插），玫瑰也可以以这种方式繁殖。在一些乔木中，会有数个芽能够同时打破休眠进行生长，产生很多细弱的茎，称为徒长枝。

Rosa pendulina
垂枝蔷薇

很多早期的玫瑰品种一年只开一次花，
但现在的栽培品种在整个夏季都能产生花芽。

罗伯特·福琛

1812—1880

如果没有罗伯特·福琛（Robert Fortune）的壮举，我们的花园将会贫乏得多。他是一位神秘的植物学家，也是一位粗暴无礼、恶名昭著的植物猎人。在经过对亚洲（主要是中国，也有印度尼西亚、日本、中国香港和菲律宾）的多次访问之后，福琛带回了200多种观赏植物。它们中大多是乔木和灌木，也包括攀援植物和多年生草本植物。

罗伯特·福琛出生于一个名叫凯洛埃（Kelloe）的小村庄，现位于英格兰东北部的达勒姆郡（County Durham）。他起初受雇于英国爱丁堡皇家植物园。后来，他被任命为伦敦园艺协会（后来改名为皇家园艺学会）花园的温室部副主管，工作地点位于奇西克（Chiswick）。几个月后，福琛被协会派遣前往中国采集植物。1843年，带着少量薪酬和协会的任务，他开始了他的首次旅程。这些任务具体是“收集具有观赏性或实用性，且英国尚无栽培的植物或种子，以及搜集中国的园林和农业信息”。除此之外，他还有两项特殊任务：寻找开蓝色花的牡丹，并调查皇帝的御花园中生长的桃子。

福琛的每次旅行都大大丰富了英国的花园和温室。其植物种类几乎包含了首字母从A-Z的各个属：从糯米条（*Abelia chinensis*）到紫藤（*Wisteria sinensis*），包括滇山茶（*Camellia reticulata*），菊花（*Chrysanthemums*），日本柳杉（*Cryptomeria japonica*），各种瑞香（*Daphne*），溲疏（*Deutzia scabra*），素方花（*Jasminum officinale*），日本报春（*Primula japonica*）和各种杜鹃花（*Rhododendron*）。

尽管他的旅行为欧洲引入了很多新奇的外来植物，但他最著名的成就还属在1848年代表英国东印度公司将产自中国的茶树成功地运输到了印度的大吉岭地区。福琛使用了当时运送植物的最新发明——纳撒尼尔·巴格肖·沃德（Nathaniel Bagshaw Ward）发明的沃德式箱（Wardian case）。不幸的是，两万株茶树种苗中的大部分都死掉了，但是这群同他一并到来的训练有素的中国茶

作为19世纪中期伟大的远东地区探险家，罗伯特·福琛将200多种观赏植物引入英国。

“在中国和日本广为实践的矮化树木的艺术，本质上很简单……它是基于植物生理学最基本的原理之一。任何可以制止或延缓树木中树液流动的手段，在一定程度上都可以延缓木材和叶片的形成。”

罗伯特·福琛，《中国北方的三年之旅》

Camellia sinensis
茶

我们今天所知道的是，罗伯特·福琛将茶树从中国引入印度，帮助建立了印度制茶工业。

Rhododendron fortunei
云锦杜鹃

福琛发现这种的这种植物生长在中国东部山区海拔 900 多米的位置。这是英国引进的第一种来自中国的杜鹃花。

叶工人以及他们的技术和知识，都对印度制茶工业的建立和成功发挥了极大的作用。

旅行中他普遍受到各地人民的欢迎，但也确实感受过敌意，甚至还曾被一个愤怒的暴民持刀威胁。不论黄海上的狂风巨浪还是长江上的海盗袭击，他都从中幸存下来。

他可以熟练使用普通话交流，穿上了当地的服装，剃了头留长了辫子，这些都帮助他融入了中国社会，因此行走在中国人之中往往不被察觉，这使得他可以探访一些对外国人保密的地区。他的旅行经历被记录在一系列书籍中，包括《中国北方的三年之旅》（*Three Years' Wanderings in the Northern Provinces of China*, 1847），《茶叶之国——中国之旅》（*A Journey to the Tea Countries of China*, 1852），《居住在华人之间》（*A Residence Among the Chinese*, 1857）以及《江户和北京》（*Yedo and Peking*, 1863）。

1880 年，他在伦敦去世，被安葬在布朗普顿公墓（Brompton Cemetery）。

众多的植物以罗伯特·福琛命名，包括三尖杉（*Cephalotaxus fortunei*）、贯众（*Cyrtomium fortunei*）、扶芳藤（*Euonymus fortunei*）、狭叶玉簪（*Hosta fortunei*）、油杉（*Keteleeria fortunei*）、十大功劳（*Mahonia fortunei*）、隐药棕（*Maxburretia fortunei*）、齿叶木樨（*Osmanthus fortunei*）、菲白竹（*Pleioblastus fortunei*）、云锦杜鹃（*Rhododendron fortunei*）、重瓣白木香（*Rosax fortuniana*）以及棕榈（*Trachycarpus fortunei*）。

根

对于任何具有维管系统的植物而言，根都是至关重要的。它们不仅将植物安全地固定住并提供支持，还能从土壤或其他生长介质中吸收水分和植物必需的营养物质。

实际上，水和矿物质的吸收是由根毛完成的。许多根毛会与土壤真菌形成菌根，菌根对双方都有利。某些细菌也与植物的根共生，它们能够把大气中的氮转换成植物可以吸收的氮。植物可以从这样的关系中大大受益，在合作伙伴的帮助下获取重要的营养物质（见下文）。

对于园艺工作者而言，照料好植物的根系是非常重要的，应时刻保证土壤处于良好的状态。做好这一点的园艺工作者们会发现他们的植物生长得很快，这都得益于根系的强劲生长。

根系结构

根系由初生根（主根）和次生根（侧根）组成。如果植物的初生根不占优势，那么整个根系将成为须根系。它们会向各个方向分支，从而形成广泛的根系，这能够为整个植株提供良好的固着和支持，并能大面积地搜索水分和营养。

主根可能木质化，并且当厚度达到 2 mm 以上时，它们通常就失去了吸收水分和养分的能力。取而代之地，它们的主要功能变为了提供固着，以及把更为纤细的须根同植物的其他部分连接在一起。

因此移栽植物时必须十分小心，以免对须根造成太大的损伤，因为这可能会严重影响植物的恢复。根系太多的损伤很可能会导致植物的死亡。

如同植物的地上部分一样，其根系也同样多种多样，虽然这难得一见，也鲜有人欣赏。例如，一些植物可以形成一个巨大的直根直接向下生长，而其他植物仅会产生浅层的根系网络，例如杜鹃花属的一些种类。扎得最深的根往往出现在沙漠和温带针叶林中，而苔原以及温带草原上的植物通常根系最浅。

沙漠植物表现出多样的策略来应对这些极端环境，例如耐旱植物要么把水储存在多肉组织里，要么有强大的根系尽可能多地收集稀缺的水分。产自西亚的波斯骆驼刺（*Alhagi maurorum*）有着沙漠植物中最庞大的根系之一。

除了吸收水和矿物质以及支撑作用之外，

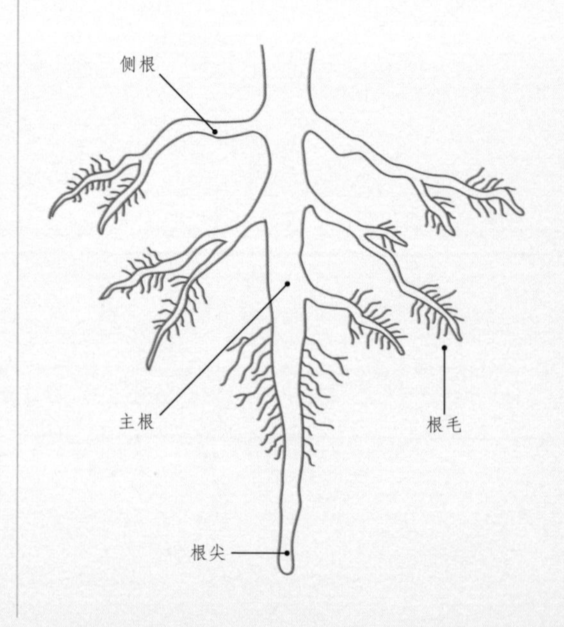

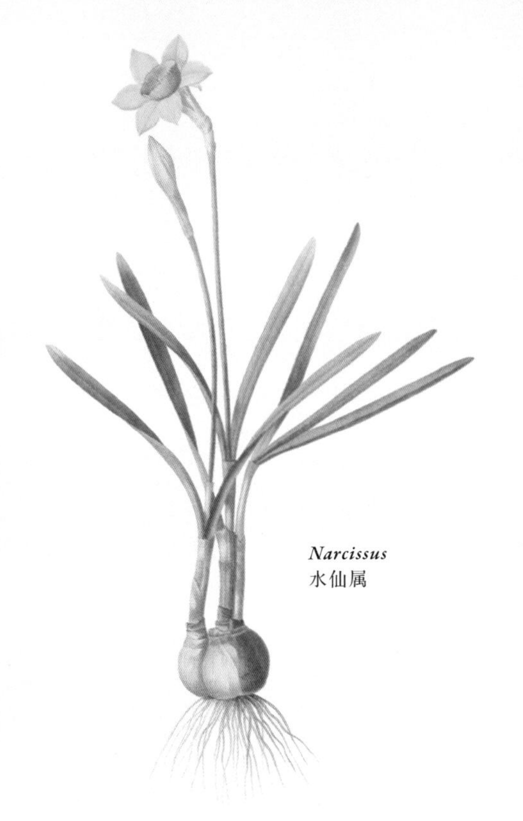

Narcissus
水仙属

气生根

气生根就是那些长出地面的根，它们是一种常见的不定根类型。气生根要么是朝着地面向下生长，要么是从土中钻出来向上生长。

气生根也常常在一些攀缘植物中见到，以帮助它们附着在攀爬体（墙壁或其他植物）的表面。常春藤（*Hedera*）和冠盖绣球（*Hydrangea anomala*）就是典型的例子，它们能够附着得非常紧密，以至于当园艺工作者们移除其多余的生长部分时都能从老旧的墙壁上扯下几块砖。

绞杀榕（*Ficus*）的种子会在其他树的枝上发芽。它们长出的气生根会朝着地面垂直向下生长，随着时间的推移，气生根长得越来越多，直至将原有植株渐渐封闭包围，将其绞杀。其他植物会从茎上长出支柱根以提供更多的支持。在花园里，这可以在成熟的玉米（*Zea mays*）植株上看到。

根常常还会特化产生一些其他功能，例如存储水和营养。许多植物的地上部分会死亡，只留下地下的结构进入休眠状态。例如马铃薯块茎和水仙鳞茎。

不定根

如同不定芽，这些不定根也从一些不寻常的地方产生，如茎、枝、叶或老的木质根。这些不定根对园艺工作者们利用茎插、根插或叶插繁殖植物非常重要，因为其目的就是使这些被切断的植物部位能够产生新的根系。

Hedera helix
洋常春藤

常春藤产生气生根，用来附着在其生长或攀爬的结构上。

收缩根

收缩根可以进行膨胀和收缩，使得如风信子（*Hyacinthus*）和百合（*Lilium*）的鳞茎或球茎，以及蒲公英（*Taraxacum officinale*）主根在土壤中埋藏的更深。这有助于植物的固定并稳妥地埋在土中。

吸根

如槲寄生（*Viscum album*）和菟丝子（*Cuscuta*）等寄生植物会产生吸根。它们能穿透另一种植物的组织中来吸收水和营养物质。

膝根

膝根又称呼吸根，是长出地面的气生根类型。它们利用呼吸皮孔进行气体交换，通常出现在沼泽或渍水条件下，呼吸气孔使得根能够在水下生存。在花园里，呼吸根常见于落羽杉（*Taxodium distichum*），有时会种在大的池塘边上。

块根

当根部由于储存营养或水而膨胀时就会形成块根，如番薯（*Ipomoea batatas*）。块根与主根并不相同。

Taraxacum officinale
药用蒲公英

根际关系：根瘤与菌根

在大多数豆科植物中都可以清楚地看到根瘤的存在。作为复杂的共生关系的一部分，这些根瘤是专门为根瘤菌科（*Rhizobiaceae*）细菌提供住处而特化的结构。

这些细菌可以固定大气中的氮，将其转化为植物可以使用的形式，这就降低了植物对土壤中氮的依赖性。这使得豆类在农业种植中很流行，因为它们可以降低农民对氮肥的依赖。

在根瘤菌科内两个最重要的属是根瘤菌属（通常在热带和亚热带的豆类中看到，如花生和大豆）和慢生根瘤菌属（多见于温带豆类，如豌豆和苜蓿）。

细菌检测到由根部释放的黄酮类化学物质，转而释放自身的化学信号。根毛随即检测到细菌的存在并开始将其团团包围。然后，细菌会侵染进入根毛细胞的细胞壁，一个小瘤便开始生长并最终在根的一侧形成长大的根瘤。

蓝藻也与某些植物的根共生，但被子植物中具有此类习性的只有大叶草属植物（如长萼大叶草 *Gunnera manicata*）。与蓝藻关系最为密切的植物之一当属水生蕨类满江红。传统上，农民会任由它在水稻田里旺盛生长，在那里它可以作为水稻的天然生物肥料。

菌根是根系与真菌的共生体，这个词的字面意思便是“真菌根”。据估计，超过四分之三的植物有合作的真菌。真菌往往利用其丝状菌丝在土壤中形成大量的垫状物，植物会允许真菌渗入到它们的根系当中，由此会从预先存在的养分供应网络中受益。作为回报，真菌也会从植物中获取它们所需的一部分营养。

几乎所有的兰花都至少会在其生命周期中的一部分时间内形成菌根。松露就是一种为人所熟知的菌根真菌，它们通常与某些特定种类的树共生——它们优先选择宿主。园艺工作者们甚至可以买到已经接种松露菌根的树木，并且也可以选择干燥的菌根产品，它们可以在种植新的植物时撒入根区。

根与园艺工作者

根可以感知周围环境并相应地调整它们的生长。通常来讲，它们会向着任何能够满足植物所需的空气、矿物养分和水分的方向生长。相反地，它们会远离干燥、过分潮湿或其他差的土壤条件，它们还会避开矿物质含量过高的区域，因为这会损坏敏感的根毛。这就是为什么过度施肥反而会不利于根的生长。小心地施肥十分重要，最好只使用产品推荐的用量。“多加一点儿祈求好运”的想法往往会出问题。

因为土壤养分必须以溶液状态才能被根吸收，因此保持土壤湿润至关重要。在干燥的土壤中，养分的利用率会大大降低。土壤pH值也会影响某些营养素的可用性。

土壤结构的破坏（如压实）或排水不良都会对根的生长产生不利影响。渍水的土壤也能阻止生根，长期的洪涝也可能导致不适宜这种生境中的植物根系死亡。如果根系损伤发生在冬季，效果可能不会立即显现，直到下一个生长季到来，植株开始重新生长时，才发现被损伤的根系已无法从土壤中汲取生长所需的水分，死亡便随之而来。正是由于这个原因，种植植物的容器务必要有足够多的排水孔。

有关土壤和土壤压实的更多信息，请详见第六章。

园艺小贴士

大多数园林植物的根大都生长在相对接近地表处，因为这里的通气和营养水平都更有利于生长。例如，如帚石楠、山茶花、欧石楠、绣球和杜鹃花等灌木就是浅根性植物，它们会是第一批受到土壤旱情影响的植物，在这样的条件下必须认真仔细地照顾它们。在土壤表面铺上一层有机质覆盖物会有所帮助，但不要让它太厚，因为这会使根“窒息”。在它们的自然环境中，这层覆盖物就是落叶。

Camellia
山茶属

普洛斯彼罗·阿尔皮尼

1553—1617

多亏了普洛斯彼罗·阿尔皮尼（Prospero Alpini），欧洲人才第一次听说了咖啡和香蕉，人们相信是他把这两个日常食品引入欧洲。

普洛斯彼罗·阿尔皮尼被誉为给椰枣人工授粉的第一人。他摸索出了植物的性别差异并被林奈分类系统所采用。

阿尔皮尼，有时也被拼为普洛斯彼罗·阿尔皮诺，是一名植物学家和医生。他出生于意大利北部维琴察省的一个名叫马洛斯提卡（Marostica）的地方。

他曾在帕多瓦大学（University of Padua）学习药学并在帕多瓦附近的一个名叫坎普圣彼得（Campo San Pietro）的小镇做过两年医生。随后，他被任命为威尼斯驻埃及开罗的领事乔治·埃莫（Giorgio Emo）的医疗顾问。植物学研究是他一直以来的愿望，借助比自己在意大利找到的更有利的条件，他终于得以实现夙愿。作为一名医生，他对植物的药理特性非常感兴趣。

Musa acuminata
香蕉

人们普遍认为是普洛斯彼罗·阿尔皮尼将香蕉引入了欧洲，第一次记录描述了这种植物。

他在埃及待了三年，对埃及和地中海地区的植物区系进行了广泛的研究。同时他还尝试培育椰枣树，被誉为是为椰枣人工授粉的第一人。正是这一实践中，他摸索出植物中的性别差异，而这后来被采纳成为林奈分类系统的基础。他指出："单独的雌性椰枣或棕榈树不会结果，除非雌雄植株的枝条交错在一起；或者将雄性叶鞘内或雄花上发现的粉末撒在雌花上，雌树才会结实。"

返回意大利之后他继续从医。直到1593年，他被任命为帕多瓦大学的植物学教授并成为欧洲第一所植物园的园长。在这里，他栽种了许多来自东方的植物。

他用拉丁文写下了很多医学和植物学著作。其中最重要且最负盛名的是《埃及植物》（*De Plantis Aegypti liber*）一书，这部书堪称对埃及植物区系的开创性研究，并将外来植物引入欧洲的植物学界。他的早期作品《埃及

1592 年出版的《埃及植物》的扉页，以及手工上色的猴面包树（*Adansonia digitata*）的果实插图。

PROSPERI
ALPINI
DE PLANTIS AEGYPTI
LIBER.
IN QVO NON PAVCI, QVI CIRCA
herbarum materiam irrepserunt, errores, deprehenduntur, quorum causa hactenus multa medicamenta ad vsum medicinę admodum expetenda, plerisque medicorum, non sine artis iactura, occulta, atque obsoleta iacuerunt.
AD IOANNEM MAVROCENVM
Antonij Filium Patricium Venetum
Clarissimum.
Accessit etiam liber de Balsamo aliàs editus.

VENETIIS, M. D. XCII.
Apud Franciscum de Franciscis Senensem.

医学》（*De Medicinia Aegyptiorum*）中介绍了咖啡树、咖啡豆和咖啡的功效，这是欧洲作家首次在书中提及咖啡。他还第一次向欧洲的植物学界描述了香蕉、猴面包树和姜科的山姜属，其属名 *Alpinia* 就是林奈以阿尔皮尼的名字命名的。1629 年，在他去世之后，《外来植物》（*De Plantis Exoticis*）一书出版了。书中描述了近期引入种植的植物，这也是最早完全致力于介绍外来植物的书籍之一。该书特别集中地介绍了地中海植物区系，尤其是克里特岛（Crete）的植物，许多植物都是第一次被描述。

他最终在帕多瓦去世，在他职业生涯开始的地方。他的儿子阿尔皮诺·阿尔皮尼（Alpino Alpini）继承了其植物学教授的职务。

当引用植物学名时，以他为命名人的标准缩写为“Alpino”。

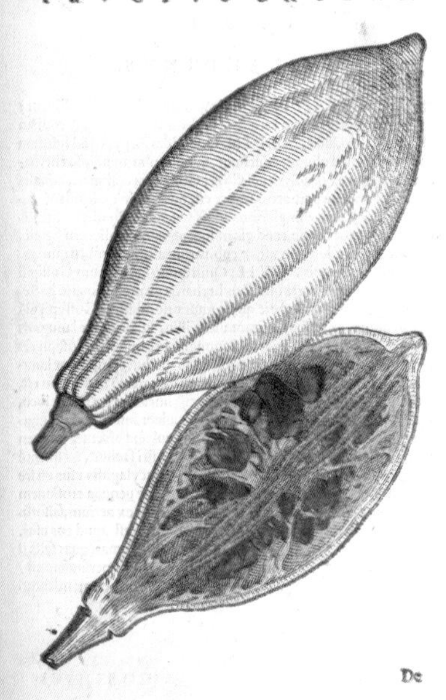

LIBER. 28
FRVCTVS BAOBAB.

De

Coffea arabica
小粒咖啡

茎

植物体上连接根至叶、花和果实的结构称为茎，它们在厚度和强度上各不相同。在其内部含有大量维管组织，主要用于在整个植物体内分配运输营养、水和其他资源。茎通常会长出地面，但球茎（见第 82 页）是一种特化了的地下茎。

输水组织的存在使得维管植物得以进化出比非维管植物（如苔藓）更大的体积，如果缺乏这些专门输导的组织，植物便只能局限于相对小的尺寸。

> **园艺小贴士**
>
> 茎有四大主要功能：
>
> · 支持地面以上的叶、花和果实，有助于保持叶子在光下，使花更接近传粉者，果实远离土壤，避免腐烂。
>
> · 通过维管组织在植物体中运输液体。
>
> · 贮藏营养物质。
>
> · 从芽和嫩苗中产生新的组织。

嫩枝

嫩枝是用于描述植物新生部位一个术语。随着不断成熟和加厚，嫩枝最终会变成茎。

柄

柄是支撑叶、花或果实的茎的名称。在植物学正确的术语中支撑叶的柄称为叶柄。花（或果实）的柄被称为花梗。如果花或果集合成簇，支撑花梗的柄则称为花序梗。

树干

树干，或称为主干，是支持树枝的木质主轴。

特化的茎

在一些植物中，茎会发生特化，例如变成刺状和棘突，防御动物啃食并帮助自身攀爬或依附于其他植物之上。一些茎在形式上非常特化以至于几乎无法辨认出它们是茎。例如叶状枝和叶状茎，这些扁平的茎（如仙人掌的掌状茎）在形态和功能上都和叶相似；花葶是一种不长叶片的茎，它高高地伸出地表支撑起各式各样的花序，正如在百合属（*Lilium*）、玉簪属（*Hosta*）和葱属（*Allium*）植物中所见的那样。假茎，顾名思义，不是茎但是外观却很像茎的结构，它是由叶片基部卷在一起形成的，芭蕉树（*Musa*）的树干就是假茎。

茎既可以是草质，也可以是木质的。草质茎里没有厚壁细胞，这意味着它们没有木质化生长（也称为次生加厚）。它们一般在生长期结束后就会死亡。

Mentha
薄荷属

茎的外部结构

茎典型的解剖结构包括茎尖和顶芽，茎的伸长生长就从这里开始。在它下面，连接到茎上的便是叶片，它与茎之间的角度称为叶腋。在每个叶腋有一个腋芽，产生侧枝或花。

叶和腋芽连接到茎的位置称为节，有时会微微肿起。两个节之间的茎被称为节间。我们会经常看到一片或两片叶子和（或）芽长在每个节上，有时有三个或更多个。每个节上只有一个芽的类型称为互生芽，因为芽在节点间通常左右互生；每个节点有两个或更多芽的类型被称为对生芽。

芽在茎上的排列方式可以为鉴别植物提供线索。例如枫香树（*Liquidambar*）和槭树（*Acer*），因为它们叶形近似，所以有时会将二者混淆，但它们却可以通过芽来区分：枫香树的芽为互生芽，而槭树芽对生。如果不是

地下茎

地下茎是一类特化的结构，它们源自茎部组织，但却存在于地表以下。它们不仅可以作为营养繁殖的一种手段，还能充当贮存营养物质的仓库，在随着寒冷或干旱而来的休眠期间为植物所用。因为身处地下，所以地下茎会得到一定程度的保护。

因为地下茎无须被支撑，且能量投入较少，所以许多植物会利用地下茎进行传播并扩张领地。竹子就是一个典型的例子，因此园艺工作者们在花园中引入这些植物时必须非常谨慎，确保它们长成一丛而不是到处乱窜。即便如此，当种植竹子时，最好还是在其区域边缘放置防根膜。同样的建议也适用于薄荷（*Mentha*），它们会在边缘处蔓延滋长。

有关不同类型的地下茎的更多信息，请参见第 82—83 页。

Liquidambar styraciflua
北美枫香

因为其叶对生，产自澳大利亚东部的悉尼赤桉树（*Angophora costata*）也很容易会与同一区域的许多桉树混在一起。

茎的内部结构

想象一下用修枝剪将一根幼嫩的或非木质茎横向切断，横切面上将呈现出容易识别的外层，称为表皮，里面有肉眼无法看见的一圈维管组织，它们是由维管束组成的。在茎的中心髓部和维管束的周围存在着一部分薄壁组织。

表皮包裹着茎的外层，其功能是保护和防水，此外可以进行一些气体交换，以进行呼吸作用和光合作用。维管组织负责给整个植物体输送水分和养分，且随着细胞壁的增厚，它还能为茎提供支持作用。

维管束由两种类型的管道组成：木质部和韧皮部。木质部位于每个维管束的内层（对着茎的中心），负责植物体水分的运输。韧皮部位于每个维管束的外层，负责输送溶解的有机物质（如营养物质和植物激素）。有时当茎被切断时，你可以看到水滴在切面的外围渐渐形成一个环，显示了维管组织的位置。

木兰属植物既可以长成多分枝的灌木，也可以长成具有单一主茎的乔木。

单子叶植物茎解剖的主要区别在于，其维管束分散在整个茎中而不是成一环。每个维管束由维管束鞘包围。根中的情况也不同于茎，维管组织排列在中心，就像电缆中的线一样。

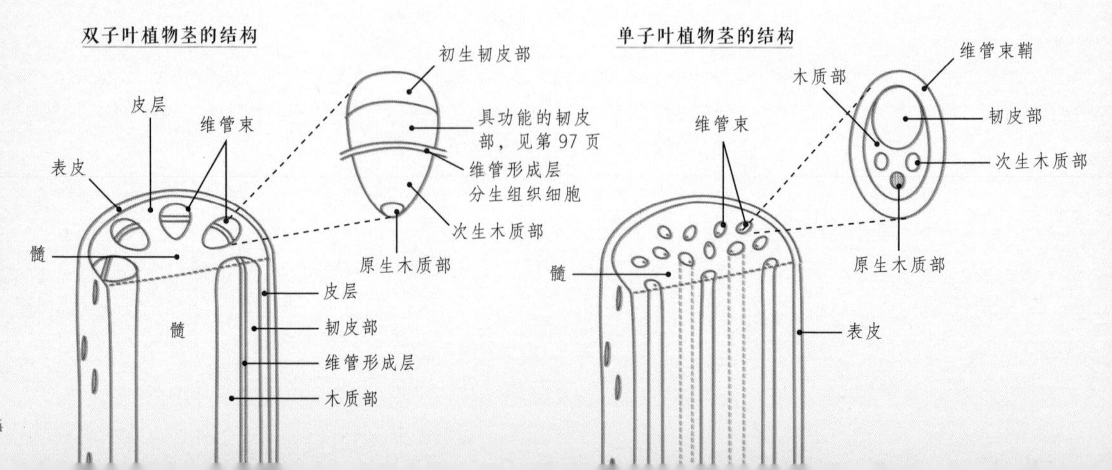

木质化和次生生长

随着茎日渐成熟，维管细胞横向分裂引起径向生长，导致圆周增粗。新产生的次生木质部在内，次生韧皮部在外。次生木质部细胞产生了木材，落叶树季节性地生长变化产生了年轮。

次生韧皮部不会木质化，其细胞仍然存活。但韧皮部和表皮之间的木栓层开始出现并形成一个环。一种名为木栓质的防水物质沉积在木栓细胞壁上，形成了树皮，增加强度并减少水分流失。皮孔是木栓层上的出口，它们由松散的细胞组成，是气体和水分交换的通道。在许多李属（*Prunus*）植物的树皮上能清楚地看到皮孔，成为它们独特的水平标记，西班牙栓皮栎（*Quercus suber*）的树皮可以产生大量的木栓质，并因此得名。

因为在单子叶植物中维管束排列得比较分散，它们则以不同的方式生长。但径向增长仍是可能的，较大的单子叶植物（如棕榈树）可以通过薄壁细胞的分裂和增大以增粗主干，还可以凭借从顶端分生组织分化来的初生增粗分生组织实现此目的。它们要么不产生次生生长，或进行不规则地次生生长，例如竹子、棕榈、丝兰和朱蕉等。如果将这些植物的木材与任何落叶乔木相比，就会发现其间存在着巨大的差别：单子叶植物的木材更轻且有更多孔。

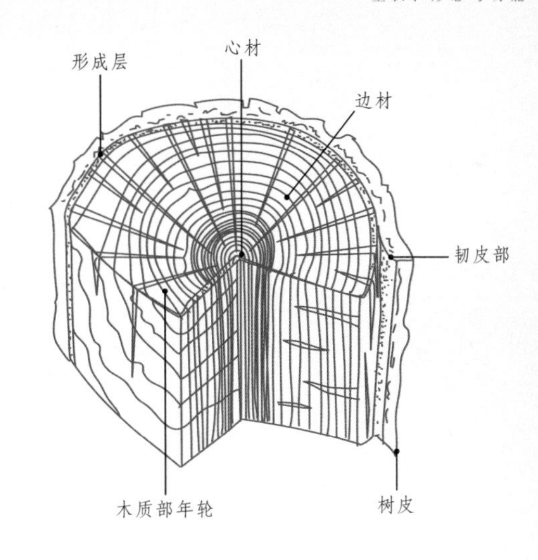

Prunus avium
欧洲甜樱桃

园 艺 小 贴 士

环割和环剥

因为韧皮部管道位于木质部的外侧，并恰好就在树皮之下，所以通过在树干上或主茎上环剥树皮，很容易就可以杀死乔木和其他木本植物。这个过程被称为环割或环剥。不完全环割（即留下约三分之一的完好树皮）可用于控制植物的生长。它可以抑制过度营养生长，有利于促进开花结实。它对于不结实的果树是一个非常有用的方法，但不适用于核果树。老鼠、田鼠、兔子经常环割树，因为它们以营养丰富的多汁树皮为食——当这些动物对树造成危害的时候，园艺工作者们就应使用防护网或其他物理屏障来保护树。

叶

每个人都很熟悉叶，它们那薄且扁平的绿色结构随处可见。通常而言，植株上所有叶子的整体效果最有观赏性，但像玉簪这样的植物单个叶片也很漂亮。

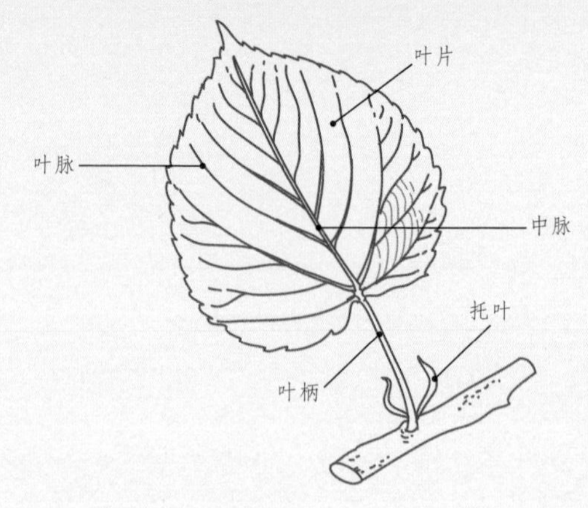

叶是植物的“产能车间”，因为这是发生光合作用的场所，进而通过化学反应生产它们成长所需的物质（见第 89—90 页）。实际上光合作用可以发生在任何有叶绿素的植物组织内，但叶子是为了这一目的而专门特化出的植物器官。

若想达到最佳效果，叶子无疑要非常适应于促进高效率的光合作用。因此它们拥有纤薄扁平的外形，从而形成了较大的表面积以使气体交换和吸收的光能达到最大化。叶子内部还存有较大的气腔以便于进行气体交换。在叶片外侧包围着一层角质层，它们透明无色，可以让光线畅通无阻地到达叶绿体（光合反应发生的地方），同时它还具有一定的防水性，避免叶片因水分流失而萎蔫。

一些低等植物不具备真叶。苔藓植物和其他一些非维管植物产生了一些称为叶状体的扁平的叶状结构，其中含有丰富的叶绿素。

叶的变态

即使只是走马观花地一览而过，任何人也都一定会发现叶子的形态具有极高的多样性。原因显而易见，这是植物们适应各种自然环境的结果。叶形通常会反映出这些植物的生境特点，由此我们可以了解其栽培的需求。植物育种者们有时还会培育新的叶形——不同的形状、颜色和质地，以用于观赏。

一些植物的叶子发生了极度地特化，用平常的定义和术语难以加以描述。有些叶子并不扁平，例如多肉植物的叶子多发生了特化以存储水分；有些叶子长在地下，例如用于储存营养的鳞叶。仙人掌的叶片变态成为刺，甚至不能进行光合作用，因为这项工作已由片状的变态茎接替了（见第 62 页）。在食肉植物中，叶子承担了专门的进食功能，如猪笼草（*Nepenthes*）和捕蝇草（*Dionaea muscipula*）。有些植物甚至可以在生长的不同阶段改变叶形。年

Dionaea muscipula
捕蝇草

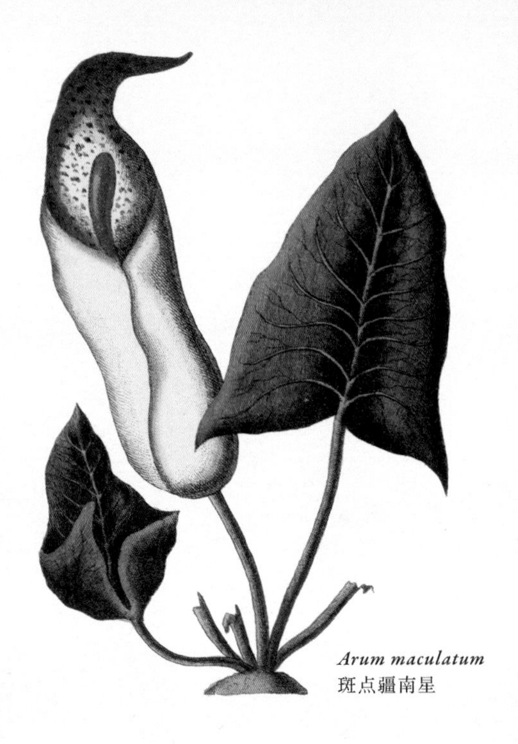
Arum maculatum
斑点疆南星

叶序

整体上看，虽然整株植物的叶子看不出来存在什么式样，但实际上还是有规律可循的。叶片会以某种形式进行排列，以便光线能够最大限度地照射到每一片叶子上，并使叶片彼此间的遮挡减至最小。

同样，不同的植物采取了不同的策略和式样，但是最典型的仍是叶片在茎上螺旋状排列以减少相互遮挡，此外还有如柳树和桉树向下悬垂的叶子。

叶序就是描述叶在茎上排列方式的术语，常见的类型包括互生、对生、轮生等。互生叶是指每节上单生一叶，并且相互交错；对生叶是指每个节上生两片（有时更多）且方向相对的叶；三个或者更多的叶生长在同一

幼的桉树可获得的光照比较有限，此时它们会产生对生的圆形叶；当它们长到一定高度时，就会产生互生下垂的柳叶状叶片，以适应强光和高温、干燥的环境条件。

苞片和佛焰苞是进一步的叶变态形式。苞片通常与花有关，往往色彩鲜艳以吸引传粉动物，额外地发挥花瓣的功能甚至有时取而代之。例如叶子花（*Bougainvillea*）和一品红（*Euphorbia pulcherrima*）就是由较大的色彩艳丽的苞片围绕着颜色没那么缤纷多彩的小花组成的。在棕榈和斑点疆南星（*Arum maculatum*）等植物中，它们的佛焰苞形成一个鞘将小花包围其中。许多疆南星属（*Arum*）植物的佛焰苞都体积硕大且颜色鲜艳，以此来吸引传粉者为小花进行传粉。这些小花生长在粗壮的轴上，与佛焰苞共同形成肉穗花序。

Salix × smithiana
史密斯柳

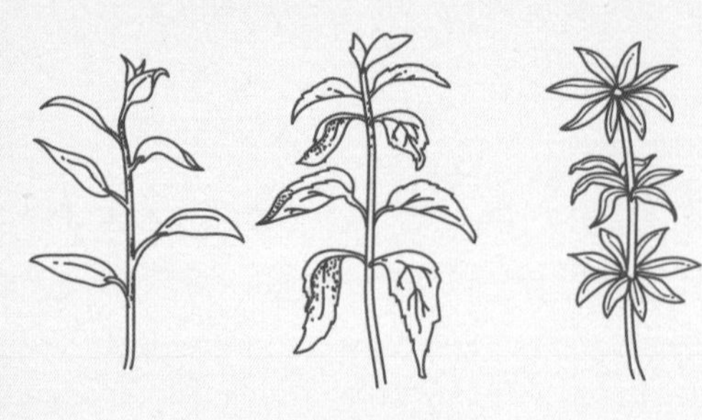

叶序（叶的排列方式）

最常见的三种叶序：对生（每节生两片叶）、互生（每节生一片叶）以及轮生（每节生三片叶或更多）

个节点上的叶序称为轮生。与对生叶一样，连续的轮生叶之间会通过旋转每一片轮生叶的角度，以最大限度地保证光照射到每片叶子。莲座状叶是指那些丛生的叶子。

叶的外部结构

被子植物的叶的典型结构包括叶柄、叶片和托叶。球果植物的叶子通常是针状的，或呈微小的鳞片状。

叶片

叶片是叶的主要部分。根据叶片分裂的方式，它可以分为两种：复叶或单叶。复叶由若干沿主脉或二级脉排列的小叶组成，或是从叶柄上一点发出若干小叶。单叶可能会有较深的裂片或形成不规则形状，但始终是一个整体，没有独立的小叶。有许多不同的植物学术语用于描述叶片的形状，下面列出了最常见的一些术语。

单叶：

线形——长而窄

剑形——形状如剑

匙形——形状如匙

披针形——叶片长为宽的4～5倍，中部以下最宽，上部渐狭

长圆形——叶片两边平行，长约是宽的2～4倍

提琴形——形状如提琴

椭圆形——叶片中部宽而两端较狭，两侧叶缘成弧形，或称卵形

菱形——形状如钻石

圆形——圆形的

盾形——叶柄基部着生于叶片的下表面

三角形——有三条界限清楚的边

箭形——形状如箭头

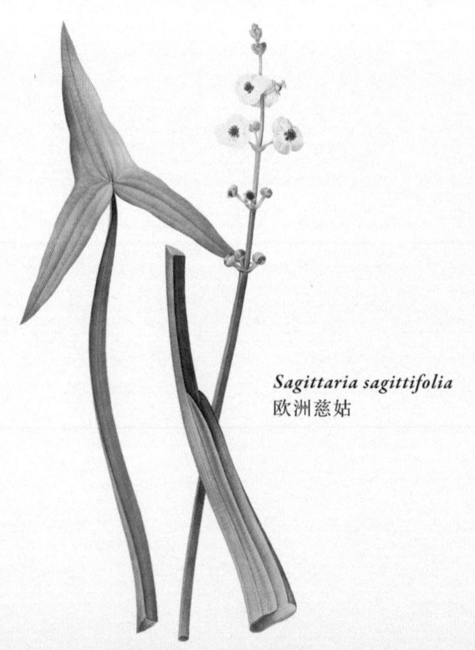

Sagittaria sagittifolia
欧洲慈姑

Trifolium pratense
红车轴草

复叶

掌状复叶——像手掌的形状，如欧洲七叶树（*Aesculus hippocastanum*）的叶子。

羽状复叶——小叶如羽毛般排列在叶轴的两侧，如欧梣（*Fraxinus excelsior*）的叶子；二回羽状复叶即以这种方式分裂2次，如金合欢属的叶子。

三出复叶——只有3片小叶，如三叶草属（*Trifolium*）和毒豆属植物（*Laburnum*）的叶子。

叶柄

叶柄是连接叶片到茎的结构，通常具有和茎相同的内部结构。并非所有的叶都有叶柄，例如典型的单子叶植物往往就没有叶柄，而那些无柄植物的叶片有时还会部分地抱茎。杂交大黄（*Rheum* × *hybridum*）的食用部分就是叶柄。

许多金合欢属植物具有扁平宽阔的叶柄，称为叶状柄。其真叶可能退化或者完全缺失，由叶状柄执行叶的功能。叶状柄往往较厚且革质，以帮助植物适应干燥的环境。

托叶

托叶是叶轴上长出的副产物，它存在于叶柄的基部，有时在叶的两侧都有，有时仅位于一侧。托叶通常缺失或不明显，或退化成毛、刺或分泌腺。中脉是叶的主脉，是叶柄的延续。在具羽状脉的叶片中，中脉是连接每一片小叶的中间的脉；在具掌状脉的叶片中，中脉可能缺失。

叶的内部结构

只有在显微镜下才能发现叶的真正奇妙所在。确实，许多叶子拥有漂亮的形状和图案，但在叶片内部完成的化学反应和种种功能才是不折不扣的奇迹。几乎地球上所有的生命都依靠它们生存，因为它们拥有将阳光转化为食物的能力。没有动物可以完成这项功能。

在叶背可以看到一些被称为气孔的小孔，值得注意的是，它们有时也存在于叶的正面和植物体的其他部位，但叶背的气孔密度最大。它是氧气、二氧化碳和水蒸气进出叶片细胞的通道。从本质上说，正是由于气孔的存在植物才可以呼吸。

气孔在白天开放，而在夜间光合作用停止时关闭。它是依靠两个保卫细胞的运动控制气孔的开放和闭合。保卫细胞通过增加和降低膨压进行操控，而膨压又是由保卫细胞

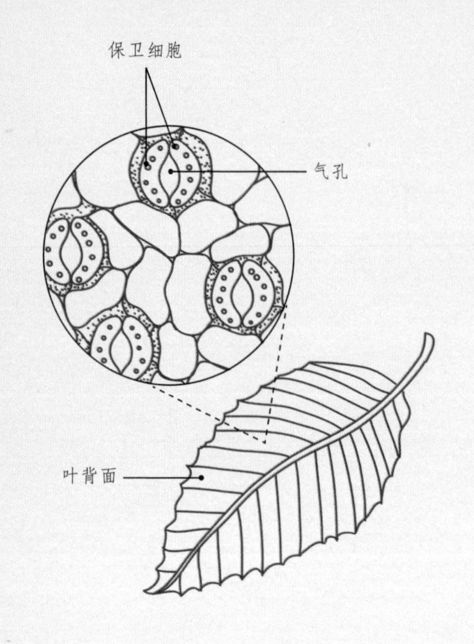

内部溶质的水平决定的，这便与光照水平息息相关。在夜晚，溶质的浓度降低，水便渗透到周围的细胞中，迫使保卫细胞失水关闭。

保卫细胞有助于调节叶片的失水量。它们会在光合速率低时以及天气干燥或干旱时关闭。对于那些生活在缺水或供水不规律地区的植物（旱生植物），其气孔深陷在叶表皮内以搜集气孔周围潮湿的空气，从而减少水分蒸发。

叶表皮

叶表皮是覆盖在叶表面的一层细胞，以隔开内部细胞和外部环境。它有多种功能，但主要是防止多余的水分丢失和调控气体交换。它覆盖一层透明的蜡状角质层，有助于防止水分流失，因此干旱气候下的植物角质层都较厚。大多数常绿植物也有厚的角质层，且往往有光泽以反射太阳光从而减少水分丢失。

常绿和落叶

常绿植物是一年四季都长有叶子的植物。绝大多数球果植物、“古老”苏铁以及许多被子植物，特别是来自无霜区或热带地区的植物都是常绿的。

落叶植物是那些在一年中的一段时间内失去全部或几乎全部叶片的植物。在温带地区，落叶通常发生在冬季，而在热带、亚热带和干旱地区，落叶可能在旱季或在其他不利条件下发生。

园艺小贴士

常绿树

常绿树也会落叶，但不会像落叶植物那样在同一时间全都脱落，任何常绿灌木之下的落叶就证明了这一点。如果没有被收走，落叶会逐渐分解并将养分返还到土壤当中，最终再次被植物吸收。一些落叶乔木，例如欧洲水青冈（*Fagus sylvatica*）、欧洲鹅耳枥（*Carpinus betulus*）和数种栎树（*Quercus*），其枯叶在冬季不会脱落，而是等到第二年春天新的生长季到来时才会脱落。当它们修剪成树篱时经常会见到这种景象，并可作为其自身的观赏特征。

Fagus sylvatica
欧洲水青冈

花

花是有花植物（被子植物）的繁殖结构，并随后由它产生种子和果实。关于被子植物和有性生殖的更多信息分别在第 20 页和第 88 页。植物的花在外形和样式上有非常大的多样性。

来自花的雄性部分的花粉会为来自花的雌性部分的卵细胞受精，花中产生的这种机制目的是促进不同的花之间进行异花授粉，或同一朵花内的自花授粉（见第四章）。

许多植物已经进化出了大型的、五颜六色的鲜花以吸引动物传粉，而另一些则进化出了颜色黯淡、无香味也无花蜜的风媒传粉花。毛地黄（*Digitalis purpurea*）和巨针茅（*Stipa gigantea*）就是两个截然不同的例子——前者通过昆虫授粉，后者则不是，但两者都是完全有效的策略（见第四章）。

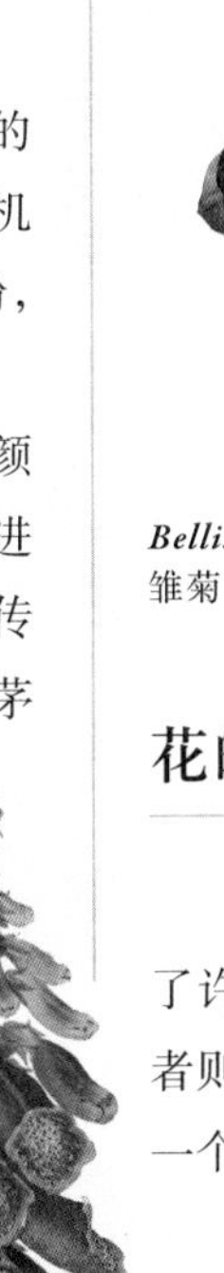

Digitalis purpurea
毛地黄

Bellis perennis
雏菊

花的排列方式

一组或一簇花称为花序。植物学家区分了许多不同类型的花序，而大多数园艺工作者则简单地把任何一簇花都称为“花簇”——一个有效但不精确的术语。

花序的类型有很多种，下面就主要的类型进行说明：

头状花序

许多小花紧凑地聚成头状，形似于一朵单花，如向日葵属（*Helianthus*）和雏菊属（*Bellis*）植物。

伞房花序

一种顶部相当平齐的花序类型，其中每一朵花都从茎的不同部位长出。例如单柱山楂（*Crataegus monogyna*）。

Echium vulgare
蓝蓟

聚伞花序

每个花序分枝的末端都会长出一朵小花，更年幼的花会在一连串侧枝上依次长出。在单歧聚伞花序中，通常是穗状，但是可能位于一侧或顶端卷曲，如一些蓝蓟属植物（*Echium*），位于较下部的花常先开放。二歧聚伞花序常常是圆顶的，位于中部的花先开放。

圆锥花序

圆锥花序具有一根主花序轴，从上面会进一步长出许许多多的分枝。这种花序可以相当复杂，如丝石竹属（*Gypsophila*）植物。

总状花序

具有主花序轴，每一朵花都着生于短梗上，如毛地黄（*Digitalis*）。

肉穗花序

肉穗花序实为一种花序轴肉质的穗状花序，上面着生许多小花，并常生有一片佛焰苞——一种颜色鲜艳的特化苞片，例如斑点疆南星（*Arum maculatum*）。

穗状花序

具有主花序轴，从其上长出众多无花梗的小花。禾草类植物通常会产生穗状花序。

伞形花序

一种平顶的花序，有点像伞房花序，但花梗全部从主轴顶部的同一个点发出。伞形花序可以是简单的或复杂的，例如大型草本

Angelica archangelica
挪威当归

当归属植物具有复伞形花序，它是由多个伞形花序组成的。

植物欧白芷（*Angelica archangelica*）。

叶状的苞片也会在一些花序中成为特色。它们有时会形成花序的一部分，如具有头状花序的雏菊；也可能非常鲜艳，如一品红（*Euphorbia pulcherrima*）的红色苞片。在更复杂的花序中，如复聚伞花序，一些位于侧枝分支处的两个较小的苞片被称为小苞片。

花的结构

在第一章（见第27页），花的基本结构分为四个部分：萼片和花瓣（花被），雄蕊（雄性部分）和雌蕊（雌性部分）。它们通常螺旋状排列，萼片位于最外侧，雌蕊位于最中心的位置上。

花在形态上的广泛差异是植物学家建立物种之间的关系时所应用的主要特征之一。其中的普遍规律便是，与更进化的唇形科（Lamiaceae）或兰科（Orchidaceae）植物看似“简单”的花相比，像毛茛（*Ranunculus*）这类较原始的植物，其组成花朵的部件会更多。

在大多数植物种类中，一朵花里会同时具有雄性和雌性器官，称为雌雄同体或两性花。然而，有些植物的花缺少某一类生殖器官，甚至有时在同种内还有很多变异，这种类型的花被称为单性花。在单性花植物中，如果雌花和雄花生长在相同的个体上，这样的植物称为雌雄同株。如果它们生长在不同的个体上，则称为雌雄异株。其中雌雄同株类型更为常见，但茵芋属植物（*Skimmia*）以及大多数冬青属植物（*Ilex*）都是雌雄异株。在花园中，园艺工作者们通常更喜欢种植雌株，因为它们既开花又结果。

动物传粉的花往往会产生花蜜，一种由蜜腺产生的富含糖的液体。它们通常位于花被的基部，确保授粉者被花蜜吸引的同时也能碰触到花药和柱头，也因此确保了每次访问都会有花粉转移。被花蜜吸引的传粉者包括蜜蜂、蝴蝶、飞蛾、蜂鸟和蝙蝠等。

Epidendrum vitellinum
蛋黄章鱼兰

在栽培过程中，植物育种者们有时会利用植物的自然突变，借此将花的部分或全部的有性部位（雌雄蕊）转化为额外的花瓣。取决于变异的程度，我们可以看到重瓣或半重瓣的花朵。玫瑰就是常见的例子。因为重瓣花的雄蕊数目很少甚至几乎没有，所以它们不会结实。

种子

种子在受精之后便立即开始发育（见第115页）。正如在第一章中讨论的，被子植物产生由心皮保护的有包被的种子，而裸子植物产生“裸露”的种子，没有特殊的结构包被。它们通常（但不总是）裸露地生长在球果的苞叶上。

当有花植物的种子成熟时，子房也开始成熟变成一个坚硬或肉质的结构。作为一个整体它们共同发育成果实（见下节）。果实会一直保持为一个组合体直到其内的种子发芽，或者种子从其外壳脱离。果实打开释放种子的类型被称为果实开裂，反之则称为果实不开裂。其精确的机制取决于植物的生活策略，很大程度上与种子的保护和传播相关，这部分内容将在下一节中阐述（见第78—80页）。

对园艺工作者们来说，种子这个词可以扩展到土豆的繁殖块茎，而园艺工作者们播种的东西有些实际上是干燥的果实（其内含有种子），如草籽儿或甜菜（*Beta vulgaris*）的木栓质果实（有时也称为种子簇）。用于商业化生产的大多数种子是经过仔细筛选的，剔除了许多非种子的杂物，以确保园艺工作者购买种子时能得到的是他们真正想要的部分。

产生种子的目的

从进化的角度来说，种子是一个重要的创新，直接带来了被子植物和裸子植物（统称为种子植物）的巨大成功。通常来讲，相比于较为低等的植物类群（如蕨类植物和苔藓植物）所产生的孢子，种子的一个主要优势在于耐性更强，更能忍受长时间的休眠和恶劣环境。

虽然种子并不是植物繁殖唯一的手段，但种子往往能够散布很远的距离，例如蒲公英（*Taraxacum*）降落伞状的种子可由风力传播，能使其拓殖到新的遥远的地方。种子也是有性繁殖（只有少数例外）的产物，并因此提高了植物的遗传变异性，这不仅有利于自然种群的发展，也为植物育种者们的工作提供了重要基础。

许多一年生植物利用种子作为休眠的一种形式。只有当条件再度适宜时，这些种子才会萌发，随后生长、开花和结实，从而完成另一个循环。许多种子库会收集来自世界各地的种子，通常是保存在非常低的温度下，以使其处于休眠状态。一些种子库着重于保护农业种子的多样性（例如位于挪威斯匹次卑尔根岛上的斯瓦尔巴全球种子库），另一些则更侧重于野生物种（如在西萨塞克斯郡的千年种子库项目）。这些努力能够确保全部的物种种类或有价值的作物品种在发生灾难性事件时能够保存下来。

种子的结构

任何被子植物的种子都包括以下部分：胚和种皮。营养储备（胚乳）也应被列为一个重要组成部分，但有一些高度特化的种子不需要胚乳便能发育（见下页）。

胚由胚芽（初生茎）、胚根（初生根）和一或两枚子叶组成（取决于其是单子叶植物还是双子叶植物的种子）。

种皮覆盖着种子，包裹其内容物，但在一点处留有小孔，称为珠孔。种皮的主要功能是保护胚免受物理伤害和防止干燥。它可以是薄纸质的，如花生（*Arachis hypogaea*），或者非常坚硬，如椰子（*Cocos nucifera*）。珠孔是当种子萌发时氧气和水分进出的通道。种子附着在子房壁的地方通常会有一道疤痕，称为种脐。

一些种子的种皮上还有额外的结构例如毛（如棉花，*Gossypium*）、假种皮（如附着在石榴籽 [*Punicum granatum*] 上的肉质结构），或是称为油质体的脂肪附属物。这些附属结构的作用通常有助于种子传播。

胚乳中遍布着营养储藏组织，其作用就是为种子提供从胚到幼苗的萌发过程以及休眠期间的能量。兰科植物的种子没有胚乳，它们只有在遇到合适的真菌时才会萌发，真菌为种子的发育提供营养，二者形成了密切的关系。

Punica granatum
石榴

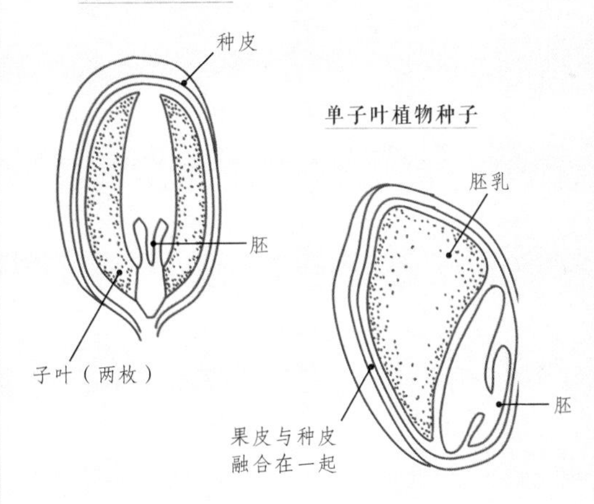

兰花的种子代表了种子进化的顶峰：它们已经将内容物减少到了最低限度，以至于它们的种子几乎成粉尘状，每个个体会在其繁殖季中都产生不计其数的种子，并随风力传播。香荚兰（*Vanilla planifolia*）微小如针尖儿的种子就是一个例子。

园艺小贴士

种子的传播

产生小种子的植物通常会产生大量种子，这是一种繁殖策略，以确保它们中至少有一个会在适宜的地方降落。那些具有大种子的植物产生更少的种子，它们将更多的资源和精力投入到每一粒种子中。其扩散的策略通常更为明确具体。植物界中最大的种子来自海椰子（*Lodoicea maldivica*），它的每个种子可重达 30 公斤。

小种子成熟速度更快而且往往传播得更远。较大的种子，更容易产生较大较强壮的幼苗，能胜过其他植物。植物采取的各种策略可谓五花八门、多种多样，很难说哪一个更好。这些策略仅仅体现了这样的事实——它们都是植物在其自然生境中经受选择、适者生存的结果。

理查德·斯普鲁斯

1817—1893

理查德·斯普鲁斯（Richard Spruce）是英国维多利亚时代的一位伟大的植物探险家。从安第斯山脉到出海口，他花了15年时间探索亚马逊河流域。他是探访亚马逊沿河地区的第一批欧洲人之一。

理查德·斯普鲁斯在他的旅行中积累了庞大的植物和其他物品收藏。

斯普鲁斯出生在约克郡霍华德城堡（Castle Howard, Yorkshire）附近的一个小村庄。从小他就对自然和博物学充满了兴趣，制作植物名录是他过去最喜欢做的事情。16岁时，他起草了一份在其居住的地区所发现的所有植物的名录，这些植物名称均按照字母顺序排列，共包含403种。对于一位青少年来讲，这项工作想必耗费了相当的时间，显然也是他心甘情愿干的事。三年后，他还起草了《莫尔顿区植物名录》（*List of the Flora of the Malton District*），包含485种有花植物，其中许多都在亨利·贝恩斯（Henry Baines）的约克郡植物志（Flora of Yorkshire）中有所提及。

他对苔藓植物特别感兴趣并且是公认的专家。他自己还拥有一个颇具规模的标本馆，收藏着他采集的包括来自不列颠群岛和更远地方的标本。

早期对植物的兴趣促使他分别于1845年和1846年两次远征比利牛斯山（Pyrenees）。他的目的是通过销售整套的有花植物标本以资助他的探险活动，但鲜为人知的苔藓植物并没有创造太多的效益。在他从当地采集的标本中，他至少发现了17个新种，将该地区的苔藓种类数量从169种扩增到478种。

两年之后，他遇到了皇家植物园邱园（Royal Botanic Gardens, Kew）园长威廉·胡克（Willam Hooker）。胡克请他作为邱园的代表探索亚马逊，尽管身体每况愈下，他

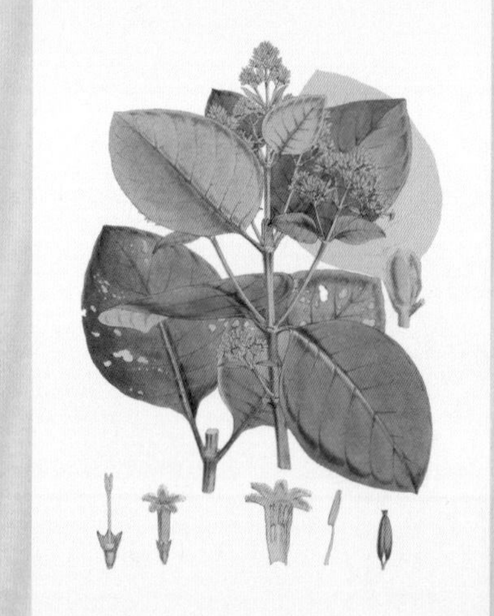

Cinchona pubescens
金鸡纳树

理查德·斯普鲁斯所采集的金鸡纳树皮帮助数百万人战胜了疟疾。

“世界上最大的河流在世界最大的森林中川流不息。
这两百万平方英里的美妙森林
绵延不断，被穿过其间的流水所庇护。”

理查德·斯普鲁斯

仍然同意了这项请求，因为他想在为时已晚之前看看热带。他再一次地通过向欧洲感兴趣的博物学家和机构出售标本来资助其探险旅程。

在随后的15年里，他沿着亚马逊河游历了巴西、委内瑞拉、秘鲁和厄瓜多尔等地，并采集了3 000多份植物标本，使其成为该地区的植物区系研究的主要贡献者。斯普鲁斯同时还是一位敏锐的人类学家和语言学家，在当地他学会了21种不同的语言，并搜集了许多当地生产的有关人类植物学、经济学和医学的物品。

他描述了通灵藤（*Banisteriopsis caapi*）这种植物，还见识了巴西Tukanoan部落的印地安人是如何使用它的。通灵藤是死藤水的两种成分之一，它是西部亚马逊人部落的萨满在举行宗教和治疗仪式上所用的一种含有致幻成分的酿造饮料。

在他搜集的成千上万植物中，最重要的是无疑在厄瓜多尔发现的茜草科金鸡纳属（*Cinchona*）植物，奎宁就是从该属植物的树皮中获取的。南美土著们使用这种树的树皮治疗疟疾。斯普鲁斯向英国政府提供了这种树的种子，让金鸡纳树的苦树皮第一次得到了广泛的应用，由此帮助了世界各地的英国殖民地建立种植园，并帮助数以百万人抗击疟疾。

回到英国后，他写了《亚马逊地区和秘鲁、厄瓜多尔的安第斯山脉的苔纲植物》一书。

其他出版物包括在《伦敦植物学杂志》（*London Journal of Botany*）上发表了23种在英国新发现的苔藓，大约是他发现数量的一半。他还在《植物学家》（*The Phytologist*）杂志上发表了《约克郡苔纲和藓纲植物名录》（*List of the Musci and Hepaticae of Yorkshire*），其中记录了他在英国发现48种新苔藓和在约克郡发现的另外33种新苔藓。

1864年，斯普鲁斯被德国自然科学学术委员会（Academiae Germanicae Naturae Curiosum）授予博士学位，两年后当选为英国皇家地理学会院士。

理查德·斯普鲁斯对苔藓植物特别感兴趣，从小就是这类植物公认的专家。

斯普鲁斯收集的植物标本和其他物品成为了重要的植物学、历史学和民族学的研究资料。由英国皇家植物园邱园和自然历史博物馆联合倡议发起的理查德·斯普鲁斯项目，致力于标本定位和建立数据库，标本影像数字化以及斯普鲁斯的原始笔记的誊写及扫描图像。目前，已有超过6 000个标本完成影像数字化并被存入数据库。这些信息可以提供给植物学家、历史学家和其他对亚马逊和安第斯山脉的探险感兴趣的人。

*Sprucea*属植物（现为*Simira*，茜草科）和一种苔类*Sprucella*是以他命名的。当引用植物学名时，以他为命名人的标准缩写为“Spruce”。

果实

对于任何一个园艺工作者而言，果实通常是指夏秋时节从乔木和灌木上长出的甜美多汁的作物，包括如榅桲这样的木本水果，如树莓的无核小水果和灌木水果，如红醋栗。它们还可能包括装饰性的果实，如海棠（*Malus*）或山茱萸（*Cornus*）。此外还包括蔬菜类的果实，如南瓜（*Cucubita*）和辣椒（*Capsicum*）。

然而在植物学家眼中，所有的有花植物都能够产生果实。它是一个严格的术语，用于定义子房经过受精后由花发育成熟而得到的结构。果实中含有种子，种子由果皮包被；果皮是由子房壁发育而来的肉质或坚硬的外层，主要用于保护种子并帮助其传播扩散。

Rubus idaeus
覆盆子

辣椒（*Capsicum annuum*）的果实在颜色、性状和大小上变异很大。

果实如何传播

阅读这本书的读者们只要曾经吃过植物的果实，就已经在不知情的情况下为其传播了种子。可以说很多受欢迎的水果像苹果、西红柿、覆盆子等不胜枚举的例子，其成功的原因都要归功于一个事实——它们的果实是如此的美味且营养丰富！

动物传播

果实很快在动物体内穿肠而过，并与其种子分离，而种子最有可能就被留在了远离母树的一堆备好的粪肥里。在这个过程中，种子会被清洗干净，并且脱离了那些在果实中抑制其萌发的化学抑制剂。但这仅仅是种子五花八门的传播机制中的一种，种类繁多的果实结构证明了这一点。一些果实，如牛蒡（*Arctium*）和刺莓（*Acaena*），都覆盖着尖刺或钩状刺，可以粘在路过动物的毛发或羽毛上并由此被带到很远的地方。互叶鼠李（*Rhamnus alaternus*）的圆形红色果实在其自然生境中会被动物吃掉，然而这只是其种子传播的第一阶段。一旦它们经动物肠道排出体外，裸露的种子在烈日下破裂并露出被称为可食用的油质覆盖层。这种被称为油质体的结构对蚂蚁非常有吸引力，它们会收集这些种子并将其搬运到地下，直到来年种子将在那里发芽。

空气传播

但是动物不是种子唯一的传播者，它们还有另外四个“帮手”：土壤、水、火和空气。经气流传播的果实要么很小，要么变得又长又平以便于其更容易被风长距离地携带。其他的果实则进化出了“翅膀”或“桨叶”，例如槭树（*Acer*）的“直升机”状的果实和蒲公英（*Taraxacum*）的小“降落伞”。

水传播

在水的帮助下，椰子和红树的种子可以在海上漂浮千里。椰子（*Cocos nucifera*）的种子传播非常成功，其庞大的种子内蕴藏着丰富的营养物质（椰子肉），还有部分水，这使得它们已经成功地定植在几乎所有的热带海滩上。巨榼藤（*Entada gigas*）的种子有时会被冲上欧洲的海滩，这已经离其老家加勒比海地区和其他热带地区非常遥远了。它们可以保持长达一年的活力。

火传播

在一些会规律性发生火灾的生境中，有些豆荚直到达到极端高温后才会释放其内的种子。在澳大利亚南部的桉树林，树蕨可以长到三米多高，如此拥挤和高大的地表遮盖让桉树的幼苗很难有立足之处。即使有一棵桉树倒下，也不足以在这个蕨类冠层中产生一个缝隙。然而，当整个森林遭受灌丛火灾之时，桉树的种荚便会爆开，种子散落在焦土之上。这些种子可能已经等待了很多年，但在一周之内它们便会萌发，开始了漫长的重生过程。

Cocos nucifera
椰子

椰子的果实可以在海上漂浮数千公里，
因此可以将种子传播得非常远。

重力传播

一些水果很大很沉足以滚下山坡，巴西栗（*Bertholletia excelsa*）就是这样的果实。它的果实跟椰子一样大小，种子分布在果实内一个个果瓣中。当果实成熟时，伴随着巨大的砰击声，它的蒴果从树上掉下来，这足以敲开其脆弱的“盖子”。如果蒴果落在斜坡上，它们可能会滚出一段距离，其内的坚果有时就会伴随着果实的翻滚散播出来。巴西栗的果实有时被称为“猴子壶”，因为当地的卷尾猴会试图通过小盖拿走里面的坚果，当猴子们想弄清楚如何取出坚果时，它们经常会携带着这个大蒴果。当地的啮齿动物通常会咬坏蒴果以获取种子，它们会像松鼠一样在森林各处贮藏这些种子。不可避免的是，一些种子会被遗忘掉，如果恰巧有倒下的树引起林冠的空缺，它们便会最终萌发。

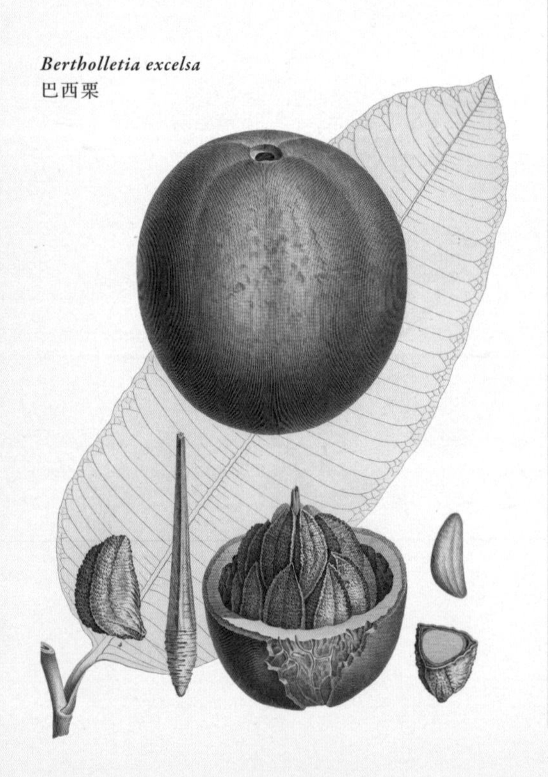

Bertholletia excelsa
巴西栗

Impatiens glandulifera
喜马拉雅凤仙花

爆发式传播

通过接触，以及果实随着干燥逐步积聚起来的压力，或两者的结合作用，都会触发果实的爆裂、弹射或将其种子猛抛到空气中。喜马拉雅凤仙花（*Impatiens glandulifera*）就是这样的一个例子。凭借其爆炸性的果实，它已成为其本土范围之外一个快速殖民者。它们的散播如此之成功以至于其现已被列为不列颠群岛的入侵杂草，并已被列入英格兰和威尔士野生动物和乡村法附表 9——在野外种植或播种这一植物均属违法行为。园艺工作者们也应明智地避免在自己的花园里种植这种植物。喷瓜（*Ecballium elaterium*）的果实也是爆炸性果实之一，喷瓜是一种常见于地中海地区的灌木。其他几种常见的园林植物也有类似的习性，但它们的这种传播机制可能不会这么容易被观察到，如金缕梅（*Hamamelis*），金雀儿属（*Cytisus*）和天竺葵等。

果实的不同类型

不管是常人对植物或其果实的偶然一瞥，还是果实的狂热爱好者，都会被自然界所赋予的各式各样的果实形态所震撼。植物学家将果实分为三大类：单果、聚合果和聚花果。

单果可以是干果或肉果，它是由单个子房或由多个子房结合成单雌蕊发育而成。属于单果的干果有：瘦果（包含一粒种子如刺苞菜蓟 *Cynara cardunculus*）、翅果（具翅的瘦果如槭属 *Acer*）、蒴果（由两个或多个心皮发育成，如黑种草属 *Nigella*）、颖果（如小麦属 *Triticum*）、蓇葖果、荚果（通常称为豆荚，如豌豆 *Pisum sativum*）、坚果和角果（十字花科中多种子的果）。

肉质的单果有浆果（其中整个子房壁发育成肉质果皮如葡萄属 *Vitis*，黑茶藨子 *Ribes nigrum*）和核果（其中内层子房壁发育成坚硬的外壳——果核，外层发育为肉质层，如李属植物 *Prunus*，以及木樨榄 *Olea europaea*）。

一个果实可能由数个分离的单果（由多心皮发育而来）组成，随着果实不断长大，它们彼此结合形成一个更大的单元。单独的一个称为小果，聚在一起则称为聚合果。瘦果、蓇葖果、核果和浆果都能够形成聚合果。

毛茛科的一些种类，包括铁线莲属和毛茛属，形成聚合瘦果；木兰属和芍药属形成聚合蓇葖果；黑莓和悬钩子属（*Rubus*）的果实为聚合核果；牛心番荔枝（*Annona reticulata*）的果实则为聚合浆果。

草莓（*Fragaria* x *ananassa*）是一种聚合果，所不同的是果实没有因为心皮的融合而结合在一起，而是由花托膨大肉质后将其聚合在一起，就好像它是果实的一部分。梨果（如苹果、梨和榅桲）是另一个例子。需要注意的是，并非所有的多心皮的花一定会形成聚合果；它们也可能会保持分离的状态，例如花园里的常见杂草普提香（*Geum urbanum*）的带刺瘦果。

聚花果是由一整个花序发育而来的。每朵花形成一个果实，然后融合成一个较大的果，有时也称为合心皮果。肉质的聚花果例如凤梨（*Ananas comosum*），面包树（*Artocarpus altilis*），榕属（*Ficus*）和桑属（*Morus*）植物。而常见的干果类型的聚花果就是悬铃木属（*Platanus*）的果实，它们是由许多瘦果组成的表面布满小刺的“球”。园艺工作者们可能经常想知道为什么有些果实中没有种子，例如香蕉和无籽葡萄。对于那些好奇地提出这个问题的人而言，答案便是单性结实。有时它会作为一种突变发生，在未受精情况下形成果实。商业上，它可以用于生产无籽橙子、香蕉、茄子和菠萝。无籽葡萄并不是技术上单性结实的产物，而是其胚在正常受精之后不久便夭折了，只留下了未发育完全的种子，这种现象被称为种子败育。

Ananas comosus
凤梨

鳞茎以及其他地下营养贮藏器官

许多多年生植物产生特化的营养贮藏器官以确保它们能存活很多年。在休眠期它们的地上部分往往枯死，只留下这些地下的结构。这使得植物能够在不利的环境条件下生存，如寒冷的冬季或干燥的夏季。植物也使用这些器官作为传播扩散和繁殖的一种方式。

这些贮藏器官本质上是变态的茎或根，因此它们会有一些相似之处，例如顶端生长点、芽和变态叶（有时称为鳞片）。土豆上长的眼儿其实就是一种芽。

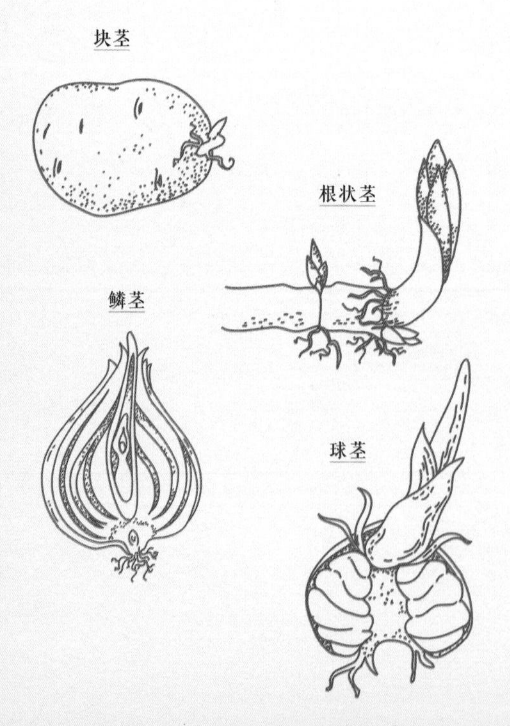

鳞茎

真正的鳞茎本质上是一段很短的茎，其生长点处由许多厚实、肉质的特化叶片所包围，这些叶片被称为鳞叶。鳞叶中存储的营养物质将帮助植物度过休眠期以及下一生长季的再次生长。在大多数的鳞茎中的鳞叶较薄，排列得比较紧密，如水仙花（*Narcissus*），但在其他的像百合属植物（*Lilium*）中，它们则松散膨大。枝叶和花芽会从鳞茎的中心抽出来，而根部则从鳞茎的底部长出。

因为鳞茎需要朝上种植，所以当种植时需要识别出哪一端是鳞茎的顶部。有时确实很难分辨；一旦种错了方向，通常鳞茎自己会矫正回来，但这会给它们的能源储备增加额外的负担。通常而言，鳞茎最好种植深度三倍于自身高度的位置上。夏季、秋季开花的鳞茎植物最好在春季种植，而春季开花的鳞茎植物则应在秋季种植。

球茎

球茎是基部在地下膨大的茎，见于雄黄兰属和唐菖蒲属。它存储食物并被起保护作用的鳞叶包围。在球茎的顶端至少有一个芽，将发育成叶和花葶。

鳞茎和球茎经常混淆，因为它们看起来非常相似。其中一个主要的差别是，鳞茎是由许多肉质鳞片组成，而球茎是固体结构（本质上是由薄壁组织填充）。球茎的寿命也更短，会逐步地被从旧球茎顶部形成的新的球茎取代。围绕在球茎的基部形成许多小球茎，从而形成多个新的茎。

块茎

块茎是膨大的肉质的地下茎末端。在其上有“眼儿”——成簇的芽和叶痕，这些等同于正常茎上的节。它们可以在块茎表面的任何位置出现，但通常是最密集地分布在一端——块茎连接到母体植物上相反的一端。因此当春天土豆出芽准备种植时，必须把大部分的芽都朝上。它遵循让芽在土壤中朝上的方式生长。一旦新植株开始长出，块茎就会枯萎，最终新的块茎将从新的植物体上长出来。

除了马铃薯，其他常见的园林块茎植物还有秋海棠和仙客来。红薯和大丽花也长出“块茎”，但这些实际上是块根，跟上面的例子不同，块根实质上是膨大的根。块根上没有节或“眼儿”，因为这些是源于茎的结构。反而不定芽可以从任何一端生出，进而长成根和茎。一些萱草属（*Hemerocallis*）也形成块根。

根状茎

根状茎是水平生长或紧贴于地表以下生长的茎。由于具有节和节间，根状茎的外观是分段的，并从节处长出叶、芽、根和花芽。主要的生长点位于根状茎的顶端，但是其他的生长点也会随着茎的伸长而出现，像块茎一样，根状茎也一次可以长出几个芽。

姜和香根鸢尾都具有粗壮的被土壤覆盖的根状茎。许多植物通过地下根状茎快速地蔓延，如荚果蕨（*Matteuccia struthiopteris*）以及分枝东笆竹（*Sasaella ramosa*）。

园艺工作者可以把根状茎分成几段，只要保证每一段都有生长点，它就可以重新长成一株新个体。把根状茎上的每一片叶子都剪短大约一半，并去除枯死的部位，然后重新种植在原来的深度。经过一段时间之后，它们便会重新繁盛起来。

匍匐茎

匍匐茎类似于根状茎，也是一种横生的茎，在地表或紧贴着土壤表面生长，上面长有根和芽的节。与根状茎的不同之处在于它不是植物的主茎——它由主茎发出，并在其末端产生新的植株。在地表以上时称它们为走茎。

园艺小贴士

走茎和匍匐茎

草莓是著名的走茎植物，如果将其种植在小盆里或允许其在开阔的土壤扎根，它们很容易就会长出走茎。一旦这些走茎扎了根，它们就可以跟亲本分开再植。许多杂草利用走茎和匍匐茎迅速蔓延，如匍枝毛茛（*Ranunculus repens*）。

Ranunculus repens
匍枝毛茛

Cosmos bipinnatus
秋英

第三章

生理机制

Inner Workings

如同所有生命一样，植物体由细胞组成，其体内的细胞不断地分裂、长大，植物体也随之不断生长。植物生长所需要的营养来自土壤，而构建新细胞所需的能量则主要来自阳光。

如果将植物抽象为最基本的形式，那么它们就像是一根吸管，不断地从土壤中吸取水分和营养，通过茎向上运输给叶子，在那里水通过蒸腾作用流失。营养物质通过维管组织在植物体内流转，调节植物生长的激素也一样如此。

对于大多数园艺工作者而言，他们都需要简单地了解植物内部的基本生理机制。然而，细胞的内部运作格外精巧复杂，同时也引人入胜。我们对细胞的了解完全归功于科学家们几个世纪以来的研究发现。

细胞和细胞分裂

现代细胞学说认为：所有生物都是由细胞组成的，所有细胞都是从其他细胞中产生，生物体的所有代谢反应在细胞内发生，而且除少数例外，几乎每个细胞内都含有长成一株新植物所需的全部遗传信息。

细胞壁

许多植物细胞都被细胞壁所包围。年幼且旺盛生长中的植物细胞往往仅具有一层薄的初生细胞壁；许多成熟的植物细胞，尤其是木质部中那些已经结束生长的细胞，还会额外产生一层次生细胞壁。

Gentiana acaulis
无茎龙胆

初生细胞壁

初生细胞壁对于植物体的强度和支撑起着重要作用。吸饱了水的细胞会膨胀，从而向外面的初生壁施加压力。初生壁中含有纤维素，这是一种既坚固又有弹性的材料，它的存在防止了细胞吸水涨破。细胞的膨压使得茎干得以保持直立，当植物开始失水变干时，细胞膨压便会降低，植物随之开始枯萎。

与细胞的其余部分相比，初生细胞壁实际上相当纤薄，只有区区几微米厚。细胞壁中多达 25% 的成分是长长的纤维素纤维，凭借其平行排列的结构，它们拥有与同等重量的钢丝相同的拉伸强度。纤维素纤维嵌入到由半纤维素和多糖组成的基质中，三者共同构成了初生壁的主要成分。

因为基质内的纤维素纤维能够对细胞体积的扩大及时做出反应，并发生移动，所以初生细胞壁非常适合于细胞的生长阶段。当细胞生长或膨胀时，细胞壁便会延伸，同时会有新的材料被加入到壁上以使其保持厚度。水及溶解在水中的营养元素可以自由地透过初生壁。

次生细胞壁

当植物细胞停止增长之后，它们中许多便会开始产生次生细胞壁。在成熟木质部中，虽然次生细胞壁仅占木材和木栓细胞的一小部分，但它们还是对植物起到了重要的支撑作用。次生壁一旦生成，其内的细胞就会死亡，只留下细胞壁。

次生壁比初生壁厚得多，它们由大约 45%的纤维素，30%半纤维素和 25%的木质素构成。木质素不容易被压缩且不易变形，换句话说，它比纤维素少了很多柔韧性。

细胞结构

在显微镜下观察，可以见到植物细胞具有以下六个独特的结构：

1. 细胞壁

细胞壁，一种含有纤维素的厚实和刚性的结构。它牢牢固定住细胞的位置和形状，为细胞提供保护和支持。在其内表面，紧贴着一层细胞膜，细胞膜是一层具有选择渗透性的屏障，只允许某些特定的物质进出细胞。

2. 核

细胞核，作为细胞的“控制中心”，其内含有遗传信息——染色体及其组分 DNA。此外，DNA 还存在于叶绿体和线粒体中。

3. 叶绿体

叶绿体是植物特有的细胞器，在一个细胞中可能有一个或几个。叶绿体是细胞进行光合作用的场所，它可以捕获光能，并将其转换成可供植物构建单糖的能量形式。

4. 线粒体

像叶绿体一样，线粒体主要负责将能量转化为可供植物构建单糖的形式。但这里的能量并不来自光，而是通过糖、脂肪和蛋白质的氧化产生。因此，线粒体是黑暗中能量的主要来源，它们比叶绿体小得多，也丰富得多。

5. 液泡

液泡可以在细胞中央占据很大的空间。起初，年幼细胞的液泡个头都很小，随着细胞的增长，它也不断长大并常常把其他细胞内容物都挤到了细胞壁边上。有些细胞有几个液泡，它们的主要功能是从细胞的其余部分中分离代谢废物，充当“垃圾场”的功能。代谢废物在液泡中逐渐积累，有时会产生结晶。

6. 内质网

内质网看上去就是许多叠在一起的扁平层状结构，其表面镶满了核糖体，蛋白质就在那里合成。

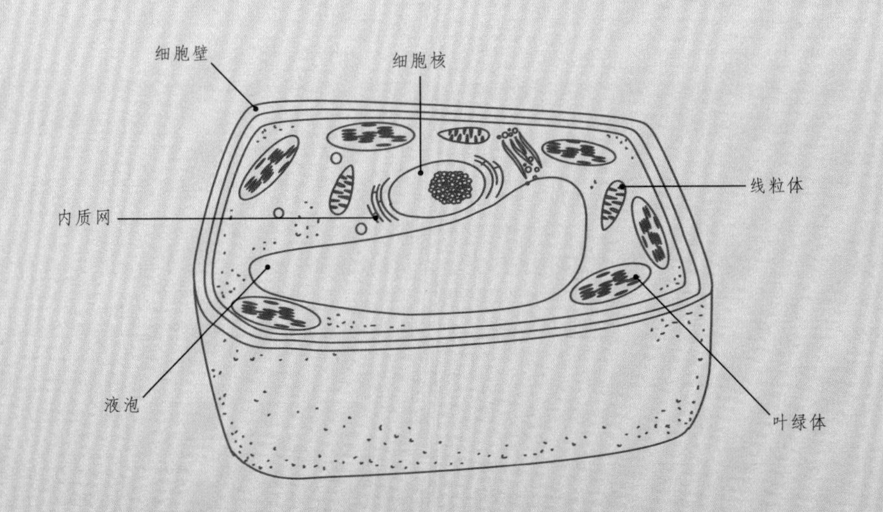

木质素和纤维素在次生壁中的结合类似钢筋搭配混凝土。木质素为木材提供了强度，即使植物失水，它们也不会萎蔫。鉴于植物的分布如此之广，储量之大，纤维素和木质素被认为是地球上含量最丰富的两种有机化合物。

演化生物学家认为，木质素的产生对于植物适应陆地环境起到了至关重要的作用。其原因在于，为了避免塌陷，细胞只有依赖木质素才能构建出的足够的强度，进而能够克服重力，将水运送到任何有效的高度。

细胞分裂

细胞并不能无限长大，这部分归因于细胞核可以控制和影响的范围是有限的。因此，生物体为了长得更大，细胞就需要进行自我增殖，这一过程是通过细胞分裂实现的。

细胞分裂带来了很多优势。它使细胞分化成为可能；增强了生物体存储养分的能力；它使受损的细胞得以替换；它还提供了一个竞争优势：体型越大的植物越容易获取光线。生物体内存在有两种类型的细胞分裂方式：有丝分裂和减数分裂。

有丝分裂

有丝分裂是由一个细胞分裂成两个完全相同的新细胞的分裂方式，是生物体营养生长过程中的细胞分裂方式。

减数分裂

减数分裂是有性生殖过程中必不可少的一种特殊的细胞分裂方式。其分裂的结果是产生四个配子细胞，而不是两个完整的细胞（如在有丝分裂中的那样）。所谓“不完整”，是指这些细胞中仅含有一套染色体，它们被称为单倍体。在植物中，配子细胞要么成为花粉粒（雄性细胞），要么成为卵细胞（雌性细胞）。有关有性繁殖的更多信息请参见第110—115页。

有丝分裂产生的子代细胞在遗传上完全等同于亲代细胞，而在减数分裂过程中并非如此。

有丝分裂

染色体聚集在中央赤道板上

子染色体分离

子细胞形成

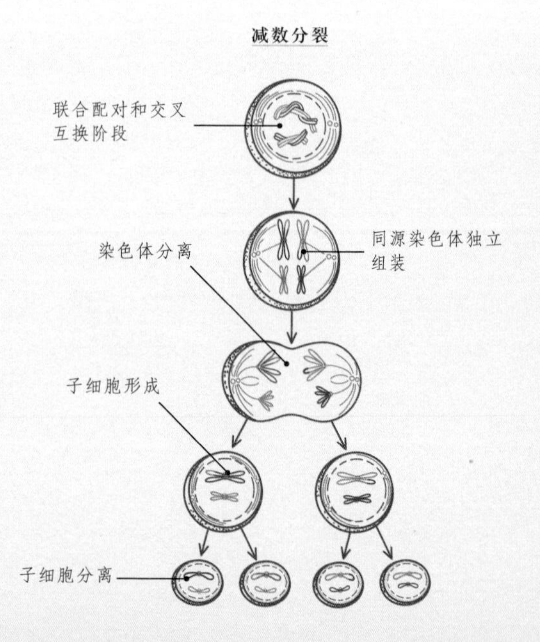

光合作用

植物区别于其他几乎所有生命形式的重要特征——它们可以利用太阳光作为能源，合成构建生命的基本单元，这是一个了不起的生化反应！光合作用非常重要，一旦它停止发生，地球上的大多数生命都将消亡。

光合作用的反应式可以被写成：

$$6\,CO_2 + 6\,H_2O \longrightarrow C_6H_{12}O_6 + 6\,O_2$$

二氧化碳 = CO_2

水 = H_2O

葡萄糖 = $C_6H_{12}O_6$

氧气 = O_2

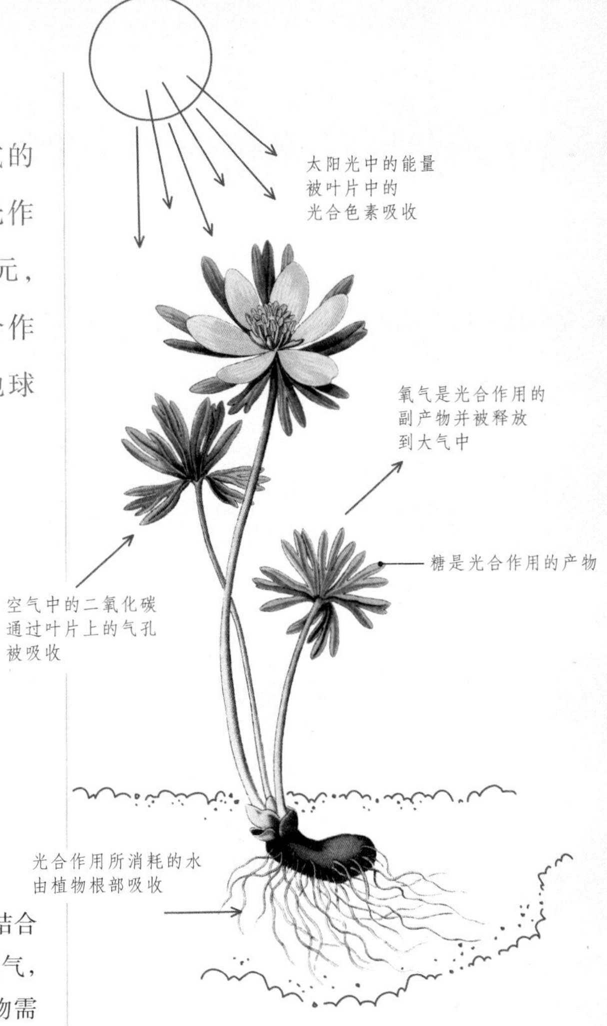

反应中，6 分子二氧化碳与 6 分子水结合在一起可以产生 1 分子葡萄糖和 6 分子氧气，因此氧气是该反应中的副产物。因为动物需要氧气才能呼吸，所以这也是动物依靠植物生存的另一个方面原因。

太阳光中的能量
被叶片中的
光合色素吸收

氧气是光合作用的
副产物并被释放
到大气中

糖是光合作用的产物

空气中的二氧化碳
通过叶片上的气孔
被吸收

光合作用所消耗的水
由植物根部吸收

光合作用的原理

上述反应并不能自行发生。它需要能量驱动，而这能量便来自光。在自然界中光能主要来自于太阳，但植物也可在合适的人造光下进行光合作用。一些园艺师和农民利用这一点在温室施加人工照明，这种方法可以刺激植物生长。“光只是撞击了二氧化碳和水分子，于是一个葡萄糖分子就魔术般地产生了”。如果仅仅把光合作用表述为这样的过程，那未免太过简化了。事实上，光合作用反应的过程要复杂得多。

叶绿体是能够吸收并转化光能的结构。其内部填充着称为基质的胶状物质，基质内存在着一些装满液体的小囊，其中就含有捕光色素，光反应在此发生。

在所有的色素中，绿色的叶绿素是最丰富的，其他色素还包括使胡萝卜呈现橙色的胡萝卜素和黄色的叶黄素。

光反应阶段

光反应开始时，光线撞击到色素分子上，激发了其内部的电子。当电子返回基态时，它们可以通过以下四种方式中的任何一种释放能量：发热或发光（可激发磷光），激发另一色素分子中的电子或者驱动化学反应。

在光合作用中，处于激发态的电子被用于驱动两个重要的反应：第一个是将ADP分子（二磷酸腺苷）转化为ATP分子（三磷酸腺苷）的反应，第二个是将水裂解为氢原子和氧原子的反应。因为水分子非常稳定，并不容易被分解，同时还产生氧气作为副产物，所以后一个反应可谓是一项非凡的壮举。而另外两个自由的氢原子与一种称为辅酶（NADP）的物质结合，将其转换为$NADPH_2$。

上述两个反应将光能转化为以ATP和$NADPH_2$的形式储存的化学能。随后，这些化学能将驱动发生在叶绿体基质中的暗反应。

暗反应

暗反应也被称为卡尔文循环，这是以它的发现者梅尔文·卡尔文（Melvin Calvin）命名的。卡尔文向植物中加入放射性碳，追踪其在植物体中的变化，最终弄清整个反应过程。这一过程也被称为暗反应，因为在这个阶段，光合作用并不需要光的直接驱动。

在卡尔文循环中，二氧化碳经过由ATP和$NADPH_2$分子驱动的一系列反应形成糖类。失去能量的ATP和$NADPH_2$分子会变回ADP和NADP的形式，并重新参与到光反应中去。糖是植物生命中最重要的构建单位，它们很快会被转化成更复杂的分子，如淀粉——植物储存营养的主要形式。糖类还会与其他营养物如氮进一步反应，合成蛋白质和油脂。

线粒体和呼吸作用

线粒体的代谢活动也同样值得一提。像叶绿体一样，它们也是负责驱动各个生命过程的迷你发电站。二者的本质区别在于线粒体释放的能量来源于细胞内贮存营养物的氧化分解，而不是通过转化光能得来的。呼吸作用的过程可简化成如下的反应式：

$$C_6H_{12}O_6 + 6\ O_2 \longrightarrow 6\ CO_2 + 6\ H_2O$$

可以看出，这恰恰是与光合作用相反的反应。水和二氧化碳被作为副产物释放，而不是把它们作为原料了。从中可以看出，植物和动物为何如此地相互依赖对方：动物吸入氧气并呼出二氧化碳，植物吸收这些二氧化碳，合成自己的食物并释放作为副产品的氧气，如此循环下去。所有的绿色生命，特别是那些分布于非洲、亚洲和美洲的巨大的热带雨林，净化了我们呼出的气体，使地球变得宜居。

因为动物不具备叶绿体，所以呼吸作用是它们唯一的能量来源。植物兼具线粒体和叶绿体，因此它们既可以进行呼吸作用也可以发生光合作用。到了晚上或在低光照水平时，光合作用无法进行，植物就必须依赖呼吸作用提供能量。呼吸作用所需的氧气通过气孔进入植物细胞内，所以这些微小的气孔并不是只为二氧化碳准备的进出通道。

Glechoma hederacea
欧活血丹

植物营养

任何园艺工作者都知道，植物要想养得好就需要不定期地施肥，特别是那些长在容器中的植物，它们生长所需要的养分完全由园艺工作者提供。在园艺用品店的货架上，总是摆满了各种植物营养产品。

许多化学元素都是植物生长所必需的，它们可被分成大量元素和微量元素两类。其中一些元素植物能够从空气获得，如碳和氧，而大多数是从土壤中获得。营养元素的缺乏常表现出对应的特定症状，一经细心的园艺工作者发现，往往可以通过施加专用肥料予以纠正。

山茶花要施加特定的杜鹃花科肥料以提供它们健康成长所需要的特殊营养物质。

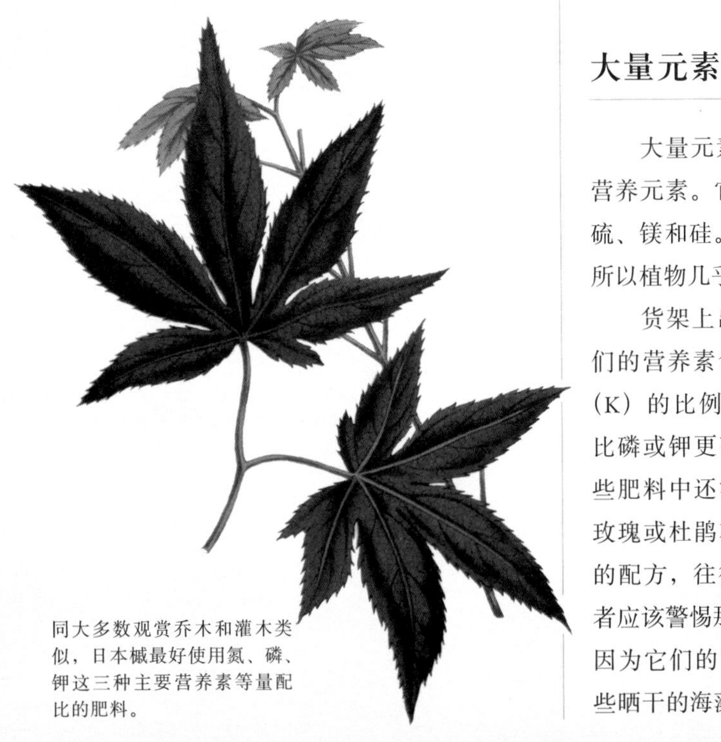

同大多数观赏乔木和灌木类似，日本槭最好使用氮、磷、钾这三种主要营养素等量配比的肥料。

大量元素

大量元素是指那些植物生长大量需求的营养元素。它们是碳、氧、氮、磷、钾、钙、硫、镁和硅。因为空气中的氧和碳随处可得，所以植物几乎从不会缺乏这两种元素。

货架上出售的现成的肥料通常会列出它们的营养素含量，以及氮（N）、磷（P）、钾（K）的比例（N∶P∶K）。例如，如果氮含量比磷或钾更高，则表明这是一种富氮肥。某些肥料中还添加了一些额外的营养素，例如玫瑰或杜鹃花科植物的肥料就通常使用特殊的配方，往往含有额外的镁或铁。园艺工作者应该警惕那些不标明N、P、K比例的产品，因为它们的营养成分不能得到保证，例如一些晒干的海藻制品。

含氮肥料将有助于叶菜，如菠菜，长出更多的绿叶。

氮

氮（N）是一种主要的植物营养素。它对植物生长至关重要，因为它是所有蛋白质和叶绿素的一个基本组成部分。如果缺氮，植物将无法茁壮生长。在土壤中，氮来自于有机物，当有机物被土壤微生物缓慢分解为硝酸盐和铵盐之后，植物根系就能利用其中的氮了。土壤里或根瘤（见第二章）里自由生活的固氮细菌可以将这一过程缩短，因为它们能够直接捕获空气中的氮。

硝酸盐和铵盐极易溶于水，因此土壤中可利用的氮很容易被过量的灌溉或降水冲走。洪涝、干旱和低温也会影响氮元素的可用性。缺氮会导致植物生长缓慢，植株缺绿发黄（萎黄病）。氮的来源包括充分腐熟的粪肥、动物血、蹄角肥料以及硝酸铵化肥。

磷

磷（P）是另一种主要的营养元素，在光合作用中，它是利用光能合成ATP的过程中不可或缺的一部分，并且有很多酶也需要它的参与才能发挥作用。磷对于细胞分裂十分重要，并往往影响着根系的健康生长。豆类对磷的需求很高，但不同植物的需求量会差异很大。磷缺乏症在精耕细种的土壤中非常罕见，因为它的储量在土壤相当稳定。但一旦缺磷，植物将会生长缓慢、失去光泽、叶片发黄。磷的来源包括磷矿石、重过磷酸盐、骨粉、鱼、动物血和骨头。

钾

钾（K）是植物所需的第三大植物营养元素，主要与光合作用、控制根部吸水、减少叶片失水等生理过程息息相关。同时，它也能促

高钾肥料将提高挂果植物的产量，如醋栗。

进植物的开花结实，因此观花或产果的植物对其需求很大。此外，钾元素还能增强植物的抗逆性。缺钾将导致叶片变黄发紫，开花结实减少等症状。番茄化肥可能是最常见有效的富钾肥料，此外硫酸钾化肥也比较常用。

硫

硫（S）是细胞中许多种蛋白质的结构成分，也是制造叶绿体所必需的元素，这使得它对于光合作用至关重要。缺硫的症状比较少见，特别是在工业化国家，大气中的二氧化硫经常随着雨水降落到土壤当中。硫华是一种可用于降低土壤的 pH 值的产品。

钙

钙（Ca）可以调节细胞之间的营养物质的运输，并参与某些植物体内酶的激活。缺钙的症状十分少见，但它会造成植株发育迟缓以及果实基部软化变黑（软腐病）。它在土壤中的浓度决定了土壤的酸碱度（详见第六章）。钙元素可以通过白垩、石灰石或石膏的形式添加到土壤中。

镁

镁（Mg）是叶绿素的基本成分，同时也影响植物体内磷酸盐的运输。缺镁将导致植株脉间缺绿（叶脉间变黄），而土壤板结和水涝等情况会使缺镁症状更为严重。缺镁经常可见于酸性的沙质土壤中。叶面喷施硫酸镁（泻盐）可以有效补救。

硅

硅（Si）可以增强细胞壁，进而提高植株整体的强度、健康度和生产力水平。硅可以提高植物对于干旱、霜冻和病虫害的抵抗力。许多禾草类植物具有较高的硅含量，这是它们为了应对食草动物啃食而演化出的一种适应性状。以蒲苇（*Cortaderia selloana*）为例，它的叶子边缘极其尖锐，任何被它划伤手的人都不会惊讶于这样的事实——硅恰恰也是用来制造玻璃的材料。

微量元素

微量元素，有时也被称为微量矿物质，是植物生长中仅需微量的物质。尽管如此，它们对植物的健康成长也至关重要，因为它们在许多生化反应中扮演了重要的角色。它们包括硼、氯、钴、铜、铁、锰、钼、镍、钠和锌。

园艺小贴士

典型的微量营养素缺乏症状：如缺铁会导致脉间失绿；缺锰可能导致叶色异常，叶面会产生斑点；缺钼可能会导致植株生长扭曲，常见于芸苔属植物。

钾肥可以促进番茄的开花、结果并且还能改善其口味。

查尔斯·斯普拉格·萨金特

1841—1927

查尔斯·斯普拉格·萨金特（Charles Sprague Sargent）是一位对树木和树木学有着特殊热情的美国植物学家。他没有接受过任何正规的植物学教育或训练，但却拥有绝佳的植物学本能。

查尔斯·萨金特出版了多部植物学著作，以他为命名人的标准缩写为“Sarg.”

萨金特的父亲是一位富有的波士顿银行家和商人，萨金特在其父位于马萨诸塞州布鲁克莱恩市（Brookline, Massachusetts）的霍尔姆·莱亚庄园（Holm Lea estate）里长大。他进入哈佛大学学习，毕业后加入联邦军队并在美国内战期间参加战斗。战争结束后，他在欧洲各地游历了三年。

返回美国后，萨金特开始了他漫长的园艺职业生涯。他接管了家族的布鲁克莱恩庄园，并深受霍雷肖·霍利斯·亨尼韦尔（Horatio Hollis Hunnewell）的启发。亨尼韦尔是一个业余植物学家并且是美国十九世纪最杰出的园艺家之一。在亨尼韦尔的帮助和指引之下，霍尔姆·莱亚庄园被改造成了一处活的景观，其内种植了大量乔木和灌木，并无几何设计和花圃，却拥有更自然的外观。很快它就发展成了世界级的杜鹃花和巨树的集聚胜地。

萨金特投入了大量时间打理他自己的树木园。他曾与弗雷德里克·劳·奥姆斯特德（Frederick Law Olmsted）共同工作过，后者被尊为是美国景观设计之父。萨金特积极参与了每一个环节——从整体规划到诸如选择种植哪棵树木等小细节。

萨金特很快成为了知名的杜鹃专家，并开始了与乔木和灌木相关的写作，作品被广泛发表。他也成为了美国的杜鹃花历史上的核心人物。全美各地都需要他那有关森林保护的知识和技能，特别是位于纽约州阿迪朗达克（Adirondacks）山脉和卡兹奇山（Catskills）的森林。他甚至当选为保护阿迪朗达克山脉委员会的主席。

1872年，詹姆斯·阿诺德（James Arnold）向哈佛大学捐款10多万美元以帮助哈佛大学“促进农业或园艺改善”。随后哈佛大学决定建立一个植物园。来自哈佛大学农业与园艺学院伯西研究所（Bussey Institution）的园艺学教授弗朗西斯·帕克曼（Francis Parkman）随后建议，萨金特应该积极参与到植物园的建立过程中来。

萨金特和奥姆斯特德为规划和设计植物园做了大量的工作，同时寻求资金的保障以确保植物园能够成功地运营下去。在当年年底，萨金特被任命为哈佛大学植物园（现名为阿诺德树木园）的第一任园长，在这个岗位上他一干就是54年，直至去世。在此期间，树木园的面积从原来的120英亩增长到了250

英亩。萨金特坚持研究和写作。

除了采集植物和标本，萨金特也为阿诺德树木园图书馆搜集了大量的藏书和杂志。在他做园长期间，藏书量从零上升到 4 万多册，其中大部分都是由萨金特出资购买。在他去世后，他将自己的全部图书收藏捐给了植物园，并且为收藏品的保管和将来材料的采购提供了一大笔资金。

后来，他成为哈佛大学的树艺学教授。他也曾被任命为马萨诸塞州坎布里奇市植物园的园长，尽管这个植物园早已不存在了。

他经常提及他对于树木的热爱并且出版几部植物学著作。1888 年，他成为《花园和森林》（*Garden and Forest*）杂志的主编和总经理，这是一本有关园艺学和林学的周刊。他的著作包括：《北美林木名录》（*Catalogue of the Forest Trees of North America*）《北美森林报告》（*Reports on the Forests of North America*）《美国树木：结构、品质和用途的介绍》（*The Woods of the United States, with an Account of their Structure, Qualities, and Uses*）以及 12 卷的《北美林木》（*The Silva of North America*）。

在他死后，马萨诸塞州州长富勒（Fuller）这样评价道："萨金特教授比其他任何活着的人都更了解树木。树木为我们国家的美丽和富饶做出了巨大的贡献，然而还是有不懂得尊重这样贡献的人毁坏森林，未来将很难再找到像萨金特教授这样的人，他们为森林的保护做出了巨大的贡献。

可悲的是，萨金特去世后，他规模庞大的植物收藏不得不被拆散出售，单独的植株被植物收藏家和育种者们买走。

以他命名的植物包括萨金特柏木（*Cupressus sargentii*）、紫彩绣球（*Hydrangea aspera* subsp. *sargentiana*）、凹叶木兰（*Magnolia sargentiana*）、晚绣花楸（*Sorbus sargentiana*）、茂汶绣线菊（*Spiraea sargentiana*）和萨氏荚蒾（*Viburnum sargentii*）。

当引用植物学名时，以他为命名人的标准缩写为"Sarg."。

Rhododendron ciliatum
睫毛杜鹃

查尔斯·萨金特在他的霍尔姆·莱亚庄园积累了世界级的杜鹃花收藏并对杜鹃花在美国的扎根落户做出了重要贡献。

Picea sitchensis
北美云杉

查尔斯·萨金特是著名的树木学家，他帮助建立了阿诺德树木园。

营养和水分运输

像藻类这些原始的植物，它们通过其细胞内的物质从高浓度向低浓度区域的自由扩散进行养分运输。然而，随着植物体的结构变得越来越复杂，单独依赖于扩散是远远不够的，因此就需要有专门的输导（或维管）系统在植物体各部分之间运送水和养分。

在第二章（见第64—65页），我们介绍了两类输导组织：木质部和韧皮部。木质部负责从根部把水和可溶性的矿质营养运送给整株植物，而韧皮部主要运输经光合作用和其他生化过程产生的有机物。

木质部和韧皮部的协同作用使水和营养物被输送到植物的所有活组织中，但由气孔完成的气体交换常常依赖于扩散作用，气体会从浓度高的区域移动到浓度低的区域。

木质部运输

如果将毛细管浸入水中，由于水具有较高的表面张力，它便会自发地上升进入到管中。木质部导管也是按照这个原理工作的，但仅凭毛细管作用，即使是最好的木质部导管（细到在显微镜下才能看清），其中的水最高也只能上升到约3 m。因此必定有其他的力量作用于木质部，使得水能够被提升到一棵大树的高度。

科学家们提出了内聚力—张力理论来解释这一过程。该理论认为，水在叶表面的蒸发（蒸腾作用）为导管从根部向上提水提供

Sequoia sempervirens
北美红杉

即使是如同北美红杉这样的巨树，也可以通过维管组织轻易地从周围环境吸收水分和营养。

了力量。由于水离开了叶片上的导管，施加于水上的张力便会沿着茎干一路向下直达根部，就像用吸管吸水一样。木质部内部的压力会非常高，因此为了防止塌陷，它们的细胞壁上具有特殊的螺旋状或环状的增强结构。

蒸腾拉力能产生足够的力量将水提到数百米高的树的最高的树枝上，并且水的移动速度之快令人难以置信，时速可达 8 米每小时。

这一理论的反对者们对此提出质疑，他们认为水柱中存在任何的气柱都会阻止其流动。但是人们没有观察到这种情况发生，究其原因可能是水可以从一个导管流到了另一个导管中，绕过了阻挡其道路的气柱。

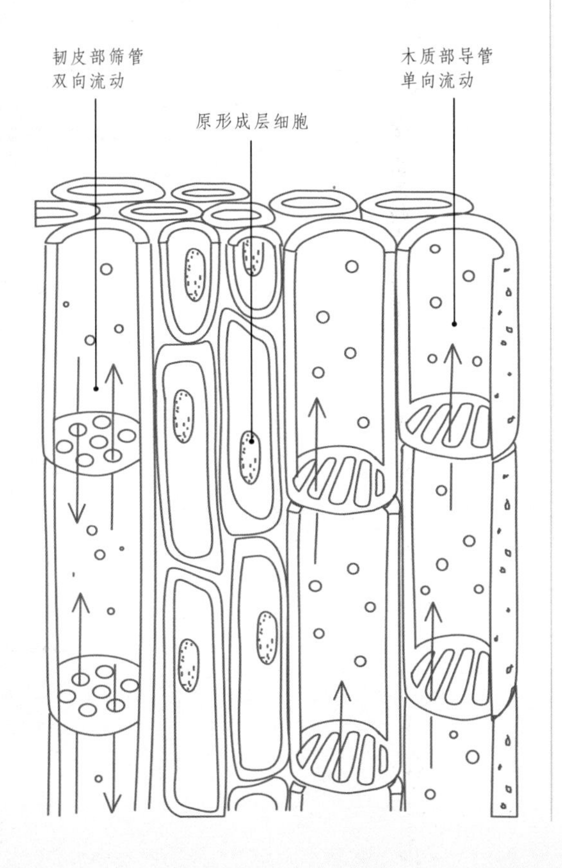

典型维管组织的纵切面，示木质部和韧皮部的排列方式以及其内运输物质的液流方向。

韧皮部运输

与木质部导管不同，韧皮部是由活组织构成的，它向整个植物体输送富含糖、氨基酸和激素的溶液。这一过程被称为转运，并且尚未完全弄清楚其机理。

韧皮组织由筛管分子和伴胞构成。任何试图解释转运机理的理论必须将其解剖结构考虑在内，同时还必须能够回答如下重要问题：韧皮部究竟是怎么做到运输如此大量的糖类？植物为什么仅存在有少量的韧皮部？物质是如何通过韧皮部上下运输的？

蚜虫的针状口器能够刺穿植物柔软的新生部分，直接刺入韧皮部。利用这一机制，当蚜虫在植物上狼吞虎咽时，科学家们分离其口器，收集其中植物的汁液进行分析。利用这种方法，科学家们能够研究韧皮部的物质运输。

1930 年，最早有人提出了“集流假说”，试图通过“源”和“汇”来解释转运的机理。韧皮部内的溶液从糖源（高浓度区）向糖汇（低浓度区）移动。植物体不同部位的糖浓度也在不断发生变化，比如在光合作用活跃期间，叶子就成为了“源”，而在生长减慢或休眠期间，植物的块茎则成为“源”。

植物激素

由于植物没有神经系统，因此对其生长的调控就必须完全依赖于化学信号。目前，已经发现的化学信号主要有五类，将来有可能会发现更多种，它们被统称为植物激素。

植物激素是一种由植物自身合成的有机化合物，它们从植物体的一部分转运到另一部分，只需极低浓度就会引起相应的生理反应。这些反应的效果可能是促进的或是抑制的。

植物发育会受到特殊的化学物质影响——这个想法并不新鲜，早在100多年前就由德国植物学家尤利乌斯·冯·萨克斯（Julius von Sachs）提出。然而，由于激素的浓度如此之低，以至于直到20世纪30年代，第一种植物激素才被识别并纯化了出来。

Avena sativa
燕麦

生长素

1926年，弗里茨·文特（Frits Went）发现了一种鉴别不出来的化合物，它可以引起燕麦的嫩芽向光弯曲。这种现象被称为植物的向光性，正如花园里的植物向着光斜向生长就是生长素作用的结果。虽然生长素类激素的功能仍然还有很多尚未搞清楚，但众所周知，它们影响植物芽和叶的形成以及落叶的过程。生根粉中就含有生长素类激素，因为它们可以促进根系生长，这对进行扦插操作的园艺工作者很有帮助。

赤霉素

20世纪30年代，日本科学家从患病的水稻植株中分离出了一种化合物，这些水稻生长得过于高大以至于无法支撑起自己，这便是水稻恶苗病。一种名为藤仓赤霉（*Gibberella fujikuroi*）的真菌是引发水稻恶苗病的真凶，其释放的一种化学信号引发水稻的过度生长，这就是赤霉素。迄今为止，人类已经发现了很多赤霉素类激素，它们可以促进细胞伸长生长、种子发芽以及影响植物开花。

细胞分裂素

1913年，奥地利科学家发现了存在于维管组织中的一种未知的化合物，它可以刺激细胞分裂和随后的木栓形成，还能够促进马铃薯块茎的伤口愈合。这是第一个表明植物含有可以刺激细胞分裂的化合物的证据。这

Pisum sativum
豌豆

类植物激素现在被称为细胞分裂素，它们在植物生长中发挥了许多作用。

乙烯

数百年前，人们就已经观察到某些气体具有刺激果实成熟的能力。例如在古代中国，人们就知道把采摘下的水果放在香火弥漫的房间里会加快它们成熟。热带水果商人也很快发现，在船上如果把香蕉与橘子存放在一起，香蕉就会提早成熟。1901 年，俄国生理学家德米特里·奈留波夫（Dimitry Neljubow）最终确定：乙烯对于植物生长有影响。他展示了乙烯对豌豆苗有三方面的影响：抑制其伸长，促进茎增粗，以及促进其水平生长。乙烯气体从植物细胞中扩散出来，其主要作用在于可以促进果实成熟。

脱落酸

脱落酸因其具有在秋天促进叶片脱落的作用而得名。它往往给植物器官以正在经受生理逆境的信号。这些生理逆境包括缺水、土壤盐碱和低温。在缺水情况下，脱落酸会从根部产生到达气孔将其关闭。因此，脱落酸的产生引起了植物体的响应，以帮助保护植物免受逆境的危害。没有它，芽和种子可能会在不适当的时间就开始成长。

Musa
香蕉

由成熟过程中的香蕉释放出的乙烯也可以用于催熟番茄。

Iris ensata
玉蝉花

第四章

繁殖

Reproduction

究竟是谁最先发现植物有性别之分？恐怕没有人确切地知道。不过现在普遍认为是德国植物学家鲁道夫·雅各布·卡梅拉里乌斯（Rudolf Jakob Camerarius）最先发现的。他于 1694 年出版了《植物的性别》（*De sexu plantarum epistola*）一书专门阐述这个问题。从这时开始，科学家们逐渐意识到一朵花中既有雄性部分又有雌性部分，植物的有性生殖就发生在它们之间。

然而，这个理念与许多人的道德理念和宗教信仰相悖，致使它的普及变得十分缓慢。到了 18 世纪，植物学家和园艺工作者的工作增加了这个观点的说服力，比如托马斯·法尔查德（Thomas Fairchild）证明了石竹属（*Dianthus*）植物中存在杂交的现象，以及 1753 年，菲利普·米勒（Philip Miller）描述了郁金香的虫媒传粉现象。从那时起，有关植物繁殖的问题开始得到充分的研究。在 19 世纪，格雷戈尔·孟德尔进行的关于豌豆遗传特性的著名实验更是奠定了现代遗传学的基石。

植物成功的基础在于其强大的繁殖扩增能力，它们既可以进行有性繁殖也可以进行营养繁殖。营养繁殖是由植物体的一部分营养体通过再生长成新植株的繁殖方式。利用植物的这种特性，园艺工作者们常常可以轻而易举地获得新植株。

营养繁殖

营养繁殖在植物中普遍存在。植物可以从茎、根、叶片等营养器官生长材料中长出新的个体，而且这些新个体在遗传上与原植株完全相同，换言之，它们就是克隆。

为了进行营养繁殖，植物常常产生一些特化的结构，如匍匐茎和根状茎（见第二章）。根茎、鳞茎和球茎等贮藏器官每年都会在地下扩充自己，进而进行无性繁殖。马铃薯块茎就是园艺工作者将植物的特化器官作为新植株来源的典型例子。一株健康的马铃薯产生的块茎，能够通过无性繁殖产生一百多个新植株。所有出售的马铃薯都是通过这种方式大量繁殖的。

植物体大多数部位都有的分生组织赋予了这些部位有长成整个植株的潜力。细胞具有发育成新植株的这种能力被称作全能性。理论上，植物体上所有含有分生组织的部位都能通过一定的刺激重新生长，但是有经验的园艺工作者都知道：不同植物适合扦插的特定部位是不同的。比如杂交银莲花（*Anemone × hybrida*）更适合根插，而薰衣草更适合茎插。

***Lavandula stoechas*,**
法国薰衣草

近些年来，科学家们已经开发出微繁殖技术，该技术通过在实验室中刺激分生组织细胞培养物来培育植株。微繁殖技术是一项工业化生产特定植物（如玉簪）的技术，但显然超出了大多数园艺工作者的能力范畴。这种技术的繁殖速度要比分株繁殖快得多，尤其是对于那些生长缓慢的植物，同时它还能实现从一个样本培育出大量新植株的过程。如今，通过这项技术人们已经生产出了许多价廉物美的植物。

营养繁殖与园艺工作者

在栽培过程中，因为营养繁殖可以有效保存有性生殖过程中可能丢失或衰退的目的性状，所以这种方法有时候会很受欢迎，并被广泛应用于园林植物的大规模生产中。

园艺工作者们常常选择营养繁殖只因为这种繁殖方式比从种子培育植物更加简单，对于那些结种很慢或很难产生种子的植物而言更是如此。实际上，有些栽培植物甚至不能产生种子，比如双花玫瑰，它所有的有性生殖部位都因培育特化成了花瓣。这种情况下，营养繁殖就是植物唯一可以进行增殖的方式。

Rosa 'Duc d'Enghien'
"昂吉安公爵月季"

分株繁殖

对于多年生草本植物，分株繁殖是它们最为普遍的营养繁殖方式。在分株繁殖时，植株被扯开或者分开，从而产生两株或者更多的植株。对于园艺工作者而言它是最为简单的方式，因为它不需要特殊的知识储备和除锹或叉之外的特殊工具，只是一些禾草类和竹子的坚韧的根冠可能需要砍断或锯开。

分株繁殖还能够使那些生长欠佳的植物重获生机，这种情况下，原来植株中心的原有结构就会被遗弃。大多数草本植物最适合的是开花后立即进行分株，晚花植物更适合在秋季或来年春季进行分株。

植物吸芽

吸芽是生长时仍连接着母体的幼株或小植株，既可以在地上也可以在地下，它们很容易与母体分离并独立生长。虎耳草、长生草和新西兰麻等植物都有这种能力。最初吸芽自身只有少量的根，依靠母体来获取营养，通常在第一生长季结束时才会形成根系。

一些单子叶植物，比如朱蕉和丝兰，其从根部产生的芽和幼株也被称作吸芽。通过刮去植株基部的土壤，并用锋利的刀切断吸芽与母株的连接，园艺工作者可以对其进行移栽，一般来讲，应优先选择连接根部的吸芽。

朱蕉属植物（例如细叶朱蕉，*C. stricta*）可以利用位于其茎基部由根产生的吸芽进行繁殖。

匍匐茎

匍匐茎是吸芽的一种，通常水平生长，从母株长出并沿着地面蔓延，在节处或茎的先端生出小植株。草莓（*Fragaria × ananassa*）就是一个典型的例子。

如果通过这种方式进行繁殖，你就需要减少匍匐茎上的小植株数量，从而使留下来的长得更加强壮。少而大的植株要优于多而小的植株。用线圈将小植株固定在备好的土壤或者堆肥的小盆中，当植株生长出足够的根之后就切断其与母株的连接。

一些植物利用匍匐茎、根状茎和茎生根（见第二章）来占领大量土地。虎杖（*Fallopia japonica*）的根状茎极具侵略性而且难以根除，这让它成为世界上最“成功”的杂草之一；木贼（*Equisetum*）顽强的根状茎是困扰许多园艺工作者的难题，黑莓（*Rubus fruticosus*）容易生根的茎可以让它能很快占领新的土地。虽然许多植物和园林杂草不断扩张的习性对于园艺工作者而言是一个祸害，但在许多生态系统中，这些植物的根系结构对于防止土壤侵蚀非常重要。例如滨草属植物（*Ammophila*）对于稳定沙丘和防止海岸线退化就很有帮助。

Fragaria × ananassa
草莓

Fallopia japonica
虎杖

嫁接

嫁接是将植物体的一部分移植到另一植株上的过程，这两部分最终会合为一体。嫁接的上半部叫做接穗，下半部叫做砧木。嫁接的手段常常用于那些难以通过其他方式繁殖的植物，也常被苗圃主人用作快速生产植株的方法。

嫁接技术有一个优势，它能结合两种植物的理想特性。选择砧木在于改善植物对土壤的忍耐度和抗虫能力，而选择接穗更注重良好的观赏效果或果实特性。嫁接技术经常运用到果树种植中，此时选择的砧木需要有活力（例如：矮生型或半矮生型），接穗则可以是各种类型的。如果需要，你甚至可以 把“兰蓬王”苹果嫁接到很矮的M27砧木上。嫁接同样也应用于一些果菜类植物，比如番茄和茄子。虽然嫁接不是一项新技术，但通过从苗圃邮购的方式购买嫁接植物的做法还是非常普遍。嫁接植物的优势在于其砧木活力强、对土生害虫及疾病的抗性强，所选择的接穗能结出美味的果实，二者合一就会有更高的产量。

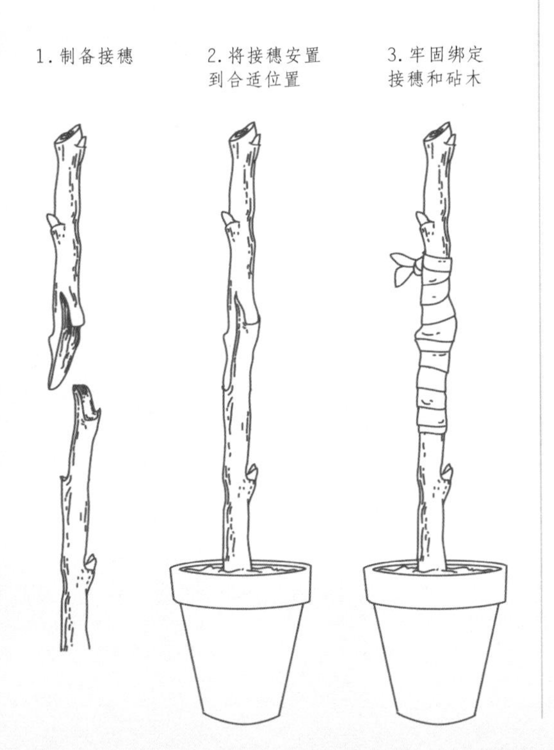

扦插

扦插繁殖是一种经常被园艺工作者们使用的营养繁殖手段。插条是经过适当刺激可以继续生长的部分植物体。植物这种再生特性是为了适应环境机遇而演化产生的。

许多生长在水边的乔木和灌木，例如柳属（*Salix*）植物，可以通过硬枝扦插再生，所用的插条取自冬季成熟且无叶的枝条。硬枝扦插容易操作，插入土壤后顺其自然即可。在野外，严冬、风暴和洪水可能会将水边的枝条扯下并冲走，一些枝条最终将落于远处的岸边，如果能再生，就可以成长为一株植株，进而占领新的领地。

利用一截茎或根种出新植株是一种有效且通用的营养繁殖方式，乔木、灌木、攀援植物、蔷薇、针叶树、多年生草本植物、水果、草药、室内植物以及半耐寒性的多年生草甸植物等都能通过这种方式进行繁殖。通过茎段繁殖的关键在于插条能从不定的细胞发生并形成新的根系。

失水和感染是插条生根前扦插工作面临的两个难题。园艺工作者可以通过减少插条叶面积（如摘掉插条上的少量树叶）、保持插条湿润并置于部分遮阴区来提高扦插的成功率。

学习扦插技术需要时间和经验，从他人和自己的成败中都能获得相关知识。不同物种的扦插有各自的特殊要求，而且个人判断在其中也起着重要的作用。园艺工作者们要知道，在扦插成功之前总会有一些插条死掉，所以每一次扦插都会制作许多插条作为备份。

Hydrangea macrophylla
绣球

提高扦插的生根率

一些植物相对于其他种类更难生根，这时，园艺工作者们可以采用不同的方法使它们加速生根。生根激素粉或凝胶可能会有所帮助，但是这不是神药，也可能毫无作用，过量使用甚至会导致插条死亡。

茎部创伤法对一些难以生根的植物可以起到很好的效果，它是在插条基部切掉薄薄的一层纵向长约 2.5 cm 的树皮，并在创口处蘸上生根激素。

对于如绣球花类叶片较大的植物插条，可以在树叶长度一半的水平位置上将其切断，这样就能够减少叶面积，从而减少水分散失和萎蔫。其他植物进行扦插时更容易生根，其做法就是在主茎上留出一条小段树皮。

插条的常见类型

插条的类型主要有四种——嫩枝插条、绿枝插条、半硬枝插条和硬枝插条。不同类型的插条每年采收的时间不同，这取决于所需的植物材料何时变得可用，因此可以提供插条的枝条也有所不同。

绝大多数插条都是有节的，而且插条的基部就是紧挨着节膨大处切断的。因为节部有较多能形成不定根的细胞和高浓度的促进根系产生的激素，而且这些紧贴节部的组织通常更硬，对真菌类疾病和腐烂的抗性也更强。

嫩枝插条

嫩枝插条取自于茎最幼嫩的部位，在整个生长季都能从生长点连续不断地采收。尽管嫩枝插条能在生长季的任何时间采收，但通常还是在春季采收，因为这使它们有时间在冬季之前完成定植。

嫩枝插条的柔软特性令它成为最难以存活的插条类型。幸运的是，由于嫩枝插条最具年轻和活力，使它成为所有茎插条中最容易生根的类型。

嫩枝插条的快速生长有一个缺点——容易散失大量水分。一旦插条变得萎蔫便再也不能生根，因此对园艺工作者而言，采取预防措施至关重要。只要收集到足够多的材料，就应立刻进行处理：将其密封在潮湿的塑料袋中以保持湿度，在袋中放入湿棉花也可起到同样的作用。

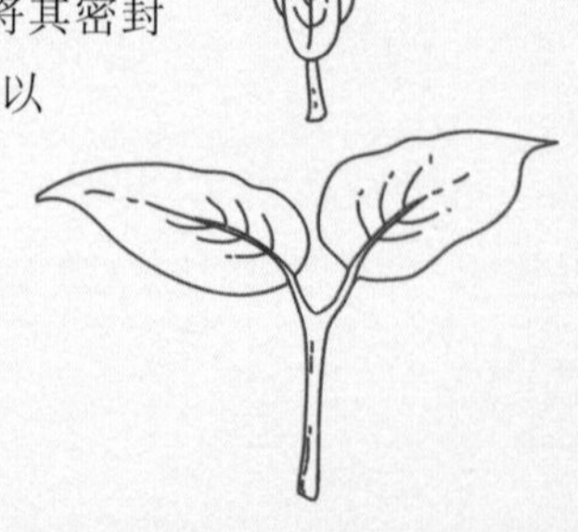

嫩枝插条

绿枝插条

绿枝插条与嫩枝插条相似，但它是在晚些时候从有叶的茎尖采收的，一般是在晚春到仲夏之间。

绿枝插条

半硬枝插条

半硬枝插条应在夏季中期至秋季中期之间采收，此时茎已经开始成熟变硬。半硬枝插条的基部硬化，但尖端仍然幼嫩。半硬枝插条比嫩枝插条更粗更硬，而且营养储备更多，所以要容易存活。但是它们常常有很多叶子，同样面临失水和萎蔫的危险。

半硬枝插条

硬枝插条

硬枝插条没有能腐烂的树叶，而且有大量营养储备，所以它们是最容易存活的插条类型。硬枝插条是一些落叶乔木、灌木、蔷薇和草莓等植物的理想选择。硬枝插条在植物完全休眠时从完全成熟的硬枝上采收。因为硬枝最老且活力最低，所以一般选择生活力表现得最旺盛的枝条。

尽管硬枝插条生根发芽的速度很慢，但成活率往往很高。插条会在 12 个月内生根，然后就能进行盆栽或者移植户外。

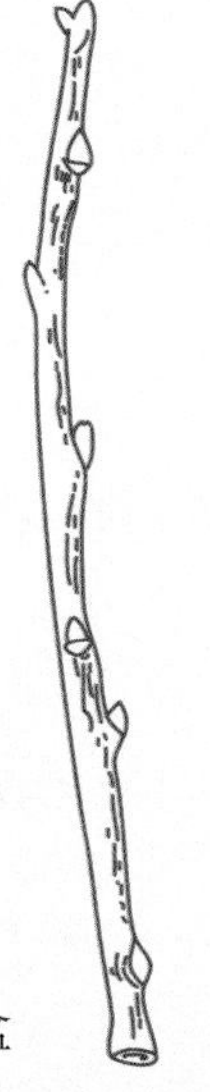

硬枝插条

根插条

根插条只能选取那些可以从根部发出不定芽的植物制作。拥有这种能力的植物要比能进行茎插条的植物少得多，其中包括许多受欢迎的园林植物，如杂交银莲花（*Anemone* x *hybrida*）、火炬树（*Rhus typhina*）、血红老鹳草（*Geranium sanguineum*）和球花报春（*Primula denticulata*）。园艺工作者们可以在晚冬时节切断此类植物而长肉质的根，然后将它们垂直地种在土壤中就可以了。根插条最适宜在冷床中种植。

叶插条

许多植物都能制作叶插条，尤其是一些盆栽植物，如非洲堇属（*Saintpaulia*）植物、虎尾兰（*Sanseveria trifasciata*）和许多秋海棠属植物。少数室外植物也能通过这种方式繁殖，如雪滴花属（*Galanthus*）植物和雪片莲属（*Leucojum*）植物。叶插条需要对叶片进行切割或修整，将部分埋入扦插堆肥中，然后将其置入封闭容器中，放在荫蔽处生根。

Galanthus elwesii
大雪滴花

路德·伯班克

1849—1926

路德·伯班克（Luther Burbank）是美国顶尖的园艺家之一，也是农业和园艺植物育种的先锋人物。他毕生致力于培育和创造新植物，成功地培育出的具有应用价值的水果、花卉和蔬菜新品种比其他任何人都多。伯班克的主要目标之一就是通过操纵植物的性状以增加世界的粮食供应。

伯班克出生在马萨诸塞州的兰开斯特市（Lancaster, Massachusetts）。他在自家的农场上长大，那时他就特别喜欢在他母亲的花园植物里种植植物。相比于玩耍，他对大自然和生物如何生长更感兴趣。伯班克的父亲在他 21 岁的时候去世了，他用父亲的遗产买了 6.9 公顷土地并开始培育马铃薯。正是在这里，他培育出了伯班克马铃薯，通过销售种植权赚了 150 美元，他用这笔钱前往位于加利福尼亚州的圣罗莎（Santa Rosa）。

在圣罗莎，伯班克购买了 1.6 公顷土地作为露天实验室，开展了著名的植物杂交和杂交育种试验，使他在很短的时间内享誉世界。他将国外和本土植物进行了多次杂交，并评估其产生的种苗的价值。通常，这些小苗会被嫁接到发育成熟的植物体上，以便他能够更快地评估它们的杂交性状。几年之内，因为实验规模需要扩大，他在圣罗莎附近购买了更多的土地，形成了后来为人熟知的路德·伯班克金岭实验农场（Luther Burbank's Gold Ridge Experiment Farm）。

在其职业生涯中，伯班克引进了 800 多个植物新品种，其中包括超过 200 种水果（尤其是李子）、许多蔬菜和坚果以及数百种观赏植物。

这些新植物包括一种无刺的仙人掌，可为沙漠地区的牲畜提供饲草，还有李杏——李子和杏之间的杂交种。其他著名的水果例如“圣罗莎”李子（至 20 世纪 60 年代，该品种李子已经占加州商业李子收获量的三分之一以上），名为“伯班克七月的埃尔伯塔”（Burbank July Elberta）的桃，“燃火金”（Flaming Gold）油桃，一种核肉容易分离的桃子，“罗布斯塔”（Robusta）草莓以及一种名为冰山白黑莓或雪堤莓的白色黑莓。

伯班克不只对水果感兴趣，他还引进了大量的观赏植物。其中最著名的大概就是沙斯塔滨菊（*Leucanthemum* x *superbum*），它是由伯班

路德·伯班克是植物育种界的先锋人物，他以引进了 800 余种植物而闻名，许多品种如今仍在种植。

克培育的湖生滨菊（*Leucanthemum lacustre*）和大滨菊（*Leucanthemum maximum*）的杂交种。

伯班克用他自己的名字命名了一些新品种，如“伯班克”美人蕉。还有一些以他名字命名的物种，例如伯班克滨菊（*Chrysanthemum burbankii*），伯班克杨梅（*Myrica* x *burbankii*）和“伯班克”垂花龙葵（*Solanum retroflexum* ‘Burbankii’）。尽管他拥有庞大的育种项目，并推出了众多备受市场青睐的新品种，但伯班克仍然经常受到批评，因为他的方法并不科学。不过，他也有自己的理由——更让他感兴趣的是最终结果而不是纯理论的研究。

伯班克著有或共著有几本有趣的书，书中着重讲述了他的工作，使得人们有机会深入了解伯班克本人和他所承担的艰巨任务。例如8卷本《如何培育植物以造福人类——这些年的收获》（*How Plants Are Trained to Work for Man, Harvest of the Years*）和12卷本《路德·伯班克：他的方法和发现及其实际应用》（*Luther Burbank: His Methods and Discoveries and Their Practical Application*）。

伯班克留下了一份神话般的遗产，不仅仅是他所创造的新植物。1930年，美国的植物专利法（USA’s Plant Patent Act）获得通过，这是一部可以让育种者为植物新品种注册专利的法律，其通过很大程度上归功于伯班克的成果。路德·伯班克在圣罗莎的家和花园，成为了一个国家历史地标（National Historic Landmark），而金岭实验农场也被列入国家历史名胜名录（National Register of Historic Places）。1986年他入选全国发明家名人堂（National Inventors Hall of Fame）。在加利福尼亚州，人们会把他的生日当做植树节来庆祝，种植树木以做纪念。

Prunus domestica
欧洲李

由阿洛伊斯·伦塞（Alois Lunzer）描绘李子品种的插图，分别为“丰富”“伯班克”“德国紫”和“十月紫”。

黄褐色伯班克马铃薯（Russet Burbank potato）源自伯班克的最初一个马铃薯品种。这种土豆拥有黄褐色的外皮，是食品加工中使用的主要马铃薯品种，常用于制作快餐店里的炸薯条。它被出口到爱尔兰以帮助爱尔兰人从大饥荒中恢复过来。

当引用植物学名时，以他为命名人的标准缩写为“Burbank”。

“我把人性视为一株庞大的植物，若想实现它的最高成就，只需要有爱，大自然的祝福以及精妙地杂交和选择。”

路德·伯班克

有性繁殖

一个物种的成功演化需要确保有利的遗传性状的保留（如花大）与新的变异的产生之间处于一种平衡状态，这种平衡对于需要适应易变环境的植物而言必不可少。

有性繁殖会产生一定程度的变异，正如通过这种方式产生的后代往往会综合表现出遗传自双亲的性状。植物生长过程中也有可能出现突变，而且一旦这些突变遗传到下一代就会产生高度的变异。

如第二章所讨论的那样，有花植物的有性繁殖只能通过雄性花粉传递到雌性柱头上完成，该过程被称作传粉。随后，花粉萌发产生花粉管，沿着花柱生长，直至与卵细胞结合受精形成胚。

传粉

花粉的传递常常依靠风或动物完成，这些机制都是数百万年来植物不断适应环境而进化出来的。不同植物的传粉方式各不相同，可谓千变万化。

因为花朵上会表现出不同的特点，所以我们很容易就能区分出一朵花究竟是靠风传粉还是依靠动物传粉。例如，风媒传粉的花通常很不起眼，它们只有裸露的花药和柱头。而依靠动物传粉的花通常很艳丽，利用颜色、气味及花蜜来吸引和回报传粉者。

依靠动物传粉的花朵的花瓣上有时候会有引导传粉者找到蜜源或花粉的图案叫做蜜导。这些蜜导可能只有在紫外光照射下才能被我们看到，也就是说蜜导可能仅对昆虫可见。气味是另一种有效的引诱剂，因为它可以传播很远的距离，所以为了吸引传粉者，许多冬季开花的植物会开出很香的花，而且这种花香在一年中的这个时候是很少有的。一些花依靠例如蝙蝠和飞蛾等夜间活动的动物传粉，它们很可能十分难闻，而且并不是很艳丽。

相比较而言，风媒传粉的花外表要低调很多，而且一般非常小。禾本科植物就是一个风媒传粉的完美例子。不过，也有一些像桦树（*Betula*）和榛子（*Corylus*）等树木通过柔荑花序向空中释放花粉。这些树释放出大量微小、重量轻且不黏结的花粉，即使是最

Betula alnoides
西桦

桦树产生满载着花粉的柔荑花序，即使是一丝微风也能将花粉带到雌花的柱头上。

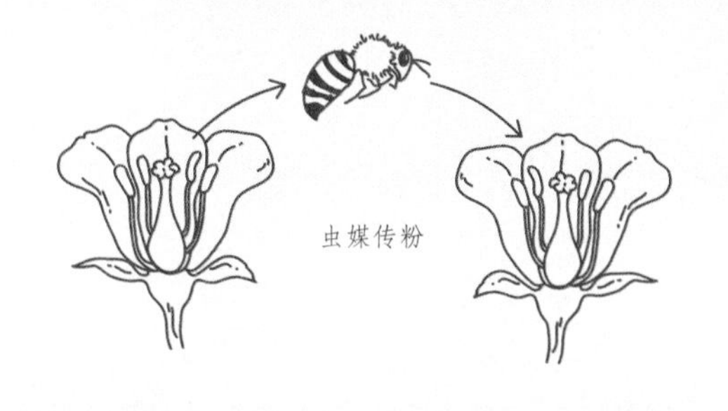

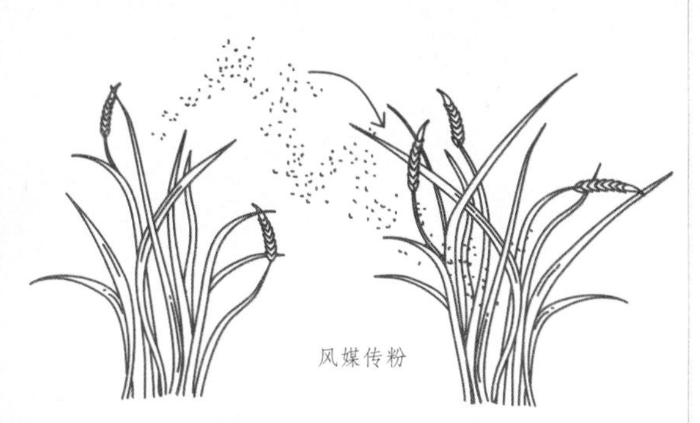

在有性繁殖过程中，花粉既可以由传粉者主动传播，也可由气流被动传播。

轻柔的微风也能把它们带走（传粉的这段时间对于花粉过敏患者而言往往非常难熬）。能够捕获这些被风带来的花粉的雌蕊都比较长，带有羽毛状的黏黏的柱头。

一般认为，风媒传粉的乔木和灌木在没有树叶的时候释放花粉是因为此时树叶不会妨碍花粉的传播。尽管风媒植物的单个花粉粒很小，营养价值也比较低，但是一些昆虫在缺乏其他花粉来源的时候也会收集它们。

特殊的传粉方式

一些高度进化的花非常特殊，其花药和柱头都被隐藏着，只有大小、形状合适，习性相符的传粉者才能接触到。蜂类传粉大概是现在研究得最为透彻的传粉案例，如毛地黄（*Digitalis*）或蓝铃花（*Hyacinthoides non-scripta*）的蜂媒传粉。

像毛茛属（*Ranunculus*）植物那样的原始类型的花朵对任何到访者都没有限制，因此能吸引到各种各样的广食性传粉者。这类花往往会制造出大量花粉，大部分会被浪费掉。

最为特殊的花只会吸引单一种类的传粉者。因为这类花只需要制造少量花粉，而且花粉到达同种植物柱头上的机会更高，所以它们的传粉更有效率。其弊端是这些植物对传粉者的消失格外敏感，而这些传粉者很可能会因为环境的变化而离去。

土蜂兰（*Ophrys speculum*）就是一个这样的例子。它的花看上去很像雌蜂，甚至还会散发出与雌蜂相似的信息素（化学信号）来引诱雄蜂与花朵交配，从而完成传粉。塞浦路斯蜂兰（*Ophrys kotschyi*）所采用的这种传粉方式特化程度很高，以至于只有一种蜜蜂为它传粉。在这种情况下，植物虽然并没有因为奖励传粉者而浪费资源，但这种策略风险很高。

通过拟态吸引传粉者的现象在许多花

Ranunculus asiaticus
花毛茛

中都能看到。但最令人作呕的要数生长在科西嘉岛和撒丁岛海鸥聚集地附近的腐蝇芋（*Helicodiceros muscivorus*）了。它那硕大、灰粉色的佛焰苞外形像腐肉一样，散发的气味同样令人作呕。腐蝇芋会在海鸥的繁殖季节开花，此时海鸥聚集地遍布着死去的小海鸥、腐烂的海鸥蛋、粪便残渣和没被吃掉的鱼的残渣。数百万的苍蝇被吸引到这些腐物上，腐蝇芋借此机会利用自己的花欺骗了许多苍蝇来为它们的花传粉。花园中采用相似方式来传粉的臭味植物还有斑点疆南星（*Arum maculatum*）、龙木芋（*Dracunculus vulgaris*）和沼芋（*Lysichiton americanus*）。

Dracunculus vulgaris
龙木芋

龙木芋的花会产生类似腐肉的气味以吸引传粉苍蝇。

Viola riviniana
里文堇菜

异花授粉和自花授粉

读者们可能会问这样一个简单的问题：花为什么不给自己授粉呢？因为同一朵花的花药和柱头相距很近，所以自己授粉的情况肯定一直都会发生，从而使它们被来自其他植株上的花授粉（异花授粉）的企图化为泡影。

答案是花的这种给自己授粉的方式确实存在，称为自花授粉。自花授粉可能发生在同一植株的两朵花之间，也可能是发生在同一朵花内。更为聪明的是，植物已经进化出相应的机制，可以控制自身究竟进行异花授粉还是自花授粉了。

例如，如果植物的花一直闭合着，那么花粉便不可能离开花朵，只能落在自己的柱头上，这样就能保证不出现异花授粉，这种情况在里文堇菜（*Viola riviniana*）中时有发生。

当然，因为植物并不会有意识地

“思考”，所以它们不能主动作出这些决定。植物所采取的策略是它所处环境与自身生理机能相互作用而产生的复杂结果。例如好望角凤仙花（*Impatiens capensis*）为了应对过度放牧造成的后果，采取了闭花自花授粉的策略。

如果在花完全成熟之前已经完成了授粉，那么也不可能是异花授粉。救荒野豌豆（*Vicia sativa*）的授粉过程就发生在花蕾时期。这种现象在豆类植物中十分普遍，这也是它们极少出现杂合的 F1 子代的原因。

在一些花中，花药和柱头生长在不同的位置上，不会轻易地接触到对方，从而降低了自花授粉的几率。报春花属（*Primula*）的许多植物都有两种不同类型的花：长柱花和短柱花。长柱花的花柱凸出，花药则藏身于花冠管之内。与之相反的是，短柱花的花药外露，花柱较短，位于花冠管的基部。两种不同类型的花有利于昆虫将一种类型的花的花粉传递到另一类型的花的柱头上，极大地提高了异花授粉的比例。肺草属（*Pulmonaria*）植物中也有长柱花和短柱花两种类型的花。

一些植物还有雌雄两种性别。比如枸骨叶冬青（*Ilex aquifolium*）的大多数栽培品种要么只有雄花，要么只有雌花。这类植物被称为雌雄异株的植物。只有雌雄异株的植物才能确保只进行异花授粉。

同一朵花的雌雄部位也可能在不同时间成熟，以此促进异花授粉。在毛地黄（*Digitalis purpurea*）中，一株植物的花药在柱头能够接纳花粉之前就已经成熟，但其他植株可能是柱头先于花药成熟。

毛地黄的花朵聚集成竖直的尖塔状花序，其下部的花朵最先成熟。谁不曾享受过观察蜜蜂由下至上一朵一朵地搜寻花蜜的美好时光呢？蜜蜂由下至上地搜寻花朵，它们最先到访的是最成熟的花朵（其柱头具有接受花粉的能力），然后慢慢移动到上方产有花粉的花朵。花粉就这样沾到了蜜蜂身上，当蜜蜂搜寻完最上方的花之后，它们就会飞到其他植株上。蜜蜂飞抵的第一朵花仍然位于另一植株花序的底部，这样花粉便被成功地接收，异花授粉得以实现。

常见的草坪杂草车前属（*Plantago*）植物具有微小的、风媒传粉的花，它们也有与毛地黄相近的成熟方式，只是车前的花是由上至下成熟的。因为花粉主要集中在每个花序底部的花朵上，而成熟花柱都位于花序的上部，所以花粉落在同一植株的成熟花柱上的概率就比较小。这些花粉粒主要还是随风飘走，为其他植株进行授粉。

Ilex aquifolium
枸骨叶冬青

自交不亲和性

种植果树的园艺工作者们可能会对自交不亲和性及授粉群的问题很感兴趣。特别是种植苹果树时应注意这个问题，建议要种植苹果树的人，如果想收获苹果，那么就再种上另一棵与它处于同一授粉群的苹果树。

这么做的原因就是自交不亲和性。有时候一朵花的花粉落到另一朵花的柱头上还远远不够——就算它们是同一物种也不行。这很可能是亲和性问题，对于大多数苹果而言，自交不亲和是主要问题，就算来自同一植株的花粉也不能给自己的花受精。这种情况下，可能确实发生了授粉作用，但一旦试图受精成胚，就会出现不亲和的问题。在可可（*Theobroma cacao*）中，虽然雌花实际上已经受精，但很快便会夭折，究其原因就是不亲和性。

Theobroma cacao
可可

因为这个原因，依据开花时间和亲和性，苹果树、樱桃树、梨树、李子树、西洋李子树和梅子树都被归为各自的授粉群中。一些自交亲和的特殊品种只需种植一种树就能成功结出果实，例如维多利亚李子。园艺工作者们在规划果园时必须要考虑到授粉群的问题。

花粉的形成

每一个雄蕊都由一个花药（常二裂）和一根花丝组成，花药中的花粉囊产生花粉，花丝则含有连接花药和花的其他部位的维管组织。

每一个花粉囊中，花粉母细胞通过减数分裂（见第三章）形成单倍体的花粉粒细胞。每个花粉粒细胞都有一层厚厚的、具有物种特性纹饰的花粉壁——科学家们通常能在电子显微镜下利用花粉粒的纹饰分辨出不同物种。因为花粉粒能在土壤中保存数千年，所以科学家们通过研究各土壤层的花粉组分就能推测出植物群的变化历程。

随后，花粉粒细胞经过有丝分裂形成一个营养核和一个生殖核。此时的花粉粒中的结构就是第一章中所提到的雄配子体。在有

园艺小贴士

在电子显微镜下，科学家们可以通过花粉粒的表面纹饰区分不同物种。花粉粒可以在土壤中保存数千年之久，通过研究不同层次的土壤中的花粉成分，科学家们就能了解到随着时代变迁该地区的植物区系的变化情况。

花植物中它们已经退化得极小，仅有两个小小的单倍体细胞。

胚珠与胚的发育

每个雌蕊由至少一个柱头、花柱和子房组成。在一个子房中，会发育有一个或多个胚珠，每一个胚珠都由一个叫做珠柄的短柄连在子房壁上，连接的部位称为胎座。胚珠需要的水分和营养都依靠珠柄运输。

胚珠的主体便是由珠被包裹和保护的珠心。大孢子母细胞就在珠心中发育形成成熟的胚囊。大孢子母细胞减数分裂后，仅有一个单倍体细胞能继续发育变成成熟的胚囊。

单倍体胚囊生长发育所需要的营养由珠心提供，并通过有丝分裂进一步分裂成为七细胞八核的结构，这便是雌配子体。其中一个核是卵细胞核，另外还有一个融合的二倍体极核。

胚的受精作用

花药壁细胞在花粉粒形成后不久便开始干燥收缩，以便于在花药裂开时花粉囊能够突然打开。花粉粒随即得到释放并与可授粉的柱头结合。

具有授粉能力的柱头会很黏，可以黏住所有经过的花粉，无论它们是被风吹来的还是由传粉动物带来的。花粉外壁上的蛋白质和柱头表面的蛋白质之间的相互作用能够识别花粉粒与柱头的亲和性。如果亲和，花粉就会很快萌发长出花粉管，并通过花柱到达子房。

花粉管的生长由营养核控制，同时它分泌的消化酶让它能够进入花柱。在花粉管生长的同时，生殖核经过有丝分裂成为两个雄配子。最终，花粉管会延伸进入胚囊，营养核退化，两个雄配子则通过花粉管进入胚囊。

其中一个雄配子与卵细胞融合，另一个雄配子与二倍体极核一起形成胚乳核，胚乳核最终发育成种子储存营养的结构——胚乳（见第二章）。这种有花植物特有的受精方式称为双受精，最终得到初步的胚和胚乳。第五章会对胚发育进行进一步的讨论。

无融合生殖——无性的种子

一些种类的植物能不经过受精就得到可育的种子。这种现象称为无融合生殖，这种生殖方式既有无性繁殖的特点也有种子的传播机会。花楸属（*Sorbus*）植物都是单性生殖的，这使其在野外的种群大多规模很小且比较孤立。这种现象也意味着园艺工作者能够从种子培育出没有变异的特定品种。蒲公英属（*Taraxacum*）植物也是一个无融合生殖的例子。

Sorbus intermedia
间型花楸

弗朗茨·安德烈亚斯·鲍尔
(1758—1840)
费迪南德·卢卡斯·鲍尔
(1760—1826)

弗朗茨·安德烈亚斯·鲍尔和费迪南德·卢卡斯·鲍尔这两兄弟都是技艺精湛的植物画家，但弗朗茨的名望略不及他见多识广、名声在外的弟弟。他们出生在摩拉维亚市（Moravia）的菲尔德镇（Feldsberg），现位于捷克共和国的瓦尔季采省（Valtice），弗朗茨和费迪南德先后于1758年和1760年出生，他们的父亲是列支敦士登王子的宫廷画家，因此他们从小就接受了艺术和绘画的熏陶。

在费迪南德出生一年之后，他们的父亲就去世了。两兄弟由菲尔德修道院院长诺伯特·博奇乌斯（Norbert Boccius）托管，他同时也是一名医生和植物学家。两兄弟记录了修道院花园中所有的植物和花卉，并绘制了2 700多张植物标本水彩画。他们的作品为一部14卷的巨著——《列支敦士登植物志》作插图。在博奇乌斯的指导下，费迪南德表现最为出众，成为了一位敏锐的观察者和自然爱好者。

1780年，弗朗茨和费迪南德前往维也纳为尼古劳斯·约瑟夫·冯·雅坎男爵（Baron Nikolaus Joseph von Jacquin）工作。他是著名的植物学家、艺术家，并担任美泉宫皇家植物园园长和维也纳大学的植物学、化学教授。在那里，两兄弟学习了林奈分类系统以及利用显微镜来记录精密细节，完善了其作为植物插画家的专业技能并专注于对植物进行精确细致的观察。他们格外地关注细节，这一点在后来成为了他们的风格标志。两兄弟的职业生涯随后分道扬镳。

弗朗茨·安德烈亚斯·鲍尔（上图）及其弟费迪南德毕生致力于为植物书籍和标本收藏绘制插图。

1788年，哥哥弗朗茨前往英国，定居在邱园并在那里度过了余生。他曾为英国皇家植物园邱园工作超过40年并被约瑟夫·胡克爵士尊称为“植物画圣”。来自世界各地的新发现的植物被引入邱园种植，并首次用科学的方式进行研究，因此他的插图具有极大的科学价值。与他的弟弟不同，他不想去旅行，而是对他所研究的植物和科学更感兴趣。

弗朗茨当选为林奈学会的资深会员，并成为英国皇家学会院士。1840年，他在邱园去世。

费迪南德后来成为两兄弟中更出名的一位植物画家。他同植物学家和探险家一道，在自然栖息地和当地的自然历史环境中用画笔记录下植物。

1784年，费迪南德陪同植

Erica massonii
玛氏欧石楠

这是弗朗茨·鲍尔在《外来植物图鉴》（*Delineations of Exotick Plant*）一书中的插图，该植物在培育英国皇家植物园邱园，此图根据林奈的分类系统展示其植物学性状。

物学家、牛津大学教授约翰·希布索普（John Sibthorpe）前往希腊旅行。《希腊植物志》随后出版，书中希腊植物的精美插图均为费迪南德所绘。

随后，费迪南德搭乘英国皇家海军“调查者”号（HMS Investigator）前往澳大利亚。与他同行的还有罗伯特·布朗（Robert Brown），他是约瑟夫·班克斯爵士（Sir Joseph Banks）推荐的植物学家和植物绘图员。航行过程中，费迪南德绘制了 1 300 余份发现和采集到的动植物绘画。他的彩色画作展示了澳大利亚动植物的奇观，一些画作以版画的形式发表在了《新霍兰迪亚植物图谱》上（*Illustrationes Florae Novae Hollandiae*），这是对澳洲大陆自然史的第一份详细介绍。

当英国皇家海军“调查者”号起航返回英国时，费迪南德留在了悉尼并参加了对新南威尔士州（New South Wales）和诺福克岛（Norfolk Island）的进一步考察。

1814 年，费迪南德回到了奥地利并继续为许多英文出版物工作，包括艾尔默·伯克·兰伯特（Aylmer Bourke Lambert）的《松属植物描述》（*A Description of the Genus Pinus*）以及约翰·林德利（John Lindley）所作的《毛地黄属专著》（*Digitalis*）的插图。他住在美泉宫植物园附近，平时主要绘画和在奥地利的阿尔卑斯山远足。他于 1826 年去世。

一些澳大利亚的植物以费迪南德·鲍尔命名，鲍尔木属（Bauera）和澳大利亚海岸上鲍尔角（Cape Bauer）是以他的名字命名的。

当引用植物学名时，以他为命名人的标准缩写为“F.L.Bauer”。

Thapsia garganica
毒胡萝卜

图片引自《希腊植物志》（*Flora Graeca*），这是费迪南德·鲍尔众多杰出作品中的一部。

植物育种——栽培中的进化

无论是在栽培条件下还是在自然环境中，植物的进化机制都是相同的，唯一的不同在于其所承受的选择压力不同。例如在自然环境中，表现出不良性状的植物会很快死去——这个过程被称为自然选择或“适者生存”。但在栽培条件下，植物育种者们仅选出具有理想性状的植物——剩下的则会在人工选择过程中被淘汰掉。

植物选择

植物育种的起源可以追溯到距今约10 000年前的原始农业时期，这个时期狩猎采集者们从野外收集农作物。

彼时，人类居无定所，跟随动物（当时人类的主要食物来源）迁徙并从植物上采集食物。狗、猪和羊是最先被人类有效控制并驯化的动物，这使得早期人类的生活方式从游牧转变为半游牧生活。早期的农民发现一些植物能够被储存起来，还可以通过种子再次种出来，这对于他们而言非常有用。

岁月流逝，农民们也从积累的经验中不断学习，他们种植的农作物的种类大大扩增了，于是他们便开始从这些作物中挑选出最好的一批在下一个生长季进行种植。就这样，缓慢但循序渐进的作物改良工作开始了。

经过几千年的精心培育，现在的一些农作物已经与它们的祖先相差甚远，例如马铃薯（*Solanum tuberosum*）和玉米（*Zea mays*）。这些农作物的栽培品种只能在人造环境中生存，并且已经无法在野外存活了。然而，另外一些农作物却与它们的野生近亲相差无几，例如可可（*Theobroma cacao*）和韭葱（*Allium porrum*）。还有一些农作物已经被主流栽培淘汰，例如一度备受追捧的豆类作物红豆草（*Onobrychis viciifolia*）。

由于乔木和灌木需要很长一段时间才能成熟，而许多游牧或半游牧部落并不会在某地长期停留，也就无法将其当做作物种植，所以乔木和灌木（许多水果）作物都是在人类的居住地相对稳定时才被栽培的。在西亚

Zea mays
玉米

Vitis vinifera
葡萄

发现的位于天然苹果林和梨树林附近的定居点暗示出这里便是人类历史上第一个果园。因为人类砍掉森林里的树木用作燃料和建筑材料，所以只有产量最高的树才能幸存。

观赏农业，也就是所说的园艺，其萌芽直到比较近代的时期才出现。最初的园艺师也用到了相同的选择技巧，只是相比于植物的产量，园艺师更看重植物的观赏价值。像无花果、橄榄和葡萄一类的作物明显是最初花园的选择，如今已经被驯化成了价值很高的作物。大多数的这类作物已经被赋予了某种宗教或者文化内涵，这种内涵让它们延伸为为数不多的精选的非作物观赏植物，比如玫瑰、紫杉和月桂。一些植物被驯化的原因可能仅仅是因为它们容易种植或能提供树荫和庇护。经过育种者的培育，早在公元1200年，就已经出现了五种观赏玫瑰：白玫瑰、百叶玫瑰、大马士革玫瑰、法国玫瑰和苏格兰玫瑰。

15至18世纪，新大陆的发现使许多的新植物被引进栽培业。像玉米和甜玉米（*Zea mays*）一类的植物现在已经成为全球重要商品，处于植物育种研究的前沿，还有一些植物成为了优良的园艺植物，比如绯红茶藨子（*Ribes sanguineum*）。

植物猎人走遍世界各地去寻找新的物种，它们被妥善地运回故土，拆封、繁殖传播。随着世界变得越来越小，植物猎人的工作也变得更加紧张化和局地化。但人们通过走南闯北的旅行带回新植物的方式仍延续至今，比如来自威尔士克鲁格农场的布莱登和苏珊·永利·琼斯，他们引进了许多新的花园植物，特别是来自亚洲的种类。

虽然新发现的植物要过一段时间才能得到园艺工作者的普遍认可，但它们的确大大增多了植物育种者们可利用的材料。例如，刚出现在市场上的铁筷子的新品种贝尔彻铁筷子（*Helleborus × belcheri*），就是由已经长期栽培的黑铁筷子（*H. niger*）和刚引进的铁筷子（*H. thibetanus*）杂交得到的。

植物育种这门科学直至今日一直在快速发展。生活在农业高度发达的时代，我们十分幸运，那些品类繁多的水果和蔬菜可谓信手拈来。皇家园艺学会最新列出了当前种植的多达75 000种观赏植物的清单——而这些仅仅是在英国可以种植的观赏植物。

现代植物育种

选择育种在植物育种中仍然占有重要地位，不过这一过程很缓慢，有时候需要花费十来年才能将一个新品种投入市场。选择育种通常包括三个步骤：选择、淘汰和比较。

首先，需要从待选择的种群中挑选出一些有发展潜能的植株，它们一般都表现出极大地变异性。这些挑选出来的植株出于观赏目的进行种植，经过几年种植在不同的环境中，表现最差的植株会被淘汰掉。最终留下来的植株要与已存在的品种进行比较，以确定其哪些性状得到了改善。

有时选择育种的过程会更多。眼尖的植物育种者们能一眼分辨出究竟是自然突变还是变异，然后利用营养繁殖的方式进行增殖并用以观察和测验。园艺工作者已经通过这种方式获得了爱尔兰红豆杉（*Taxus baccata* 'Fastigiata'），它具有明显笔直的外形；还有油桃（*Prunus persica* var. *nectarina*）——其本质上就是无毛的桃子。

杂交育种

带着将两种不同植物的理想性状综合在一起的目的，如今通过异花授粉进行杂交育种已成为常用的一种植物育种技术。杂交育种的原理基于 17 世纪的观察发现，当时的人们首次揭示了花的性功能。然而直到 19 世纪，植物育种者们才开始利用植物的这个特性培育植物。

在这之前，原始的杂交繁殖仅是将两个不同品种植物在花朵盛开的时候放在一起。人们都知道，只要有这个机会，放在一起的植株就能杂交繁殖，结出遗传有亲本双方特性的种子。当新发现的来自中国的月季引入欧洲后，人们将它与花园中原有的玫瑰进行杂交，由此诞生了第一种现代重瓣玫瑰。我们所了解的关于植物遗传与基因的知识最早由孟德尔在 19 世纪下半叶提出，这给杂交技术带来了巨大影响。园艺界有许多著名的杂交育种家，比如引进了双花铁筷子的伊丽莎白·斯特兰曼（Elizabeth Strangman）以及最早成功杂交牡丹和芍药，培育出牡丹育种史上著名的伊藤氏牡丹的日本育种家伊藤东一（Toichi Itoh）。

农业中的现代杂交技术在 20 世纪中期的“绿色革命”时达到巅峰。凭借着高产作物品种与现代农药、化肥和管理技术的一同发展，这场革命从饥饿中拯救了数十亿人，并使得世界人口增长到空前水平。

Rosa chinensis
月季

植物育种中的 F1 代杂种

杂交的第一步就是确保每个亲本植株尽可能“纯”，也就是表现出的遗传变异越少越好。因为这种植株通常是通过连续几代的自花授粉得到的，因此它们是近亲交配的结果。

一旦得到两个纯种品系的植物，就可以开始第二步异花授粉。然后在它们的后代中挑选结合了双方理想性状的植株。非理想性状也可以通过与双亲之一的反复回交去除。

这种条件下，植株的授粉需要加以控制。如果任其在室外开放式地传粉，就像自然状态下那样，那么花粉的来源将得不到保证，花粉可能来自任何地方。这样产出的后代可能会变异很大。

杂交工作者面临的最大挑战之一就是需要避免来自其他品系的花粉。如果已知某种植物的花粉只能短距离传播，那么就可以将亲本植株种植地与其他植株的种植地隔离开

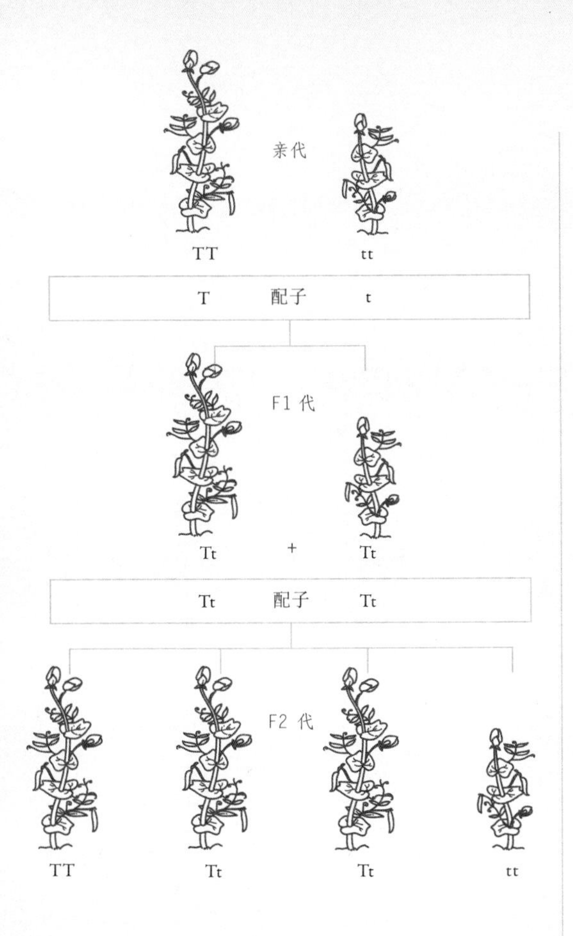

来。或者可以在温室或塑料大棚中为亲本植株进行授粉，也可以用塑料袋或圆顶罩子封住花朵，成熟后进行小规模的人工授粉。这些就是所谓的封闭式授粉。

杂交育种得到的第一代被称作 F1 代。不加强调的“后代”一词通常都指的是 F1 代。F1 代表着子一代，即第一个杂交后代。通过精心控制的异花授粉得到的杂交 F1 代常常有着新奇独特的性状，而且其平均大小、重量和产量水平都更高。因为培育 F1 代需要花费大量金钱和几年的时间，所以得到的 F1 代种子比开放授粉得到的种子更加昂贵。F1 代种子的缺点是它未经纯育，由 F1 代植株产生的种子无法保证同等水平的一致性。它们的种子常常不值得储存和播种。

强化育种

随着知识的积累和技术的改进，育种者们已经找出了提升育种速度、精度和广度的方法。包括平行地在北半球和南半球开展植物选择育种工作（这使得每年能繁殖两代）以及在人工培养房中培育植物。

更近期的实验室技术的进一步发展让育种者能在单个细胞水平和染色体水平进行操作。科学家们利用转基因技术和基因工程手段可以将新的基因片段插入到现有植物的 DNA 中，以增强植物的抗病性、提高植物产量或者是让植物能抵抗特定的除草剂，这样便可以更容易地除去杂草。

迄今为止，并没有多少驱使人们通过转基因技术来培育新的观赏植物的动力。大多数转基因工作还是集中在世界性的农作物上，如玉米（*Zea mays*）、西红柿（*Solanum lycopersicum*）和小麦（*Triticum aestivum*）。

突变和芽变

像之前提到的一样，一些植物会产生自然突变或变异，这些突变和变异有可能被育种家用作培育新品种的基本材料。由于自发突变和异常增长而得到的新植物被称作芽变。此类突变材料既可以是自然产生的（如油桃），也可以是人工诱导产生的，后者通常是将植物暴露在化学物质或辐射中以诱导突变产生。

20 世纪 50 年代，人们利用辐射诱导突变，培育出一种能够抵抗黄萎病的欧洲薄荷（*Mentha × piperita*）尽管一段时间之后它才进入市场。许多萱草属植物（*Hemerocallis*）的现代品种就是通过化学物质诱导植物染色体数目加倍得到的。利用这种方法得到的栽培品种变为四倍体，它们的花朵通常更大、产花更多。

Syringa vulgaris
欧丁香

第五章

生命之初

The Beginning of Life

从种子开始种植植物是园艺中最令人满意的方法之一——这样可以看到从种子萌发到成熟植株再次结实的整个过程。

对植物本身而言，种子是其生活史中很重要的一个部分，它不仅是有性生殖的最终结果，能保证植物代代相传，还能在不利环境下起到保护作用。对园艺工作者而言，种子为批量种植植物提供了一种经济实惠的方式，特别是种植一年生的花坛植物和许多多年生草本植物。当然，所有的一年生蔬菜作物也都是从种子种植出来的。除此之外，还可以直接从自己培养的植物上收集种子，这可是一个免费的种子源。想要进一步了解种子，可以翻阅第 74—78 页及第 110—115 页。

种子和果实的发育

从受精作用（见第 115 页）完成那一刻起，子房便会逐步发育成果实而其内的胚珠则发育成种子。随着胚胎开始形成，这两个结构也开始发育了。种子由胚（幼小的植物体）、包裹着胚的种皮以及胚乳（为胚储存营养物质）构成。胚通过细胞分裂（有丝分裂）不断增殖，随着胚的成熟会形成最初的芽（胚芽）、最初的根（胚根）以及种子的叶子（子叶）。

禾草类植物的选择

除了胚乳，子叶不仅能发育成幼苗的第一片叶子，还有储存营养物质的作用（见第 75 页）。单子叶植物只有一片子叶，双子叶植物有两片（见第 28 页）。

Ricinus communis
蓖麻

受精极核经历多次有丝分裂成为胚乳，胚乳其实就是大量储存营养的薄壁细胞。营养物质主要以淀粉的形式储存，但也有一些物种的营养物质主要成分是油脂和蛋白质。如蓖麻（*Ricinus communis*）的种子富含油脂，小麦属植物（*Triticum*）的种子既富含蛋白质也富含淀粉。我们食用的面粉就是由小麦的胚乳磨制而成的。

随着种子成熟，种皮也变得成熟，子房也随之发育成了成熟的果实。在浆果和核果中，子房壁发育成肉质果皮，不仅能保护种子，还可以帮助种子传播。种子发育的最后阶段就是将含水量从 90% 左右大幅降至 10%～15%。新陈代谢是种子休眠时必不可少的环节，减少水分可以大大降低种子的代谢速率。

种子的休眠

大多数植物的种子在成熟过程中都会发生一系列变化，以此确保种子不会过早地萌发，这个过程被称为休眠。休眠是植物的一种生存策略，不仅为种子的传播扩散争取了时间，还能促使种子在最理想的环境条件下萌发。比如许多在夏季或秋季产生的种子，如果它们在冬季来临之前就已经发芽，那么很可能会被冻死，所以这种能保证种子在春季萌发的机制还是很有必要的。

一些种子的确可以休眠很长时间，但另一些则不行。园艺工作者们可能会对种子包装上的有效期限感到困惑，但这些有效期的长短反映出了种子的预期寿命。超出这一有效期限期之后，一些种子的胚已经不再具有活力了。许多园艺工作者可能也听说过这样一句谚语——“一年的种子七年的草”，这其实是在说许多植物种子都会埋在土中处于休眠状态，直到土壤被扰动时才会打破休眠。狭叶蝇子草（*Silene stenophylla*）的种子被埋在永久冻土中，这些被挖掘出来并成功发芽的种子据估计已超过三万一千年了。

无论是胚内还是胚外的因素都有可能导致休眠，这两种因素综合作用的情况也不罕见，比如许多鸢尾属植物的种子就表现出生理性和机械性的混合休眠特性。

生理休眠

生理休眠的种子直到胚内的化学物质发生变化时才会萌发。有时，种子内部如脱落酸之类的化学抑制剂会抑制胚生长，使其不足以突破种皮完成萌发。有些种子对冷和热敏感，属于热休眠；其他种子则表现出光休眠或具光敏性。

形态休眠

形态休眠见于传播期间胚还未发育成熟的种子。形态休眠的种子直到胚胎发育完全后才会开始萌发，这导致了种子萌发的延迟。有时候种子休眠还会进一步受到环境中水分和温度的影响。

Lathyrus odoratus
香豌豆

物理休眠

当种子不透水或者不能进行气体交换时就会发生物理休眠。蝶形花科植物是物理休眠的典型实例，它们的种子含水量很低，而且种皮阻止了水分的渗透。香豌豆（*Lathyrus odoratus*）的萌发实验表明切开或剥去种皮能使物理休眠的种子恢复吸收水分的能力。

机械和化学休眠

机械休眠是由于种子的种皮或其他遮盖物太过坚硬，以至于胚胎萌发时无法突破其束缚。化学休眠则由胚外保护结构中的生长调节剂和其他化学物质调控。这些化学物质可以被雨水或融化的雪水洗掉。园艺工作者们可以通过清洗或浸泡种子来模拟这些条件。

种子的萌发

萌发是从胚胎开始生长（一般在休眠之后）到长出第一片叶子的过程。种子的萌发必须满足三个基本条件：胚具活力、打破了休眠以及合适的环境条件。

然而，环境条件随时都有可能发生改变。如果所有种子都同时发芽了，那么在这段脆弱的时期里，它们很可能会因为天气的突变而全部死亡。于是，许多植物出于保险起见都采取一种聪明的适应对策，那便是让种子交错萌发。这样，就有一部分种子在达到萌发条件后并不立即萌发，而是稍后再萌发。

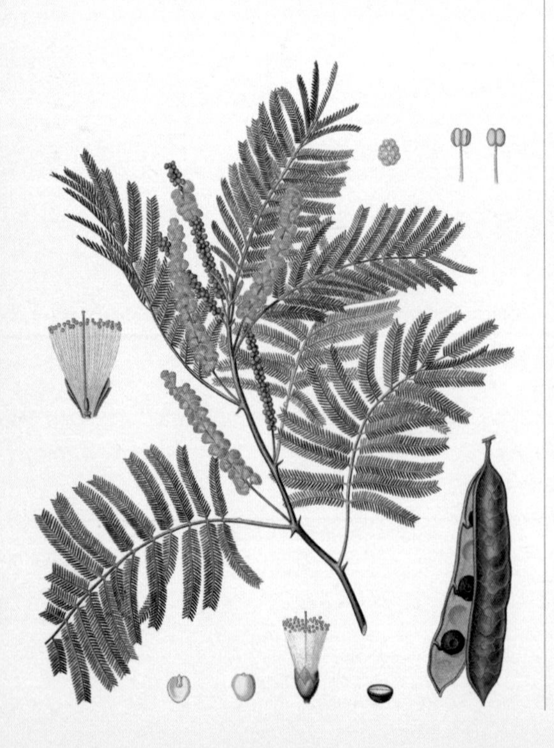

打破休眠

休眠的种子必须打破休眠后才能萌发。一般的触发条件包括高温或温度波动、冻融、火烧或烟熏、干旱，或接触到动物消化液。对于栽培植物，种子的休眠特性可能会被植物育种者们看作不利特征淘汰掉，因而实际上很少见到。

层积处理

有时候，园艺工作者们想要种子萌发就必须人为地打破种子的休眠，这可以通过模拟种子萌发的自然条件实现。有许多打破种子休眠的方法。第一种就是层积，这需要园艺工作者在种子破除休眠的正确方向上助一臂之力。例如，松果菊的种子不定时萌发，但把它们放进冰箱冷藏一个月，就可以诱使其萌发。这种处理方法也适用于许多乔木和灌木的种子。不过一些种子需要经历一段先暖后冷再暖的温度波折之后才能萌发，打破这类种子的休眠一般需要一台能加热的育种器和一台冰箱。

破皮

某些情况下，种子需要一点力量来突破质地坚硬的种皮——这一过程称为破皮。自然条件下，这个过程可以通过自然磨损或动物的活动来完成。但对于等不及种子自然萌发的园艺工作者而言，大个儿的种子可以用锉刀搓开种皮，小一些的种子则可以装进填满砂纸的密封罐子，通过不断摇晃来磨损种皮——这种处理方式对于金合欢属植物的种子十分有效。切开、剥开或在种皮刺孔也是另一种选择。

金合欢属植物的种子，例如图中所示的儿茶（*Acacia catechu*）应在播种前用温水浸泡四小时，或用砂纸进行破皮处理。

浸泡

将种子浸泡在水中能去除种子里的化学抑制剂并让它们能够吸收水分。通常把种子浸泡在热水中24小时，或者浸泡到它们明显膨胀。浸泡之后仍然漂在水面上的种子应该丢弃掉，浸泡后必须马上播种。香豌豆的种子就可以通过轻轻划伤种皮或浸泡来达到促进萌发的目的。

众所周知，对于澳大利亚和南非的植物而言，火烧和烟熏可以打破种子的休眠。有时候高温就足以打破种子休眠，但有时候可能需要先将种子从果皮中取出来（如桉属植物的坚果或班克木属（*Banksia*）植物的干燥蓇葖果）。有时也可能是木材燃烧产生的烟雾中的化学物质有助于打破种子的休眠。

影响萌发的因素

所有种子的萌发都需要三个必要条件：水、合适的温度及氧气。许多情况下，光照的存在与否也起着关键作用，比如毛地黄（*Digitalis purpurea*）种子的萌发需要光照，所以必须撒在堆肥的表面上。

水分

由于种子的含水量很低，所以萌发过程中水起着至关重要的作用。为了使内部细胞再次变得膨胀起来，种子需要通过珠孔吸收水分。除此之外，水亦可用于激活相关的酶来分解储存在胚乳中的营养物质。水还能令种子膨胀并致使种皮破裂。

对一些种子而言，一旦吸收了水分，萌发过程就再也不能停止，那么随后的干旱将是致命的。不过一些种子可以经受若干次的吸水和失水也不会对其产生不良影响。

Ophrys apifera
蜂兰

氧气

有氧呼吸需要氧气，有了氧气细胞才能进行新陈代谢并消耗能量。在种子长出第一片绿叶并开始进行光合作用之前，有氧呼吸是种子唯一的能量来源。兰科植物的种子并没有胚乳，在萌发之前必须与土壤中的真菌形成菌根，这样才能从真菌处获得呼吸作用所需要的养分。

温度

种子萌发一般都需要特定范围的温度，超过这个温度范围则不能萌发。温度会影响细胞代谢速率以及酶的活性，太冷或太热都会导致萌发的停止——园艺工作者们有必要了解所播种的种子需要的温度，并将温度波动保持在最低限度。

光照

一些种子的萌发依赖于光照。这对于埋在地里的种子很有用处，因为它们只有在接近地表时才会萌发。被埋在地里的种子很可能没有充足的营养以支持其萌发的幼苗成功到达地面。大多数种子并不受光照强度的影响，但有的种子只有在光照强到足以进行光合作用时才会萌发；这类种子含有一种具有光敏性的色素，叫做光敏色素。这种萌发机制常见于木本植物，可能是对生活环境的一种适应。此类种子只在有充足阳光时才萌发，而这个机会可能是一棵大树的倒下换来的。毛地黄属（*Digitalis*）植物就是一个很好的例子，它们可能会生长在林窗[①]处。

种子萌发的生理变化

一粒典型的种子在胚乳、子叶和胚中都储存着碳水化合物、脂肪、蛋白质和油脂。主要的贮藏物质是油脂和淀粉（一类碳水化合物）。种子吸水之后，胚胎便有了充足的水分，相关的酶被激活，进而启动整个萌发过程。

胚乳和胚是萌发过程中的两个活动中心，酶促反应要么是分解性的（大分子被分解成小分子），要么是合成性的（小分子合成大分子）。营养储备的分解代谢可以概括为蛋白质分解成氨基酸，碳水化合物分解成单糖（比如将淀粉分解成麦芽糖，并进一步分解成葡萄糖），以及脂肪分解成脂肪酸和甘油。

随着胚胎开始发育，分解得到的小分子物质经一系列合成反应构建出新的细胞。氨基酸会组装成新的蛋白质，葡萄糖用于合成纤维素，脂肪酸和甘油则被用于构建细胞膜。萌发过程中同样也会合成影响该过程的植物激素。葡萄糖还被用作能源——它被运送到胚胎生长区帮助细胞进行新陈代谢。

在最初的几个小时内，由于种子消耗自身贮存的营养物质，而且尚不能通过光合作用生产营养物质，所以种子的净干重会有所减少。直到种子长出第一片绿叶，干重的减少才会停止，从此胚乳就开始萎缩退化。

Digitalis lutea
黄花毛地黄

这种林地植物的种子需要在光照条件下萌发，因此在播种时不要覆盖或深埋种子，只需将其轻轻地压入土中即可。

① 森林群落中由于某些原因导致大树死亡，从而在林冠层产生的空隙被称为林窗。

胚的生长

胚的生长包括三个主要阶段：细胞分裂、增大和分化。

细胞分裂

胚根的出现是胚的第一个明显生长迹象。胚根具有正向地性，这意味着它向下生长并将种子固定在地上。细胞的分裂和增大发生在胚根基部，叫做下胚轴的区域。胚根上覆盖着细细的根毛，它们可以从土壤中吸收水分和矿物质。

增大

胚胎上长出的芽叫做胚芽，具有负向地性，即远离重力的牵引向上生长。胚芽的生长中心叫做上胚轴。与下胚轴类似，上胚轴并不在胚芽顶端，而是更接近种子。

分化

幼苗从土壤中伸出第一个新芽的方式有两种。要么是胚根生长，将种子推出土壤；要么是胚芽生长，种子留在地下。前者被称作子叶出土类型，以这种方式萌发的种子会离开地面，子叶会变绿并舒展开来。有时候种皮会继续附着在一片子叶上，这也是子叶出土的显著标志。绿皮南瓜和南瓜就是子叶出土的典型例子。

如果是胚芽在生长，则属于子叶留土类型。因其胚芽伸长并形成第一片真叶，所以子叶就只能留在地下，随后凋谢并被分解掉。豌豆和蚕豆就是地下萌芽的例子。

例如禾草类植物和甜玉米这样的单子叶植物，其新长出来的根和芽会覆盖有一层保护鞘，分别叫做胚根鞘和胚芽鞘。一旦胚芽鞘离开土壤就会停止生长，随后从中长出第一片真叶。

豆子的萌发

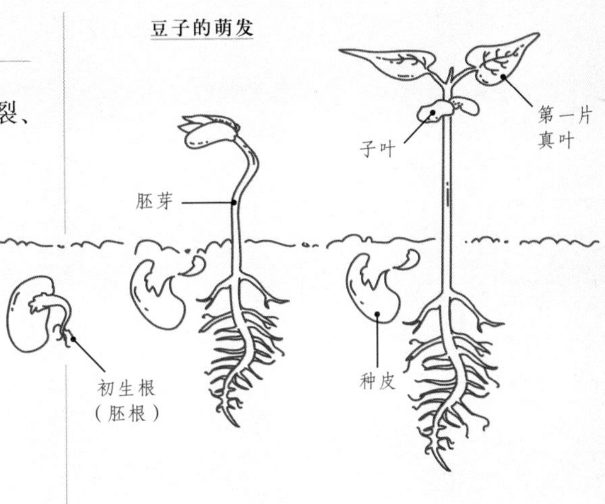

对于子叶出土类型的种子，其胚芽会伸长，将子叶和幼茎推出土壤。

幼苗的出现

随着胚根和胚芽的出现，种子进入了幼苗期。此时已经完成了萌发，植物开始走向成熟之路。对于所有植物，幼苗期都是一个脆弱的时期，此时幼苗容易被食草动物和害虫损害，容易感染疾病，还可能被低温、高温、洪涝和干旱环境损害。

为了至少让少量种子能成功定植，许多植物尽可能多地产生种子。不过有些植物却采取相反的策略，它们将所有资源投入到制造少量种子中。在这种情况下，种子的萌发和成功定植的概率与植物繁殖成功与否息息相关。植物一般会给为它们服务的动物相应的回报，也就是某种奖励，例如提供肉质多汁的果实（见第 78—81 页）。

玛蒂尔达·史密斯

1854—1926

玛蒂尔达·史密斯（Matilda Smith）是一名植物插画师，她出生于印度孟买，还是婴儿时就来到了英格兰。她最著名的事迹当属其在长达45年的漫长职业生涯中一直为《柯蒂斯植物学杂志》（*Curtis's Botanical Magazine*）提供精彩的植物插图。

该杂志的创刊号题为《植物园杂志》，从1787年首印至今已有超过200年的历史，是世界上发行时间最长的以植物彩色插图为特色的植物杂志。每期杂志由四卷组成，每一卷都刊载了24幅由国际顶尖的植物艺术家创作的水彩画原件的复制图。在1984至1994年这11年间，杂志以《邱园杂志》（*The Kew Magazine*）的名字出版，但在1995年，出于尊重历史根源的考虑，《柯蒂斯植物学杂志》这个历史名字再次被复原。

从1826年起，威廉·杰克逊·胡克爵士（Sir William Jackson Hooker）以其作为植物学家的丰富经验担任了英国皇家植物园邱园的首位园长以及杂志主编。1865年，约瑟夫·道尔顿·胡克（Joseph Dalton Hooker）接替了他父亲，成为英国皇家植物园园长并顺理成章地成为了杂志主编。在此期间，为邱园工作40年的首席植物画师沃尔特·菲奇（Walter Fitch）离职了。菲奇的离去意味着该杂志的生存取决于约瑟夫·胡克能否招募到并培训出一名新的专职插画师接替这一至关重要的工作。

玛蒂尔达·史密斯是一名为《柯蒂斯植物学杂志》工作的高产的植物画家。

Rhododendron concinnum
秀雅杜鹃

这幅秀雅杜鹃的插图是由约翰·纽金特·菲奇（John Nugent Fitch）仿自玛蒂尔达·史密斯发表在《柯蒂斯植物学杂志》上的原作。

胡克自己就是有相当水准的植物画家，他知道他的远房表妹玛蒂尔达·史密斯很有艺术天赋，于是决定进一步培训她并指导她的工作。不到一年时间，玛蒂尔达的第一张插画就出现在了杂志上。从 1878 至 1923 年，玛蒂尔达为《柯蒂斯植物学杂志》一共绘制了 2 300 余幅插画。

Pandanus furcatus
分叉露兜树

由玛蒂尔达·史密斯和沃尔特·菲奇（Walter Fitch）为《柯蒂斯植物学杂志》绘制的插图。

经过 20 多年的努力，她凭借出众的技能以及为杂志做出的突出贡献成为了正式的标本馆工作人员。她是第一位正式的植物园画家，也是第一个成为公务员的植物画家。

她也为许多其他出版物绘制插图，包括为胡克的《植物图谱》（*Icones Plantarum*）绘制了 1 500 多个版面，该书对从邱园植物标本馆选出的植物进行了绘图和描述。她还负责重新绘制邱园图书馆中那些稀有但不完整的卷册里缺失的插图，其创作的生物彩绘被认为比任何当代艺术家创作的都要多。

玛蒂尔达·史密斯还有一项技能为人称道，她能把那些状态不是很好的干枯压扁标本重新绘制得栩栩如生。她还为其他一些书绘制了插图，包括《世界野生和栽培棉花植物》（*The Wild and Cultivated Cotton Plants of the World*），以及约瑟夫·道尔顿·胡克一本书中的插图，使其成为第一个全面地为新西兰植物绘制插图的植物画家。

由于她为植物插图事业所做的巨大贡献，玛蒂尔达当选为有史以来第二位林奈学会女性会员。她还获得了英国皇家园艺学会颁发的维奇银质纪念奖章（Silver Veitch Memorial Medal），以表彰她的植物插画特别是对植物学杂志的贡献。她还是第一位被任命为邱园同业工会主席的女性，该协会是英国皇家植物园的高级雇员组织。垂筒苣苔属（*Smithiantha*）和 *Smithiella* 属是以她的名字命名。

当引用植物学名时，以她为命名人的标准缩写为“M. Sm.”。

Rhododendron wightii
宏钟杜鹃

玛蒂尔达·史密斯发表在《柯蒂斯植物学杂志》上的众多杜鹃插图之一。

种子的播种

虽然第二章已经介绍了种子的传播方式，但对于栽培植物而言，其种子的传播已经完全进入了另一种模式：与人类密切相关。自农业伊始，人类就已经开始收集并储存种子直至今日。有时种子也在世界范围进行交易和共享，而且这类种子或包含种子的果实大多都是其高价值的世界性商品（如小麦和可可豆）。

Quercus suber
西班牙栓皮栎

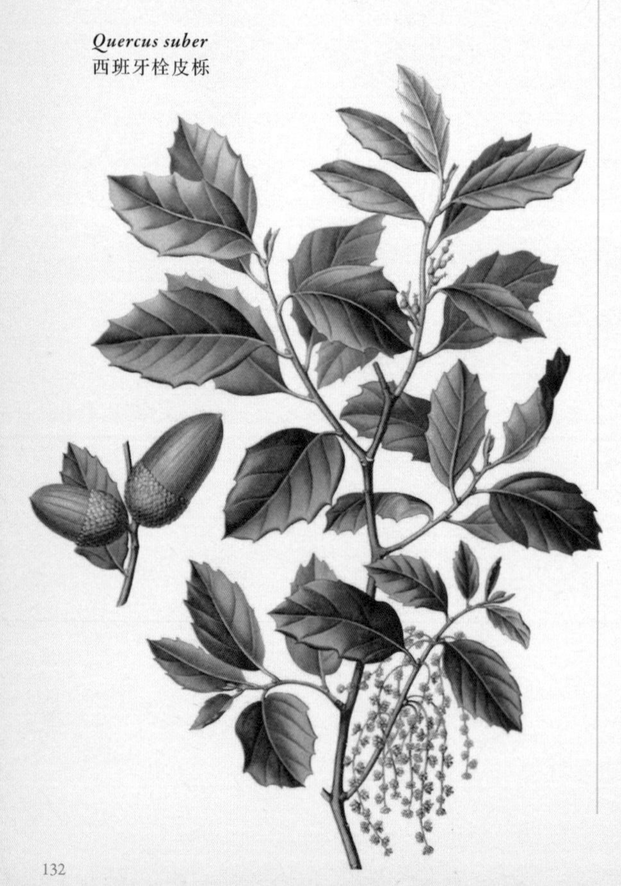

进行交易的种子有一部分并没有被食用或加工成别的产品，而是再次回到园艺工作者和农民的手中被播种。即使这与它们的自然传播过程相去甚远，但只要种子被播种下去，那么它们的传播任务就完成了。

种子和幼苗的处理

商品来源的种子很可能已经进行了一定的预处理，目的是保护种子或者使它们更容易使用。第一次种植甜玉米的人可能会惊讶地发现——玉米种子实际上就是玉米皱缩的籽粒，有时候为了防止人们误食还会给它们染上红色染料，有时候也会做一些有利于种子萌发的处理。包衣种子是将种子嵌入到一个小丸中以便对种子进行处理，有时候种子还会被裹上一层杀菌剂。有时候种子还会被置于水溶性的胶带或垫料上出售，这些都让园艺工作者们的工作变得轻松了许多。

园艺工作者通常手工播种，种在托盘里、苗床上或直接种在植物生长的地方。虽然不同植物的特殊需求差异颇大，但一般都能在种子包装袋背面看到相应的播种建议。这些建议常常反映了植物自然生长所要求的环境条件，比如毛地黄（*Digitalis purpurea*）的种子需要阳光，许多栎属（Quercus）植物的种子需要被深埋（因为自然状态下它们常被动物收集并掩埋）。

有经验的园艺工作者通常都有自己的技巧和窍门，而且会代代相传。有时候，将种子放在玉米淀粉凝胶之中或置于两张洗碗布之间就可以实现预发芽的目的。这种方式可以促进许多蔬菜的种子发芽，在凉爽的气候下，这会帮助种苗在生长期获得一个良好的开端，同时还能保证种下的种子都有生活力。

对于那些能够直接种在生长地的种子，播种可以采用撒播、条播或点播。这样的播种方式更加朴实，也更吸引人，但并不适用于所有的种子，尤其是那些在苗期容易受虫害的种子。成功播种的秘诀就是必须要知道什么时候适合直接播种而什么时候不适合，还要准备一个好的苗床——土质疏松且里面没有杂草和大石子。

对园艺工作者而言，没有什么比植物自己播种其种子更简单了。这样园艺工作者只需要小心地将长出的幼苗移栽到盆里，直到它们长大到

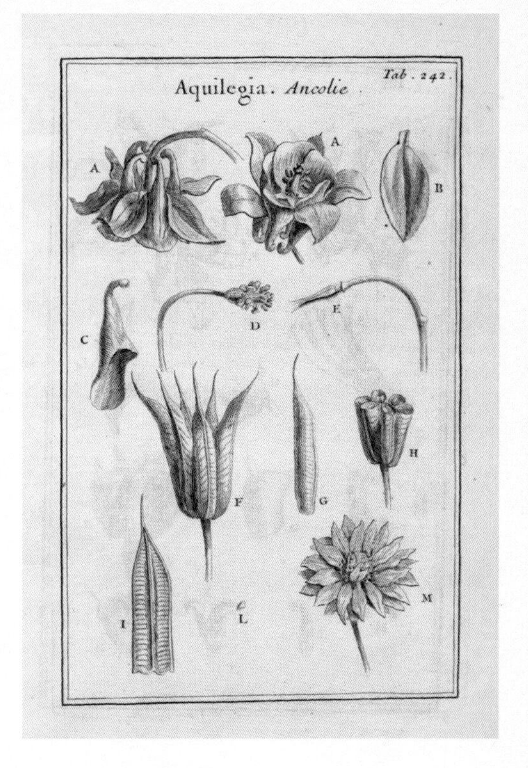

耧斗菜属（*Aquilegia*）的版面，由约瑟夫·皮顿·德·图尔纳弗（Joseph Pitton de Tournefort）绘制，示其花和果实。

铁筷子属（*Helleborus*）的版面，由约瑟夫·皮顿·德·图尔纳弗（Joseph Pitton de Tournefort）绘制，示其花、种子和果实。

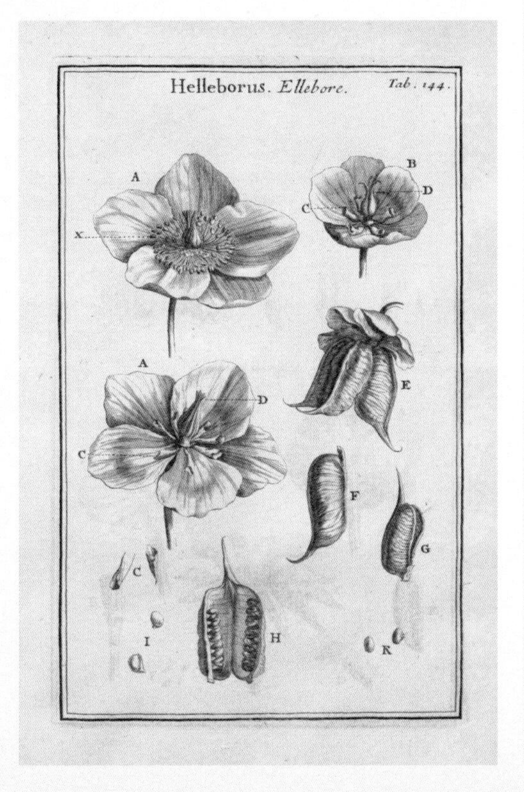

能重新种在其他地方才需要进一步处理。然而，自行繁殖的种苗品种通常就不纯了，使得亲代植物中有吸引力的或有用的特性常在子代中丢失或稀释。铁筷子属植物和耧斗菜属（*Aquilegia*）植物就是典型的例子，它们都能自主地播种，产生大量种子。不过，某些品种的植物还是能顺利地从种子长大，例如美丽的森林地被植物金叶粟草（*Milium effusum* ‘Aureum’）。

大规模的播种工作常常由机器在地里完成，或利用苗床大规模培育幼苗然后进行移植。播种树木的种子更多地采用后一种方式。由于种子和幼苗的培育成本高昂，所以人们一般都会选择使用除草剂、杀虫剂、杀菌剂和其他的农药来确保它们长势良好。

种子的储存

当我们谈到种子储存这一话题时，我们也踏入了人类植物学的领域——一门研究植物与人类之间的关系的学科。通常来讲，特定的地域内经常会有一些特定的植物种类，并被赋予了深远的文化象征，如藜麦（*Chenopodium quinoa*）在印加文明里代表着神圣。

纵观整个人类史，栽培植物的种子已经历经了数千代人的成千上万双手。因此，我们现在拥有的作物和观赏植物有很高的多样性。储存种子是人类适应自然的一种努力，保存种子并增加其多样性，对于人类种族的未来至关重要。

然而，在个人层面上，储存种子完全只是为了种出下一代作物。因为优良植株结出的种子可能得到了一定程度的性状改善，所以很可能只有它们才会被储存起来。也正是有了祖先们收集储存种子的行为，我们现在才能继承到这些种子。

因此，建立世界性的种子库并不愚蠢，相反，这是明智的行为。种子储存工作的先锋尼古拉·瓦维洛夫早在20世纪中期就为当代种子库的建立铺平了道路。现如今我们已经有了许多非营利性的和政府性的种子库组织，它们大小各异，而且遍布全世界。其中包括位于德国的全球作物多样性信托基金（Global Crop Diversity trust），希腊的佩利蒂种子库（Peliti Seed bank），以及加拿大的“种子多样性”组织（Seeds of Diversity）。迄今为止，目标最为远大的项目是位于英国的邱园千年种子库（全球范围内约有50个参与国家），还有位于挪威、为了抵御全球性灾难而建立的“末日穹顶”种子库（斯瓦尔巴全球种子库），以及位于西班牙的UPM种子库——致力于收集并储存西地中海地区野生植物的种子。

虽然园艺工作者们可以从任何植物中收集储存种子，但由于高度培育的杂种F1代所拥有的特性并没成型，产生的种子性状变异范围很大，所以并不值得储存。同样，储存和播种栽培果树结出的种子或果核，其长出的植物只能结出少量品质差的水果。

种子要在成熟之后、传播出去之前立马进行收集——因为有时候能收集种子的时间很短，所以务必随时留意植物果序的成熟情况。如果在种子完全成熟之前就收集了，那这些种子要么发芽率很低，要么会在贮存过程中腐坏掉。收集种子要尽量选择干燥晴朗的天气，这样可以确保种子已经完全干燥，因为它们需要干燥储存。而受潮的种子会很快腐烂变质。

Chenopodium quinoa
藜麦

藜麦是一种类似谷物的粮食作物，它的种子可食，在印加文明中被赋予了神圣的地位。

土壤种子库

大自然有自己的一套种子储存方法，那就是将种子储存在土壤中。任何一个土壤样本中都有数百种，甚至数千种的植物种子处于休眠状态，而且只有在土壤条件变得有利时，种子才会发芽。土壤储存种子这一现象具有相当大的生态学意义，它使植物遭受剧烈干扰和灾害之后的迅速重建成为可能。如果曾经目睹了森林被大火毁灭后，大自然“收复失地”的速度，任何人都不会质疑土壤种子库的复原效率。1915年第一次世界大战时，位于法国和比利时的废弃战场上那片著名的虞美人花田就是在翻动过的土壤中杂草种子发芽生长的结果。

不过园艺工作者们并不会让他们土地里的种子库存在多长时间。因为大多数杂草会带来持续不断的问题，所以园艺工作者们会努力除掉它们。正如那句老话所说，“一年的种子，七年的草”——如果任其发展，让杂草们结出了种子（一些杂草能快速地产生大量种子），那么遗留在土壤中的种子会潜伏很长一段时间。

实际上，种子在任何东西里都能潜伏几个月甚至数百年的时间。虽然听起来有些令人气馁，但一个精心打理多年的花园确实比没有好好打理的花园受杂草的干扰少很多。

但毋庸置疑的是，无论之前多么精心侍弄一个花园，一旦荒废一两季，大自然马上就会夺回她原有的领地。这也提醒了人们，花园只不过是为人类服务的一个人工建筑。位于英国康沃尔的黑里根迷失花园（The Lost Gardens of Heligan）就是一个典型的例子，它被遗忘多年之后，直到20世纪90年代，人们才费力地把它重建起来。

Papaver rhoeas
虞美人

园艺小贴士

生存的竞争

在一个花园里，园艺工作者就是裁判。植物种在何处，杂草如何铲除，不想要的植物或长势不好的植物被哪种新植物替换等，都由园艺工作者决定。然而，在生长拥挤的花园里，植物仍然面对着生存的竞争。一个花园由一些特殊的生境构成：例如供植物攀爬的墙、供林地多年生植物生长的庇荫处和供树木生长的阳光充足的区域。从这个角度上看，在合适的位置种上合适的植物，并确保每种植物都能充分满足其生长需求，园艺工作者可以帮助植物过上理想的生活。

Tulipa
郁金香属

第六章

外部因素

External Factors

本章讨论的内容主要是关于植物的外部环境。植物不能移动，所以它们不得不忍受环境给予它们的一切，不论烈日和干旱，还是极寒和冰雪，抑或是大量的降水，由此可见，外部环境对所有的植物均有深刻的影响。而外部环境既可以是植物接收的光的总量，也可以是植物能耐受的最高和最低温度，还可以指暴露环境下的生长条件。

因此，植物早已纷纷进化出了能耐受其自然栖息地的极端环境的能力。例如，来自热带雨林的植物必须能够应对高降雨量、高湿度的气候，以及贫瘠且稀薄的土壤和或低或高的光照水平——这取决于它们生长在森林下层还是高高的冠层。沙漠植物为了适应极端干旱的环境，不得不充分利用那短暂的间歇性降雨的时期；而位于地中海生态系统中的植物身处于一个易发火灾的环境中，这里的夏季干旱少雨，冬季湿冷多雨，并且土地贫瘠、排水良好。

我们花园中种植的大部分植物均起源自凉爽或温暖的地区。如此之大的范围内，不同植物对环境的耐受性必然也有较大差异，但大多数都能适应变化不定的夏季气温、冬季的严寒，强风与暴雨以及临时的干旱。

土壤

土壤不仅仅是土地，还是一个完整的生态系统。当其作为外部因素影响影响植物生长时，它可能是整个过程中最关键的一个环节。土壤也是唯一一处空气、水、岩石和生物体都能汇聚在一起的地方。正如那句老话所言——“答案就在土壤中。”

土壤一个主要的功能是为生命提供支持，其本身也绝对是生机盎然的，不论是显微镜下才可见的微生物还是较大的昆虫和蚯蚓都能在土壤中见到。它为植物提供了锚固的介质，以使它们能够牢牢地扎下根基。与此同时，土壤为植物提供了生长所需的绝大部分水以及必需的各类矿物质营养。它的结构、组成和内容物十分重要，以至于有一门专门研究土壤的科学：土壤学。

完美的园艺土壤应该具有以下几个特点：容易挖掘和耕作；在春季可以快速升温，以使植物可以迅速生长；拥有足量的可供植物健康生长的水，排水良好不会内涝；具有良好的肥力，可提供大量的植物必需的营养物质；富含有机质，既有利于土壤的结构又有益于其中生长的动植物。然而令人沮丧的是，园艺工作者所面对的土壤条件往往与这个理想相距甚远，并且时常需要花费一定的时间和精力去改良土壤。

土壤为何不同？

任何拥有不止一个花园的人都知道，不同花园中的土壤可能有很大差别。有些土壤厚重，而另一些更轻、排水性更好。不同土壤之间存在着巨大的差异，它们的组成和特质取决于其地质、地形条件以及人类活动的历史。

从地质学角度上看，形成土壤的原材料是由基岩被侵蚀和风化而形成的不同颗粒尺寸的混合物。土壤主要由这些风化的颗粒构成。在地形角度上看，地表景观、气候和外界接触到的自然力决定了土壤侵蚀、沉积以及排水的模式，并同时影响着有机风化物生成的速率和模式。

在人类层面上，通过种植和改良土壤，人类会改变土壤的自然类型，例如改善排水，调节土壤的 pH 值，添加肥料改善土壤营养

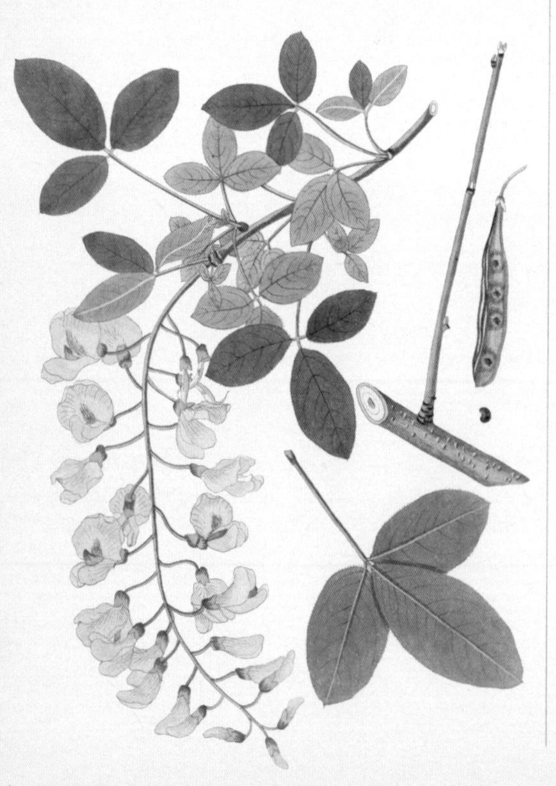

Laburnum anagyroides
金链花

等。人类活动也可能会对土壤产生极其有害的作用，移除土壤表面的植物会加剧土壤侵蚀，而繁忙的交通会把土壤中的空气挤出，将其完全压实。由于人类的管理不善，欧洲地中海地区的土壤已经日益恶化了。

土壤可以用许多种不同的方法进行描述。园艺工作者们最熟悉的术语可能就是“土壤结构”和“土壤质地”。两者均为土壤类型的不同量度，因其彼此影响而共同使用。土壤图为我们展示了一个既定地区里所有的土壤类型及其特性。

土壤剖面

在土壤上挖出一个足够深的洞，我们就能看到土壤的一个垂直切面。它被称为土壤剖面，从中我们可以获取有关土壤结构和肥力的重要信息。剖面随深度变化，越接近基岩，土壤的矿物质来源就变得越清晰。土壤剖面可分为两个主要部分：

表土

表土是土壤的上层，植物一般在这一层中扎根并获得其所需的大部分养分。表土的深度变化不定，但在大多数的花园里，可认为其近似于一锹的深度，即约 15 cm 深。因为表土中的有机质和微生物最为集中，所以它是土壤中最肥沃的部分。表土的深度应为从土壤表面到第一个夯实的土壤层（即底土）所测量的深度。

土壤剖面可以帮助园艺工作者确定表土的深度，同时了解土壤的排水好坏与否。它可以看出任何硬层的存在（对植物而言，硬层是一个难以逾越的障碍），同时也能看出那些可能妨碍耕种的石头的性质和大小。贯穿表土层的细长洁白的根部表明土壤排水和通气良好，而深色甚至黑色的表土是有机质丰富的表现，通常伴随着大量的蚯蚓活动。蠕虫可以改良土壤通气并混合有机质。在酸性很强或水涝的土壤中，蠕虫将不能生存。

矿物质往往表现出红色，橙色或黄色。蓝色和灰色不是一个好兆头，因为它们通常是土壤排水不畅和通气不佳的表现，而且这样的土壤可能还会闻到臭味。通气状况不仅影响植物的生长，而且还对细菌，特别是那些固氮菌的活性格外重要。白色的矿物质通常是钙的碳酸盐，如石灰石或白垩。

底土

底土，与表土一样，是由砂子、黏土和（或）粉砂组成的可变混合物，但是它是更加紧实，含气更少。其有机物含量的百分比也低得多，因此它的颜色通常和表土差别很大。底土中可能还有一些扎根较深的植物的根，如乔木的根系，但大多数植物的根系还是位于表土内。

底土之下就是基质，剩余的母质及其形成土壤的沉积物。在一些地区，如冰川和河流等地质作用可能导致土壤沉积物与其来源的基岩相隔相当大的一段距离。表土和底土因此可能就会表现出与基岩不同的矿物成分，例如位于花岗岩基岩之上的白垩土。

园艺工作者必须注意不要把底土与表土混在一起，因为这将对土壤的结构、肥力和生物活性产生不利影响，其影响之大以至于可能需要数年才能恢复。当进行花园美化或建筑工作需要开挖地基的时候，一不小心表土和底土就很容易混合。因此在动工之前必须首先移除表土，并同底土分离。在英格兰南部的白垩山丘，有些地方的表土非常薄，其可耕种的土壤厚度甚至不足 7.5 cm 深。再往下耕种就会带出许多白垩，它会给土壤带来持续多年的有害影响。

土壤质地

质地描述了土壤中的矿物和岩石颗粒的相对比例。这是一个在家里就很容易做的测试，因为土壤的质地在手指之间就可以感觉到：它是砂质的，是有砂砾的，还是黏的？

土壤质地等级的国际体系最早由瑞典化学家艾伯特·阿特伯格（Albert Atterberg）于1905年首次提出，凭借岩石颗粒的大小进行分类。大于2 mm的颗粒为石头，小于2 mm但大于0.05 mm为沙子，介于0.05 mm和0.002 mm之间的为粉砂，而那些小于0.002 mm是黏土颗粒。沙子、粉砂和黏土，土壤的物理特性是由这三种较小的颗粒来确定。三者的相对比例决定了土壤质地，占优势的颗粒赋予土壤其主要特征。一般来说，最大的颗粒——沙子和小石子（如砂砾）主要负责通气和排水，而微小的黏土颗粒负责与水分和植物营养素的结合。

锦带花属（*Weigela*）植物适宜生长在黏土或粉砂土中，并适应于任何土壤pH值。

砂土

干燥时松散，湿时不发黏。

壤砂土

有足够的黏土可在湿润时提供轻微的凝聚力。

园艺小贴士

铲起一把泥土，稍微把它弄湿，握在手中，试图团成一个球。如果不能团成一个球，则说明土壤是砂质的。如果可以成球，就再试着把它滚成香肠状，然后做成一个环。如果你可以做一个环，则说明土壤中具有较高的黏土含量。如果香肠型的土一触即碎，或者不能被做成环，那么土壤则是不同颗粒类型的混合物；如果感觉柔滑，则说明它具有较高的粉砂含量。

所有这三种土壤类型处于极端情况下都会给园艺工作者带来麻烦，但在正确的比例下它们的特质就能相互补足。这三种颗粒的均匀混合物被称为壤土。壤土是最受园艺工作者们喜爱的，因为它们肥沃、排水良好、容易耕种。如右图所示，根据不同的成分构成，土壤被分为几种。

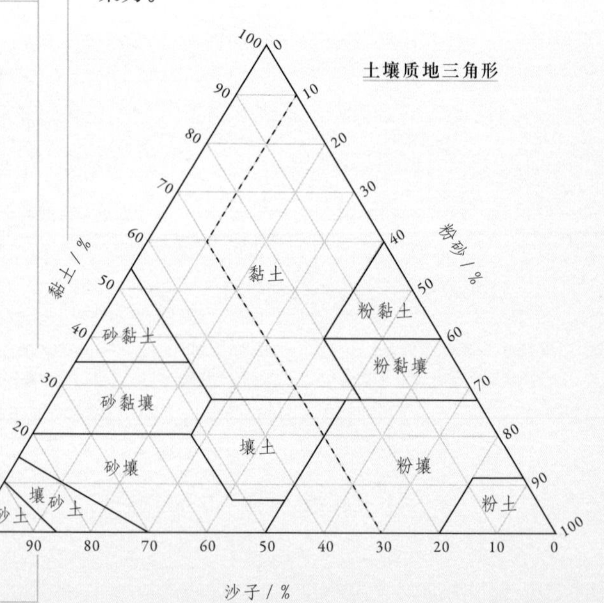

砂壤
很容易团成一个球且不黏，但如果用拇指和食指稍加挤压就会崩溃。

壤土
容易团成一个球且稍黏，可揉成易碎的香肠状，但不能弯曲。

粉壤
同上，但质感更平滑、柔软。

砂黏壤
可以做成香肠状并且在小心地支撑下可以弯曲。它有发黏的感觉，但仍有砂的颗粒状结构。

黏壤
如上，但没那么多沙子。

鹦喙花（*Clianthus puniceus*）是一种常绿攀援灌木，适宜种植在温暖的环境中。

粉黏壤
如上，但有涂着一层肥皂的感觉。

粉土
具有明显的肥皂水或丝滑感受（纯粹的粉土在花园中十分罕见）。

砂黏土
容易做成香肠状且可以弯曲成环。多砂的质地十分明显。

黏土
中黏土，同上但黏，无多砂的感觉，摸上去给人一种抛光表面的感觉。重黏土，非常黏且容易捏成各种形状。其表面很容易显出指纹。

粉黏土
同上一样，非常黏，但带有明显的似肥皂的感觉。

砂质土

砂质土又被称为轻质土。它们很轻，易于耕作，并且在春季要比黏土回温更快。但它们保水性往往较差，因此会非常迅速地干透。因为其内没有可以结合养分的颗粒，砂质土的养分含量通常较低，养分也很容易就被雨水带走了。它们松散的质地也使得土壤侵蚀成为一个问题。沙质土往往是酸性的。

通过添加适量的有机质，园艺工作者可以改善砂质土保水保肥的能力。有机质可以与松散的沙粒结合，变成较肥沃的团聚体并提高肥力。因为砂质土春天可以很快升温，所以它们非常适合种植一些早期作物如马铃薯或草莓，尤其是当其位于向阳斜坡上的时候。

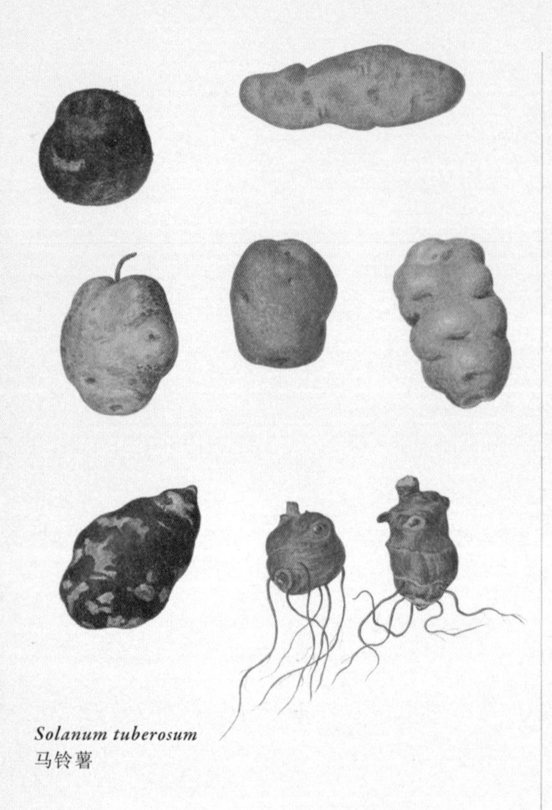

Solanum tuberosum
马铃薯

黏质土

又被称为重土壤。黏土的颗粒非常小且具有化学活性，它们在保存矿物营养以及结合土壤颗粒等方面起着重要的作用，也正因为如此，黏土可能会非常肥沃。黏土颗粒之间的微小缝隙产生的毛细管作用，使得黏土中也往往含有大量的水。

当潮湿时，黏土会变得相当黏稠，并且排水也会很慢。如果排水不畅，在潮湿的天气中它们可能会变得非常泥泞甚至内涝。在这种状态下就不应该对其进行耕作或踩踏，否则将会导致黏土板结。在夏季土壤变干时，黏土颗粒趋于相互黏在一起，导致土壤被烤得干硬，难以渗透。

尽管重黏土难以耕种，一些具有较高黏土成分的土壤还是最好的园艺土壤，因为它们具有先天的肥力并含有大量的营养物质。为了改良重黏土，园艺工作者们可以向其中掺入大量充分腐熟的有机质，甚至尖角砂粒和粗砂砾。这将有助于将黏土破碎成更小的、独立的团聚体，改善整体结构，使黏土颗粒间保存的水分和营养物种更容易被植物根系获得。

粉质土

肥沃，排水性非常好，与砂质土相比，可以保持更多的水分和养分。其缺点在于很容易板结，且易被侵蚀。像其他土壤类型一样，改善其结构和肥力的方法在于定期添加腐熟的有机质，如粪肥或花园堆肥。

白垩质土壤

白垩质土壤需要单独考虑。白垩并不是一种土壤类型，而是一种岩石或矿物。比如英格兰东南部地区，地质历史上当地曾被海水淹没，当时留存下的数十亿贝壳和微小海洋生物的骨骼构成了如今地表下的白垩。它的存在使得土壤呈现出很强的碱性，因此栎树在那里勉强可以生存但长势较差，桦树和杜鹃更是闻所未闻，而玫瑰几乎从未真正长得好过。

白垩排水很快，这使得它在春季可以快速升温和冷冻，并易于耕种。但是，白垩土中需要定期地添加大量的有机质，因为有机质在白垩上腐烂得快得多。许多园艺工作者低估了他们每年所需要向土壤中投入的有机质的量，但没有哪个花园会比白垩土上的花园更需要有机质的投入才能维持下去。

有些土壤几乎完全以有机物为主，如泥

炭或沼泽中的土壤。在那里，植物遗体一直无法充分腐烂，便会在土壤中不断累积。泥炭就是从这样的土壤中被提取出来的。未考虑有机质的含量是土壤质地评价体系的主要局限之一。

土壤结构

土壤的质地成分（或颗粒）相互结合的方式决定了其结构。有机质和黏土的存在使这些颗粒聚集在一起形成团聚体，连接它们的是由小孔组成的网络，通过这个网络，水、溶解的营养物和空气可以自由流通。

土壤结构通过保水性、营养供应、通气性、雨水渗透和排水性影响植物根系的资源供应。总体上，它决定了土壤的生产力。在结构良好的土壤中，孔隙空间会占到约60%的体积，而在结构不良的土壤这个指标可能低至20%。影响土壤结构的因素主要有如下几点：首先是根系、蠕虫和微生物的活动；其次是土壤在炎热和寒冷的天气下的膨胀和收缩；最后，耕种活动也有利于改善土壤结构。向土壤中掺入充分腐熟的有机质会帮助改善土壤结构，特别是当一种颗粒类型（沙，粉土或黏土）特别丰富的时候。它有助于黏土形成“絮凝物”（团聚体），起到同加入石灰或石膏一样的作用。因为钙离子会被吸附到带负电荷的黏土颗粒上，所以它们的存在有助于加快絮凝。

土壤结构在潮湿的时候最为脆弱，因为絮凝剂（将团聚体黏在一起的“胶水”）具有水溶性。仅仅在湿土上走过就可破坏它的结构，导致土壤压实和板结（上部的土壤被压缩成了硬质层，导致形成小水洼）。出于这个原因，请千万不要在潮湿天气下耕种重土壤。潮湿时，排水良好的土壤不易受到损坏，因为这里的絮凝剂被溶解的机会较少。请记住，如果土壤黏到你的靴子上，就说明其过于潮湿不适合耕种。

土壤有四种类型的结构体：片状、块状、柱状和团粒结构。前三个仅存在于底土中，对园艺工作者而言只具有学术意义。但是团粒结构非常重要，因为它出现在表土中，直接影响着植物生长。团粒是由许多土壤小颗粒的球状团聚体，其表面具有明显的细孔。团粒具有如同面包屑般的外观，它们可以形成很好的表土。通过耙松团粒可以得到良好的耕地——对于播种十分完美。

紫萼玉簪（*Hosta ventricosa*）适宜生长在肥沃、潮湿但排水良好的土壤中。

土壤pH值

pH值这个术语园艺工作者想必会听过很多遍了。它是酸度和碱度的量度，其测量的范围从0到14，0值代表强酸性，7代表中性，14代表强碱性。大多数土壤的pH值都在3.5到9的范围之内，大多数植物的最适pH值范围为5.5至7.5之间。“白垩的”和“喜钙的”与碱性土壤中相关的术语，“杜鹃花的”和“厌钙的”是提到酸性土壤时常常使用的词。

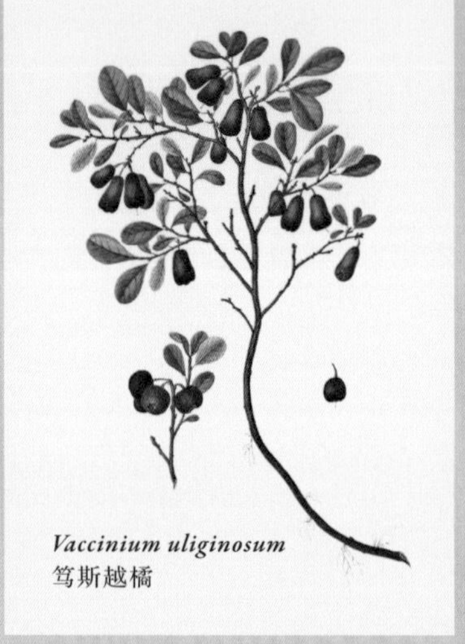

Vaccinium uliginosum
笃斯越橘

土壤pH值很大程度上取决于它的母质以及从其上浸出的矿物质离子。镁和钙离子作用最为显著。在含钙丰富的土壤中，如白垩或石灰岩，pH值倾向于维持在较高的水平上（碱性）。绝大多数的土壤pH值不会低于4，即使碱性土壤的pH值也很少会超过8。

土壤的酸碱度会对其特性产生深刻的影响，这主要是因为它控制着不同矿物元素在土壤中的溶解度。这意味着在不同的pH水平下，某些矿物质可被植物的根系利用，而另一些则不能。这就是为什么有些植物喜欢在酸性土壤中生长（这些植物被称为厌钙植物）和另一些则不适合（喜钙植物）。

土壤pH值还能影响土壤结构（通过调节钙离子的可用性，参见上文），以及土壤生物分解有机质和营养物再循环的活动。有些植物对土壤的pH值不那么挑剔，但有些特异性非常强。众所周知，有些植物只能生长在酸性土壤中，如杜鹃花科植物，包括杜鹃花属和越桔属（*Vaccinium*）。一些植物会有偏好，但并非必需。例如，许多种在偏酸性土壤上的果树和蔬菜产量往往会更高（pH约为6.5）。

土壤的pH值一般非常稳定，很少波动或变化，这是由其基岩所决定的。通过掺入一些矿物质添加剂可以影响土壤的pH值，例如，使用硫磺可以酸化土壤，使用石灰以提高土壤的pH值，但这种做法往往成本很高，而且不长时间内土壤的pH值就会恢复到原来的状态。而加入具偏酸或偏碱性的有机质（如蘑菇堆肥[碱性]或松针[酸性]）效果通常太弱，不会对土壤pH值产生太大的影响。如果园艺工作者们想在不适合生长的土壤pH值中种好植物的话，他们能做的最好的事情就是把植物种在容器里，使用符合其生长需求的盆栽堆肥。

从当地的园艺用品店购买一个测试工具套装，园艺工作者就可以很容易地测得他们土壤的pH值了。在花园中任选几处地点，从几英寸深处取土测试，你就会得到一个平均读数。如果花园面积比较大，那么不同地点的土壤pH值很可能会有所不同。

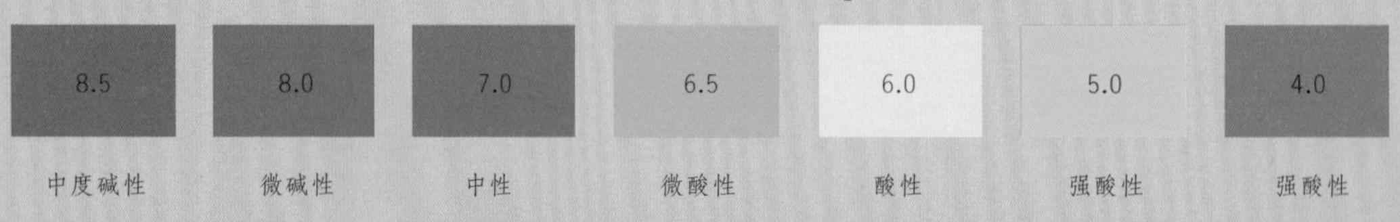

土壤肥力

土壤肥力对植物以及其生长状况有着直接的影响，因为植物吸收的矿物质营养都是通过根系从土壤中获取的。

土壤肥力，反过来如先前所描述的那样，取决于其质地，结构和pH值。因此，对于园艺工作者而言，只给土壤施上化肥就期待得到最好的结果是远远不够的。对土壤的养护多么细心都不为过，因为它是做好园艺的基石。

有机质和腐殖质

腐殖质是土壤中已分解的，稳定的有机质。它颜色偏暗，是土壤中三种有机质之一。另外两种有机质是新鲜未分解的植物和动物遗体，以及它们分解过程中形成的化合物。腐殖质是所有这些相互作用的结果，往往需要更长的时间才能分解得到。

最终，所有的有机质都会被微生物分解成二氧化碳和矿物质盐。尽管大多数类型的有机质中的植物营养素含量与化肥比起来相对较低，但这些矿物质盐对于植物营养仍然非常重要。适度的未分解有机质是蠕虫、蛞蝓和蜗牛等土壤生物的重要食物。在其分解过程中，一些微生物产生黏稠的黏性物质，这些物质会把土壤颗粒黏在一起，提高土壤透气能力，进而改善土壤的团粒结构。

腐殖质中存在的黄腐酸和腐殖酸对土壤的团粒结构会产生更深层次的影响。它们通过与土壤颗粒（如黏土）结合，得以改变土壤的物理性质。黏质土通过添加腐殖质可以减少其黏性，改善通气性。受重金属污染的土壤有时也可施用有机质进行处理，因为它们能与重金属离子形成很强的化学键，降低这些离子的溶解度。

腐殖质可吸纳高达其自身90%重量的水分，因此它的存在有助于增强土壤保水保肥的能力。富含腐殖质的土壤会呈现出更暗的颜色，在春天十分有好处，因为深色的土壤会吸收更多的太阳能，从而更迅速地升温。

腐殖质分解的速率受多种因素的影响。比如土壤酸性过强、内涝或营养不足等情况均会抑制微生物的作用，从而导致土壤表面废物的堆积，在一些极端和特定的场合下，它们就会形成泥炭。这样的土壤可通过加入石灰、施加肥料和提高排水能力得到改善。

一般情况下，森林土壤有机质含量最高，其次是草原，然后是农田。砂质土比黏质土有机质含量少。对于园艺工作者而言，增加其土壤有机质含量的一个简单而有效的方法就是播撒一些蓬松的材料，如堆肥、腐叶和充分腐熟的粪肥。它们既可以掺进土壤也能在土壤表面形成一层覆盖，进而让蠕虫把它们带进土壤中。

Trillium erectum
直立延龄草

延龄草通常生长在林下，适宜在肥沃、富含腐殖质和有机质的土壤上生长。

氮循环

虽然氮在大气中含量丰富，但很少有植物可以直接吸收，氮需要变成相应的形式才能被根系吸收。土壤中的氮通常源自有机物的分解作用、固氮菌的活动或者施用化肥。

氮循环是用来描述氮元素是由一种化学形式转化为另一种的过程。它主要发生在土壤中，细菌在其中发挥了关键作用。结构良好的土壤十分有助于氮循环过程，因为大量的空气将能够通过微小的孔隙进入到土壤中，这些孔隙也为生物间的相互作用提供了更大的表面积。

该循环的第一步是大气中以氮气（N_2）形式存在的氮被转换（或固定）成氨（NH_3），然后变成亚硝酸盐（NO_2），最后变成硝酸盐（NO_3），上述过程均依赖土壤中的细菌完成。动植物碎屑中的含氮废物也通过同样的过程转化成硝酸盐。以硝酸盐或铵盐形式存在的氮可以通过根毛被植物根系吸收，并被用于构建植物体内的有机分子。

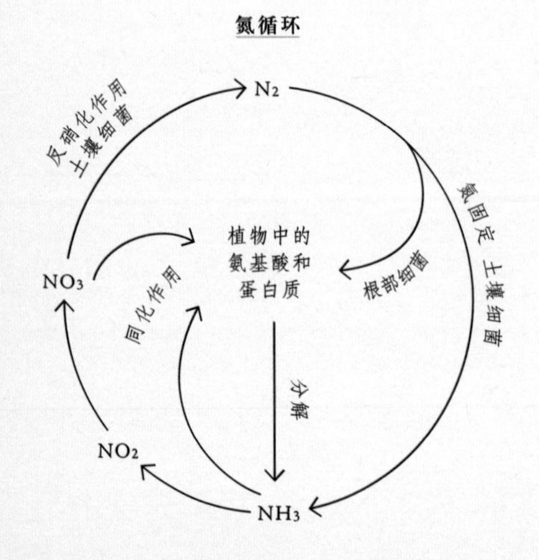

氮循环大多数情况下发生在土壤中，本图展示了氮元素是如何从一种化学物质变成另一种的过程。

氨、亚硝酸盐和硝酸盐还可能来源于雷击、化石燃料燃烧以及化肥。当植物死亡或被动物食用之后，固定态的氮将重新返回到土壤中，它可在生物体和土壤之间循环多次，直至最后在反硝化细菌的作用下以氮气（N_2）的形式重新返回到大气中。

硝酸盐的溶解度极高，很容易就会从土壤中冲洗掉，进入小溪和河流。如果那些大量施用过高氮肥的土壤渗入河道，则可以会造成相当大的生态问题，引起水体富营养化。水体富营养化往往会带来水华，这是由于水中的藻类伴随着突然增加的营养成分大量增殖，导致水质量严重恶化。这可能会依次导致许多水生生物，包括鱼类和贝类，以及依赖它们作为食物的陆生捕食者的死亡。

土壤添加剂

尽管肥料有时被认为是一种土壤添加剂，但它们通常是为植物提供营养而并非用于改善土壤。真正的土壤添加剂应包括可用于改善土壤的石灰或农家肥。化肥已在第 3 章中进行了讨论。

石灰

石灰对土壤 pH 值的影响最为重要，它们通常被添加到酸性土壤中以提高土壤的 pH 值，进而使更多的营养物质能够被植物利用。但园艺工作者们必须意识到，过量的石灰会起到反作用，导致土壤营养不足。因此在添加任何石灰之前，最好对土壤的 pH 值进行测试。然而，石灰在花园里还有其他用途，例如在重黏土中施加石灰可以改良土壤结构（参见上文）。

石灰还有益于土壤中蚯蚓和固氮菌的活

Brassica oleracea
野甘蓝

动，二者均不喜欢过于偏酸性的土壤。对某些植物，石灰也可以改善其生长条件，使它们不容易遭受病虫害。芸苔的根瘤病就是一个很好的例子，但有一点必须值得注意，提高土壤 pH 值可能会降低作物的产量。

各种石灰制剂均可供使用。它们都含有钙这一有效成分。碳酸钙最为常见，通常是粉碎了的白垩或石灰石。生石灰可以使用，但它的腐蚀性很强，操作起来比较危险。熟石灰起效快，但可能会导致植物的叶片枯萎。

石灰最好应施用在裸地上，一年的任何时间均可，但最好是在秋冬季节。石灰应避免与动物粪肥同时使用，因为二者会发生化学反应，使肥料中最有用的氮元素变成氨气跑掉。出于类似的原因，园艺工作者们也不该把石灰洒到堆肥上——它会降低氮含量。石灰和动物粪肥应单独施加，至少应相隔数周。

蓬松的有机质

许多土壤改良剂都属于这一范畴，例如动物粪肥和自制堆肥，再比如一些市政绿化废弃物、秸秆、干草、蘑菇堆肥还有啤酒厂废弃的啤酒花等。尽管任何园艺垃圾通常都可以使用，但要记住只有腐熟的有机物质才能被添加到土壤中。新鲜的材料首先需要进行处理，腐烂过程通常是将其掺到堆肥堆里，并且需要长达两年时间才能完成。少量的木灰对于堆肥堆是一种有效的添加剂，其富含钾和微量元素。但由于它也有类似石灰的作用，其使用方式同石灰一样，最好在冬季直接施加到裸土表面。

动物粪肥

动物粪肥在施用到土壤中之前必须完全腐熟，并且最好用在那些最“贪吃”的园林植物上，如番茄或玫瑰。尽管现在很多地方政府都把园林垃圾和其他生活垃圾同等对待，制作花园堆肥仍是处置园林垃圾极佳的方法。堆肥容易制作，市场上可以买到许多不同设计款式的堆肥箱。其他堆肥方法还有波卡西（bokashi）堆肥法及虫箱法。

腐叶土

腐叶土是另一类容易制作的蓬松的有机质，只要将落叶堆在一起并让它们腐烂就可以了。因为分解它们需要依赖真菌的作用，所以这项过程十分缓慢，需要长达三年的时间。与通气良好的堆肥堆中的细菌活动不同的是，落叶堆的温度的上升并不会显著提高真菌的分解效率。虽然腐叶土的制作比花园堆肥需要耗费更长的时间，但它的优点在于——只要在开始的时候把落叶堆在一起就行了，之后就无需照管，也不需要翻动。腐叶土是一种很好的土壤改良剂。

土壤湿度和雨水

所有植物都需要定期的水分供应，对于具有根系的植物，其水分主要来自于土壤中，尽管也有一些可以通过叶片吸收。只要花园中的土壤状况良好，水分就应该容易获得，但在长期干旱时期就需要进行补充浇水。种在容器中的植物根系生长受到限制，不能自主地寻找水源，因此其生长更容易干旱缺水，它们所需的水分和营养完全依赖于园艺工作者。

园艺小贴士

浇水

每次浇水都应该彻底。如果浇水不充分，水就只会停留在土壤上层几厘米处，而不会沿着土壤剖面渗到更深的地方，那里才最有利于植物的根系。长期的浅层浇水往往会导致根部朝土壤表面生长，使得它们更易受到干旱天气的影响。

雨水的pH值变化很大，但它通常是酸性的，其pH值在5左右，但也可能低至4。雨变成酸性主要由于两种强酸——硫酸和硝酸的存在，它们通常来自于大气中的自然或人工成分。对于植物来说，雨水通常比自来水要好，因为自来水的碱性太强了。

即使土壤潮湿，植物根系仍有可能无法获取水分并开始枯萎。这种情况可能会发生在重黏土中，因为其黏土颗粒与土壤水分结合得过于紧密；也可能发生在当根系遭受虫害或患病时；或当土壤内涝时。上述情况都可能会导致植物烂根死亡。

年幼的植物和种苗格外容易缺水干旱，因为它们的根系弱小且不发达，无法深入到土壤剖面中去。而那些长大成熟的植物，特别是对于许多乔木和灌木而言，它们的根扎得很深，能够伸入到更深层的土壤中搜索水分，因此不容易出现缺水的状况。然而扎根较浅的灌木，如帚石楠（*Calluna*）和石楠（*Erica*）、山茶花、绣球花、杜鹃花以及多种针叶树也容易出现干旱缺水的症状。

完全饱和土壤

当土壤彻底浸水或洪涝时，土壤便会完全饱和。在这种情况下，水会赶走土壤中的空气，植物根部也会被剥夺它们赖以生存的氧气。在冬季，植物的根都处于休眠状态，因此可以承受较长时间的内涝而不会受到明显伤害；但在夏天植物需水旺盛的时候，即使短暂几天的内涝都可能是致命的。土壤的田间持水量是指其空气空间被完全占用之前所能承载的最大含水量。

萎蔫点

萎蔫点是指在土壤中生长的植物开始萎蔫前，土壤的最小含水量。超过此点的条件可以被描述为干旱，即土壤在炎热的天气变干。经过长时间的干旱，植物就可能会达到它们的永久萎蔫点，在这种情况下它们便永远无法恢复其膨胀度，最终枯萎死亡。

当土壤湿度开始下降到危险的低水平时，植物便会做出反应——关闭叶片上的气孔以减少水分流失。但气孔往往并不能够被完全关闭，因此植物总是会失去水分。

首先出现的症状是叶片萎蔫，随后是叶和芽的脱落，最后茎或全草会干枯而死。植物体离根部最远的部分通常是最先受影响而且也是受影响最为严重的。

某些树木会在干旱时做出极端的反应，表现为全部枝条的突然脱落。这种情况在澳大利亚的赤桉树（*Eucalyptus camuldulensis*）中十分常见，这种树也因此得到了一个不吉利的绰号——寡妇制造者。枝条脱落的现象在英国十分罕见。然而，在2003年的那个非常干燥炎热的夏天，皇家植物园威斯利花园入口处的大橡树突然脱落了一个枝桠，掉在了礼品店的屋顶上。

耐旱性和旱生植物

许多自然生活在干旱或极端干旱的地区的植物演化出了许多适应对策，以保护自己免受干旱天气的影响。它们被称为旱生植物。

相比其他植物，旱生植物的总叶面积会比较小。它们可能会产生较少的分枝，比如桶形仙人掌；或产生小型或退化的叶子。仙人掌就是一个极端的例子，其叶已退化成针刺状。

旱生植物的叶表面往往会覆盖着一层厚厚的蜡质或角质层，或是覆盖着一层细毛，用来吸收捕获水分。这些细毛可以使植物周围的空气更加湿润，减少气体流动，进而降低水分蒸发和蒸腾的速率。还有一些植物的叶子具有香味，香味由挥发油产生，这些油附着在叶面可以防止水分散失，在许多地中海植物都有这样的适应对策。银色或白色的叶子可以反射太阳光，从而降低叶片温度，减少水分蒸发。

肉质植物的水分储存在其茎或叶中，有时也会储存在特化的地下茎里。具有球茎，根状茎和块茎的植物在干旱时通常处于休眠状态，它们是干旱的逃避者，在土壤下静静等待干旱期度过，因此它们并不是真正的旱生植物。

许多旱生植物拥有一种特殊的生理机能，称为景天酸代谢。它是典型光合作用的一种变型：这些植物的气孔仅在夜晚开放以吸收二氧化碳，此时温度会凉快得多，随后它们将二氧化碳存储起来，在白天进行光合作用的其他步骤。旱生植物的气孔也可能位于叶片表面的凹坑中，这可使得它们较少地暴露在环境中。

金琥属（*Echinocactus*）植物是一类桶形仙人掌，它们不具分枝，叶片退化成为刺状以最大限度地减少水分流失。

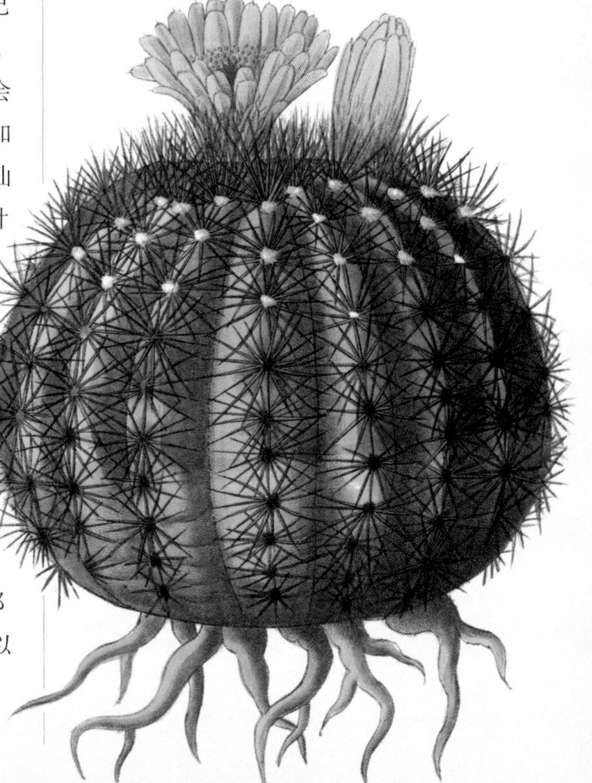

约翰·林德利，英国皇家学会会员

1799—1865

约翰·林德利在英国皇家园艺学会的发展早期发挥了重要作用，学会的图书馆因此以他命名。

英国植物学家约翰·林德利（John Lindley）对于英国植物学和园艺学的许多方面影响巨大，并为早年的英国皇家园艺学会（RHS）作出了很大贡献。

林德利出生在诺维奇市（Norwich）附近，他父亲在那里经营着一家幼儿园，还做一些水果生意。林德利喜爱植物，业余时间喜欢搜集野花，并尽可能地帮助他的父亲。尽管他父亲拥有园艺知识，生意却不赚钱，家里总是欠债，林德利没能如愿去上大学。相反，在16岁那年他前往比利时，成为了一名伦敦种子商人的代理人。

在他返回英国之后，他结识了植物学家威廉·杰克逊·胡克爵士（Sir William Jackson Hooker），胡克允许他使用植物实验室并把他引荐给约瑟夫·班克斯爵士（Sir Joseph Banks），班克斯雇他做标本馆的助理馆员。他还曾在班克斯的家中工作，专门研究蔷薇和毛地黄，并创作了他的第一批出版物。这些作品包括《蔷薇属专著》（*Monographia Rosarum*），其中包括若干新种的描述和他自己的一些植物画，此外还有《毛地黄属专著》（*Monographia Digitalium*）和《梨亚科植物观察》（*Observations on Pomaceae*）两部书。虽然他并未接受过大学教育，但这些出版物仍然显示出其卓越的分类学判断力、细致的观察能力以及准确使用拉丁文和英文的能力。连同其对《植物学记录》（*Botanical Register*）杂志的贡献一起，这些工作很快为他赢得了作为一名杰出的植物学家的国际声誉。

在此期间，他遇到了约瑟夫·萨宾（Joseph Sabine）——一位敏锐的玫瑰鉴赏家，同时也是伦敦园艺学会（即后来的RHS）的秘书。萨宾委托他绘制玫瑰植物插图。1822年，他被任命为协会的助理秘书，并在位于奇西克（Chiswick）的新花园负责植物搜集工作。他还组织了一系列花卉展览，这是英国举办的第一个花展，也是后来著名的伦敦园艺学会花展的前身。

六年后，他当选为英国皇家学会会员（Fellow of the Royal Society），并担任新成立的伦敦大学的植物学教授。在那里教书期间，因为他不满于当时可用的植物学教材，所以他亲自为学生们编写课本。他担任此职直至1860年成为名誉退休教授，但他仍不愿放弃自己在伦敦园艺协会的工作并同时担任两项职务，1827年起任一般助理秘书，1858年起任秘书。在此期间，他为协会承担了繁重的任务并在其财务危机的那些年里做出了许多重要的决定。

林德利一直以来都为其父亲的沉重债务负责，一定程度上受经济原因的驱动，绝不推卸繁重工作负担，即使承担了再多的职责也不放弃那些他已经有的工作。例如，1826年，他成为了《植物学记录》杂志实际上的主编，并在1836年担任切尔西药植园的主管。

当时，林德利的专业知识也在许多重要问题上发挥了至关重要的作用。约瑟夫·班克斯爵士逝世后，邱园开始走向衰落，林德利向其管理部门做了一份报告。尽管他建议将邱园交给国家并作为英国植物研究的中心，但政府却不接受这份提议。相反，他们提出要废除邱园并分散植物。林德利将此事提到议会处理，政府最终让步，使得邱园得以保存。这一切都为后来的英国皇家植物园邱园奠定了基础。

为了弄清导致爱尔兰大饥荒的马铃薯晚疫病的成因，政府成立了专门的科学调查委员会，林德利也是其中一员。随后的报告促成了1815年谷物法（Corn Laws）的废除，并起到了缓解疫情的作用。

林德利是公认的兰花分类权威，他著名的兰花收藏被安置在邱园标本馆。他的《园艺理论与实践》（*Theory and Practice of Horticulture*）被认为是介绍园艺生理学原理的最好的书之一。在他最著名的书《植物界》（*The Vegetable Kingdom*, 1846）中，他开创了他自己的植物自然分类系统。他的规模庞大的私人植物学图书馆成为了英国皇家园艺协会林德利图书馆的基础。1841年，他参与创办了期刊《园艺工作者纪事》（*The Gardeners' Chronicle*）。这本期刊的出版持续了近150年，并由他担任第一位主编。

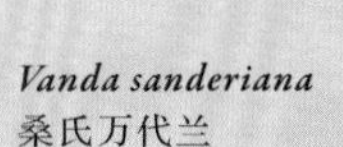

Vanda sanderiana
桑氏万代兰

Rosa foetida
异味蔷薇

由约翰·柯蒂斯（John Curtis）为林德利的《蔷薇属专著》创作的手工上色的版画。

在他辉煌的职业生涯中，林德利获得了无数的奖项和表彰。他被选为伦敦林奈学会会员，伦敦皇家学会会员，并被慕尼黑大学授予荣誉博士学位。

科学界十分敬重他，许多带有种加词“lindleyi”或“lindleyanus”的植物都以他命名的。

当引用植物学名时，以他为命名人的标准缩写为“Lindl.”。

营养素和施肥

正如我们在第三章中所讨论的那样，植物为完成其整个生命历程，需要摄取广泛的矿物质营养。由于大部分的营养元素都是通过根部吸收，所以土壤中必须包含有适量的且易得的营养物质。

在自然条件中，植物所需的全部营养素均来源于环境，例如林地落叶的分解。然而在花园里，自然土壤的肥力可能不足以维持植物的健康生长，尤其是对于一些营养需求特别高的栽培种而言，补充施肥往往必不可少。草坪也需要定期施肥，因为频繁地修剪不可避免地会带走大量的营养物质。

种在容器中的植物更依赖于额外的营养补充，因为它们的根系无法接触到外界土壤。高品质的花盆肥料通常含有足够的营养，可满足植物五至六周的生长需求，也有一些长效化肥可以满足植物长达六个月的生长需求。过了这段时间，它们就只能完全指望园艺工作者了。

只有当植物旺盛生长时才需要对它们进行施肥。如果它们都处于休眠状态，施肥可能会导致营养物质积累到有毒的水平，损害甚至杀死敏感的根毛。相反地，缺乏营养可以导致植物生理机能出现障碍。

园 艺 小 贴 士

叶面肥料

除了能通过根系吸收养分，植物也能够借助其叶表面的表皮和气孔吸收养分。因此，我们可以将一些非常易溶的合成化肥作为叶面肥料使用，将其浇在植物体上和土壤中，以增加营养物吸收的总量。在植物需要快速吸收营养时，这种施肥方法通常可以作为一个“紧急治疗”的方式。在某些情况下，如在西红柿的成花期施加叶面肥料，会显著提高果实产量。

Solanum lycopersicum
番茄

有机肥

虽然一些园艺工作者会认为绝大多数土壤添加剂指的都是有机肥，但是像自制堆肥这样的添加剂，其实际营养含量是相对较低的。把它们加入到土壤中主要是为了帮助改善土壤结构。真正的有机肥料含有相对更多的营养物质，但由于它们本身是有机物，它们往往需要比工厂制造的合成化肥耗费更长的时间才能释放它们的营养成分。

通常认为，有机肥要比人工合成的要好，因为它们既可以给土壤提供营养，维持土壤的微生物群，又可以为植物提供营养。此外，生产有机肥的过程消耗的能量较少。那些由海藻提取物制成或包含海藻成分的肥料是很好的植物“滋补剂”，因为它们中富含种类齐全的大量和微量元素、维生素、植物激素和抗生素，尽管它们营养成分的含量可能会差异很大。

地表之上

土壤之外，植物完全暴露在大气和外界的自然之力面前，例如极端的天气和气温、降雨、霜冻、强风或寒风。园艺工作者们会寻求各种各样的方式保护自己的植物（见下节），但总的来说，我们仍十分需要了解自然环境中植物是如何生存的。通过这种方式，我们将更容易确保种植成功。

天气和气候

“气候”指的是一个地区在长时间内的天气模式，其时间跨度很长，可以提供有意义的平均值。“天气”描述了在特定时间点上的大气条件。正如人们常说的那样，“气候是你期待的，而天气是你得到的。”

小气候

有时，一个局部区域的气候条件会与其周边临近地区有所差异，这种情况被称为小气候区。在户外，小气候区可能是一个朝南的悬崖边庇护的地区（北半球），或者是一个由于风吹过狭窄的山谷而形成的暴露的风口。花园中也存在着小气候区，比如树下的遮阴处，以及受到阳光照射的墙壁——它会将白天吸收的热量在夜晚释放出来，为生长在其附近的植物提供额外的保护。

气候变化

气候变化是一个常常被误解和误用的术语。它经常被用来指全球变暖——地球的平均温度稳定上升的过程，这是科学家们已经记录了几十年的真实状况。而事实上，地球始终处于气候变化的状态：数万年前的地球还处于一个冰河时代中，而这仅仅只是历史上多次冰期的一次。现在我们正处于间冰期，地球不断升温。提到应对气候变化，园艺工作者们所能做的仅仅就是时刻关注天气并采取相应的行动罢了。

厚萼凌霄（*Campsis radicans*）通常被视为一种比较耐寒的攀援植物，可忍受-20℃的低温。

温度和耐性

过高和过低的温度都会对植物的生长产生不利的影响。植物被高温杀死的临界温度称为其热致死点。自然而然地，这一指标在植物中差异很大。举例来说，许多仙人掌都能忍耐非常高的温度，而喜阴植物在比这低得多的温度下就会死亡。超过 50℃的高温会杀死很多温带地区的植物。

植物所能耐受的最低温度决定了其耐寒性。不出意外，这一范围也很广大，通常可分为三大类：不耐寒、半耐寒和耐寒。不耐寒植物会在气温到达冰点时死亡，而半耐寒的植物能够耐受一定程度的寒冷。耐寒植物可以很好地适应冰点温度，尽管还有些种类更加顽强。

令人头疼的是，“耐性”（hardy）这个词在园艺领域还有许多其他的涵义。在炎热地区它可能是指植物的耐旱性或耐高温的能力。耐寒的涵义也是相对的——在一个国家或地区耐寒的标准可能并不适用于他地。这个术语的使用十分随意，因此并不能作为一个很好的参照标准。例如人们通常都说倒挂金钟属（*Fuchsia*）植物比较耐寒：实际上，有些种类确实能够经受住 -10℃的低温，而其他的一些种类只能短暂地忍受零度以下的温度。

植物的反应

热休克蛋白

面对高温胁迫时，植物会制造特殊的热休克蛋白以帮助细胞仍能正常履行功能，这便是它们对高温环境的响应。适应了高温环境的植物，它们体内总是时刻储备着一些热休克蛋白，这能够帮助它们对极端温度迅速作出反应。

低温应激反应

在温带和寒带地区，处于冰点或低于冰点的温度会对大多数植物造成影响。植物通过改变其生化指标应对低温，例如增加细胞中糖的浓度可以使细胞液更加浓缩不易冻结，在低于冰点的温度下仍可以保持液体状态。

如在北极圈这种非常寒冷的气候下，植物实际上会将其细胞脱水，并把水分排到细胞壁之间以应对低温，因为此处即使结冰也不会对细胞里面的内容物造成损坏。

植物的这些生理变化被称为抗寒锻炼，是由秋季气温降低、日照缩短而引发。然而，要完全适应冰冻的环境条件，植物必须要在冻结发生之前，提前几天经受寒冷的刺激。这就解释了为什么即便是耐寒的植物，也会被突然到来的秋霜冻伤。

植物也可以产生抗冻蛋白，它们可以提高细胞液的浓度，进而为冰冻天气下的植物提供进一步的保护。这些蛋白质可以结合到细胞内的细小冰晶上，防止它们继续扩大，对细胞造成伤害。

银叶老鹳草（*Geranium argenteum*）又俗称耐寒老鹳草，可以忍受-30℃的低温。

霜和霜穴

当物体的表面温度低至冰点，空气中的水蒸气便会开始以霜的形式在上面凝结。当秋季夜间气温开始低于5℃时，园艺工作者们就要警惕每年的第一场霜冻就要到来了，并应考虑给予那些对霜冻敏感的植物一定的保护，如大丽花和美人蕉。

霜对于植物柔嫩的新生部分和春季开放的花朵伤害最大。取决于温度降到多低以及霜冻期持续多长时间，植物可能会为了应对霜冻而中止芽、叶、花和果的发育。不耐霜冻的植物，如种植在夏季花坛中的那些时令花卉，在夜间温度高于5℃之前均不宜种在室外。在英国，通常是直到五月底才可以。

生长在容器中的植物尤其容易遭受低温和霜冻的伤害，因为它们的根是地面以上，得不到周围土壤的隔热保护。即使是那些耐寒的植物，若是种在容器中也可能会被冻伤甚至冻死，因为它们的整个根系都会被冻结。基于这个原因，许多园艺工作者在冬季都会对他们的花盆进行隔热处理，尤其是当花盆比较小的时候。这种做法也可以保护陶瓷盆不会因霜冻开裂。然而，如果霜冻时间过长或温度过低，隔热处理的保护作用就会变得相当有限了。

Rhododendron calendulaceum
金盏杜鹃

当极冷的空气向下移动时，霜穴现象就会发生。这种情况通常发生在山谷、洼地或在一些坚固的结构后面，如围墙或结实的篱笆。其形成的原因是因为空气随着温度降低，会变得越来越重。在这些地区，冷空气易流进而难以排出，霜冻就会比较严重。

园艺小贴士

解决霜

虽然霜本身就会对植物造成伤害，但反复冻融和快速解冻带来的伤害更加严重。山茶花就特别容易快速解冻，这就是为什么它们永远都不应该被种在能够接受到清晨阳光的地方。霜冻加上强风是所有植物的噩梦。

风

大树和一些生长在暴露环境中的植物十分容易遭受大风和风暴的破坏。那些自然生长在暴露环境下的植物通常会变得非常矮小，甚至变成垫状以减少其迎风面积。一棵树永久地随着风向弯曲的经典画面实际上就是植物对暴露环境作出的响应：它的生长主要集中在背风侧，那里相对多一些遮挡。

大风对待植物可谓“横冲直撞”，有时会吹落大的树枝，甚至连根拔起。香蕉的叶片上有“裂口区”，必要时会将其撕裂，减少风的阻力，以免对整个叶片或植物造成损失。其他植物具有小型化的叶子以减少风阻。在夏季或秋季的骇人风暴中，阔叶落叶树很容易被毁，因为此时它们的叶子仍然紧紧连在枝条上，极易受到风的摧残。1987年10月16日是英国历史上永远铭记的一天，因为就在那天晚上，飓风横扫整个英格兰南部，摧毁了超过1 500万株成年大树，它们中有不少都已经挺立了几个世纪。

园 艺 小 贴 士

当风吹过时，空气的快速流动会带走叶片中大量的水。植物通过关闭气孔以减少水分丢失。禾本科植物能够卷起它们的叶子，以减少水分从气孔蒸发，这与它们在干旱时作出的响应是一致的。另有一些植物可以通过落叶减少失水。如果水分补充的速度不如丢失的速度快，风将会导致叶焦效果，在叶缘处产生干褐色的斑块。

Apera spica-venti
拂穗丝须草

雨、雪和冰雹

虽然雨水对于保持土壤湿润十分重要，但猛烈的暴雨也会给植株的顶部带来不利影响，破坏柔嫩的茎、叶和花朵。持续潮湿的天气有助于植物表面真菌等病原体的生长。有些植物在它们的叶片上生有长长的滴水尖，这可能是为了防止叶面积水而产生的一种适应，因为水滴很快就会被滴水尖导走，不会在叶表面停留片刻。滴水尖还会创造出小巧的水滴，因为水滴越小，对植物根部附近土壤的侵蚀就越小。

像雨一样，冰雹可以破坏植物的柔嫩部分，但因为它质量更大，造成的伤害也更为严重，甚至会打穿树叶。它也会造成植物体瘀伤和擦伤，导致落叶或落果。冰雹可在嫩叶和水果上留下细小的疤痕，十分影响植物的生长。对于果农而言，冰雹就是一个诅咒。

当雪融化时，它其实是水分的一个重要来源，但在此之前它还是可能会给植物造成损坏。由于其质量重，积雪可能会把植物的枝条压断。地面上长期覆盖着的厚厚的雪层会让雪下的植物缺乏光照，枯萎甚至死亡。但实际上，地面上的雪层也可以为低矮的植物提供保护，以使它们免受严寒和大风的袭扰。在高山地区，甚至在雪层尚需一些时间融化之前，有些草本植物就会从中生长出来。这些植物的新生部分受到雪层的保护，直到夏季来临，雪层融化，那时植物就已经开花了。

沿海条件和盐分

持续的暴露和风吹来的沙粒对于生活在海岸附近的植物是一项特别的挑战。空气中携带的盐也是另一个麻烦，当盐分在植物体上沉积后，将使植物组织脱水，引起萎蔫和叶焦。当水滴蒸发，盐可以渗入到植物的茎、芽和叶中，对植物的细胞结构和代谢过程造成直接伤害：造成嫩芽死亡，茎干枯萎，植株生长发育变缓，甚至在极端的情况下整个植物体都会死亡。当道路融雪使用的盐无意中作用于植物时，也会产生同样的影响。

沙地和盐沼植物都很适应于其生存的高盐环境，其面临的盐分胁迫压力取决于它们距岸边的远近。能承受定期被海水淹没的植物被称为盐生植物。因为水中的高盐度使得植物难以吸收水分，盐生植物有各种生理适应：例如，它们有些可以在海水淹没期间通过快速增长降低个体细胞的盐浓度，使叶片膨大以稀释盐分带来的有害影响；或通过肉质的叶片保存水分。有些红树可以把连续淹没带来的盐分运到树液中，并将它们沉积在老叶中，随后再将老叶脱落。

光照

园艺工作者应该始终关注植物对于光照的需求。喜光植物如果被种在阴影里，将很快变得虚弱并死亡。而喜阴植物若是种在大太阳底下，也会被迅速地烤干、枯萎。最关键的因素是光量，其由日长，云量和阴影量来确定；而光质，则是植物喜欢的某一光谱范围，它对于生长在森林地面的植物或暴露在强烈紫外照射下的植物影响很大。

当植物生长在无法满足其自然需求的低光照水平下时，黄化现象就会发生。其症状表现为茎干过长、脆弱，叶片变小且稀疏，叶间隔变大且叶色发白。黄化现象通常可见于在窗边阴影中生长的种苗，因为它们往往偏向有光一侧生长，以获得更多的光线。许多喜光植物被种在阴影太多的地方时也会表现出类似的症状。例如，如果光照不足，弗吉尼亚腹水草（*Veronicastrum virginicum*）高大的花茎就会朝着太阳生长。

关于光对植物的影响亦可见第八章。

Veronicastrum virginicum
弗吉尼亚腹水草

影响环境

很多情况下，园艺工作者可以通过影响环境改善植物的生长条件或延长它们的生长期，进而提升品质、增加产量。为了保证植物健康生长，除了通过打理土壤和选择在恰当的位置种植之外，园艺工作者可以利用温室、钟形罩、保温毯等其他保护栽培形式。

例如，钟形罩、保温毯可以保持空气温暖，使气温尽早到达植物开始生长的温度。温室和塑料大棚可以在冬季到来之前帮助挂果植物（如葡萄或辣椒）生长更长的时间。

防风屏和防护带可用于保护花园免受强冷风袭扰。因为它们可以在其背风面十倍于其高度的距离内显著地减弱风力，所以它们可以有效地构建一个有利于植物生长的温和环境。由于风会从防风屏的边缘吹过，因此，设置的防风屏应该比需要保护的区域的长度更长。

厚实的有机覆盖物用处很大：在冬天它们可以隔绝土壤，而在夏季可以保持植物根系凉爽，减少土壤水分的蒸发损失。覆盖物还可以减少杂草生长，以避免其不必要地消耗土壤中那些本该提供给作物的水分和养料。

在冬季和初春，光照强度可能会过低，不足以确保年幼植物和种苗的健壮生长，易引起黄化现象。在这种情况下，园艺工作者可以在温室或家中提供辅助照明以促进生长，使用的灯具应保证光线处于恰当的波长范围：400～450 nm 和 650～700 nm。

Rosa
蔷薇属

第七章

修剪

Pruning

修剪是从植物体上去除多余结构的手段，可以改善植物的健康状况和表现，并改进其栽培环境中的整体外观和尺寸。虽然“修剪”这个术语是一般用于木本植物，但实际上它可以泛指任何导致植物生长部位脱落的操作。通常来讲，修剪主要是指由园艺工作者进行的例如剪枝、去除枯花等工作，但也可以指植物自身诱导的修剪行为，如“自我修剪”或枝条脱落（见第 161 页）。

修剪早已被定义为一项结合了艺术与科学的工作，它需要园艺工作者们知道做什么、怎么做以及最终将达到怎样的整体美感，并在三者之间达成一种平衡。当然，所有的植物可以不加修剪，任其自由发展，正如它们在森林这样的自然环境中的状态，但在花园里，大多数植物将很快变得凌乱不堪、生长过度。

修剪通过影响植物的生长模式起作用。激素水平的变化诱导了休眠芽生长以及新芽的形成，而地上与地下部分生长量比率的变化也会引起植物产生特定的响应。

为什么要进行修剪？

修剪影响植物的生长方式，园艺工作者们利用其产生的生理反应改善它们的形状及其开花结果的能力。枯死、患病或受损的植物体部分也可通过修剪去除，以提高植物的整体健康水平。

有些植物几乎不需要修剪，而有些则需要每年进行修剪以确保它们按照园艺工作者的意愿生长。那些长势凌乱的植物可能从未修剪过或修剪得不好，可能需要一番“大动干戈”地修剪才能帮助它们重塑外形、花果繁茂。

许多园艺工作者新手总是不必要地担心——哪怕剪断最小的树枝也会给植物带来可怕的后果。事实上，大多数植物并不会受到伤害并对修剪反应良好。有些植物甚至会因为修剪而表现得更好，在此情况下，修剪甚至还会延长它们的寿命。但另一方面，也有一些植物不宜修剪，例如岩蔷薇（*Cistus*）和金链花。

Cistus salviifolius
鼠尾草叶岩蔷薇

花园环境下的修剪

园艺工作者千万不要忽视了这样一个事实：花园是一个半自然的环境。在自然状态下，植物很快就会到处蔓延、凌乱不堪，因此，人的因素还是至关重要的。除草和修剪都是园林养护的基石。从根本上，它能将植物控制在一定的规模和比例内生长。一株到处蔓延的乔木或灌木会很快占据花园的主导地位，打破园中所有其他元素的平衡。

为了构建和维持所需的造型和习性，乔木和灌木最初的形状以及早期的锻炼是非常重要的。对于任何有着明显木质构架的植物而言，细弱、交叉、摩擦和拥挤的新生枝同样也应该被清除掉，因为它们会干扰视觉的吸引力。但对于像冬青和月桂这样枝叶繁密的常绿灌木而言就不是很重要了，因为它们的分枝很少露在外面。如果不把密集拥挤的生长部位清除掉，它们就可能会损坏树皮，导致感染。

枯死、患病、将死或已损坏的部分也应该被清除掉，它们不仅影响美观，也容易引起整个植株的感染。生有病枝或死枝的大树还可能具有安全隐患，应该加以重视并由具有专业资质的人员进行处理。

修剪还可以促进开花结果，并可用来构建其独特的视觉效果，例如灌木修型、独特的茎叶效果（通过平茬或截顶操作）以及盆

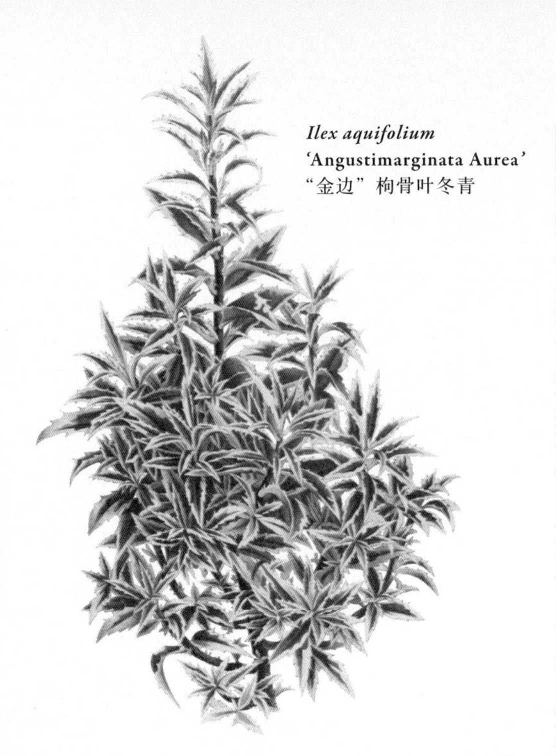
Ilex aquifolium
'Angustimarginata Aurea'
"金边"枸骨叶冬青

栽。嫁接的植物有时会从砧木上产生根出条[1]，当其出现时应务必去除。许多花叶植物具有产生全绿叶片的倾向，因此必须及时清除以防止其占据植株的主体。

自然衰老和脱落

伴随着植物的老龄化，植物体健康状况日益恶化并导致植物器官死亡的过程被称为衰老。植物器官死亡掉落的过程被称为脱落。每年，我们都会看到这两个过程，例如落叶乔木为准备过冬开始落叶，以及落花、落果等许多现象。

衰老经常季节性出现。对于一年生植物，它每年都会发生，叶片首先死亡，紧接着就是茎和根系的死亡；对于二年生植物，衰老过程出现在第二年；而对于多年生植物，它们的寿命是不确定的，其茎和根系可以活很多年，甚至上百年。但它们的叶片、种子、花朵和果实都会在不同的时间脱落。

许多常绿树种的叶子寿命只有两到三年，随后便死亡脱落。对于多年生草本植物，叶衰老的过程是从老叶一步步发展到新叶的，有时整个地上部分都会在休眠期到来之前完全死亡。在夏末和秋季，园艺工作者们往往需要花费很长时间清理这些枯萎的部分，以保持花园的外观整洁。有时这一过程甚至会刺激植株产生新的增长，开出更多的花。

衰老和脱落具有许多生物学优势。对于许多植物来说，物种的延续取决于其果实的脱落，进而得以传播扩散或被运送到新的位置上。衰老的花和叶如果不被清除，就会遮蔽新叶或染上病害。而且落叶有助于营养素回归土壤——这是一种营养上的节约，可以帮助森林树木在贫瘠的土地上生存。当植物缺水时会通过落叶以减少蒸腾失水，这也被视为是一种脱落过程。

园 艺 小 贴 士

叶子中的叶绿素

随着秋叶的颜色由绿变红、黄和橙，它们的衰老为许多树木、灌木和多年生草本提供了额外的观赏效果。由于秋天日照时间变短，气温下降，叶片中的叶绿素会被分解并运输到植物体的其他部位重新利用。由此造成其含量下降，这也让平时隐藏起来的黄色的叶黄素和橙黄色的胡萝卜素在叶片上显现出来。与此同时，叶片还会合成花青素，赋予其自身红色和紫色的颜色。

在金斑挪威槭中找寻秋天的颜色。
Acer platanoides 'Aureovariegatum'

① 根出条：从茎的基部或根状茎上长出的枝条。

应对修剪的生理反应

了解植物的生长习性以及它们对于修剪作何反应，将帮助园艺工作者们正确地修剪植物。新枝通常是从茎的顶芽长出，不同植物茎上芽的排列方式也不尽相同：有些对生，有些互生或轮生。如果不是为了调控开花结果，修剪的时机也非常重要。学习关于特定植物的相关知识，有助于园艺工作者掌握何时、何处以及如何对植物进行修剪。

顶端优势

由顶芽对其下茎和芽侧向生长施加的抑制性作用被称为顶端优势。当剪除顶芽时，顶端优势就会丧失，下面的芽才会开始生长。园艺工作者们利用这种特性来构造更浓密的植株，做得够好的话，即使普通的修剪也可以用来创建精巧的造型。

一些植物的顶芽如果被剪除，其一侧的芽可能会快速生长并重新确立顶端优势；还有一些植物会产生2个甚至多个生长点共享优势，产生双向或多向的枝条。对于乔木而言，多个主导的枝条在以后可能会引发一系列的问题，因此长势最弱的枝条应该被去除掉，留下最壮实或最直的那一根枝条。顶端优势是由顶芽产生的植物激素控制的。

茎尖若想变得活跃，它必须要把生长素输送到主茎中去，但如果主茎中已存在有大量的生长素，输出的通道就将无法建立起来，这段枝条也就只能继续保持休眠状态。所有的茎尖生长点都在相互竞争，因此无论上部还是下部的茎尖，其实都在影响各自的生长。这就使得最强壮的分枝会长得最为繁茂，无论它们生长在植物的哪个部位。大多数情况下都是顶端占据主要优势，并不是因为其所处的位置，而是因为它们通常是最早开始生长的那根枝条。

拉下一个垂直生长的枝条，锻炼其在水平方向生长也可以打破顶端优势。沿着这个枝条长出的侧芽会更容易开花结果。这种技术在培育攀援植物、树墙灌木以及某些果树时特别有用。

分枝模式

植物可以按照茎上芽的排列方式进行归类，可分为互生、对生或轮生，这也决定了其叶和枝的排列方式。对生芽植物的叶和枝生长于茎同等高度的两侧。互生芽在茎两侧

顶枝和顶芽的存在抑制了侧芽的生长

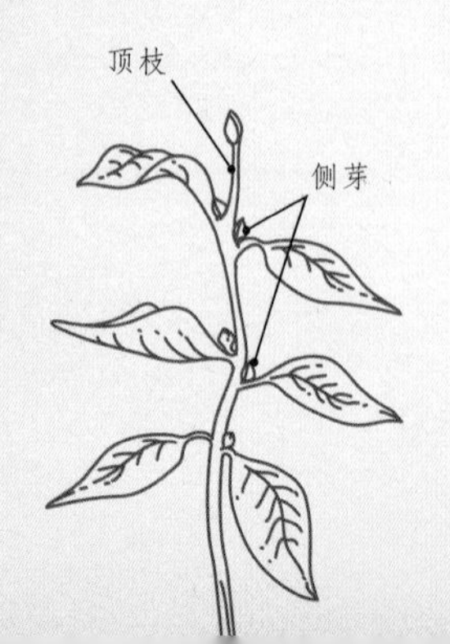

去除优势芽后，侧芽开始生长

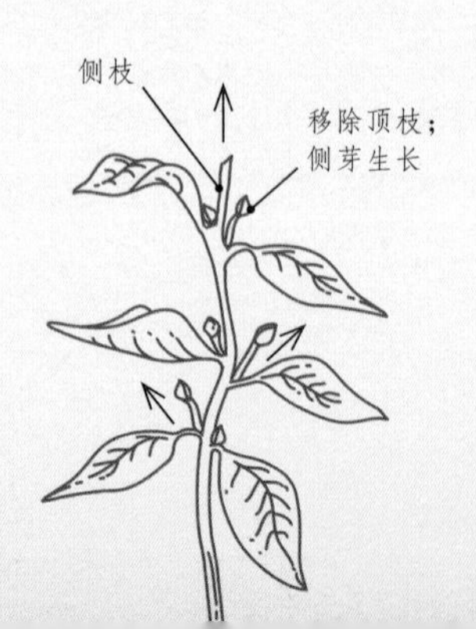

当顶芽移除之后，用一块浸有生长素的琼脂块取代其位置，发现侧芽的生长仍受到抑制，由此证明了生长素的作用

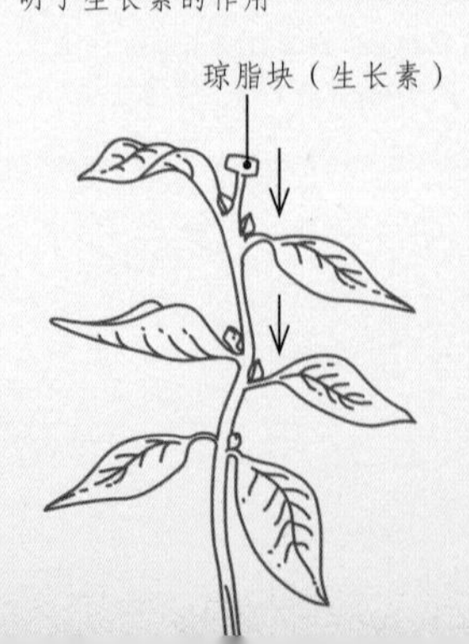

的不同位置上交互生长。轮生芽会在节上一圈儿产生 3 个或更多的叶或枝。

由芽萌出的枝条通常按着芽指向的方向进行生长。在互生芽上方进行修剪，就会在芽指向的方向上诱发产生新的枝条，而在一对对生芽之上进行修剪，就会在剩余主茎两侧产生两个枝条。

具有对生芽的植物更难修剪，因为很难把修枝剪的尖端压成“V”形，快速切断芽上方的枝条且尽量不留残体。同时，想要控制新枝的生长方向也很难，因为一个枝条会朝着期望的方向生长，但与它相对的另一枝总会沿反向生长。一个解决办法就是揪掉多余的芽或等几个星期后剪断不想要的那段枝条。

修剪的时机

正确的修剪时机对于能否实现最好的开花结实效果至关重要。然而天气和气候也会造成影响，因此作为园艺工作者需要对每株植物的需求十分敏感。例如，如果对常青树和轻度不耐寒的植物进行修剪，春季就会显得过早而秋季又会太晚，因为产生的切口或新生的嫩枝更易受到霜冻或冷风的伤害。

如果在一年中错误的时间点进行修剪，有些植物会流出大量的树液，此举将削弱甚至杀死它们，例如冬季的桦树，春季的葡萄以及夏季的核桃。另一种情况是，其他植物可能更容易遭受疾病感染，如果在冬季休眠时进行修剪，那些李属（*Prunus*）的核果树会更易受到细菌性溃疡病和银叶病的威胁，因此应等到夏季再对其进行修剪。

植物对于修剪的反应不仅仅取决于剪断了多少茎干，还与何时进行修剪息息相关。修剪掉休眠中的茎，会把即将长成嫩枝或花朵的芽一并去除，因此植物体中的营养储备就会转到剩余的少数芽中去，使它们生长更有活力。在生长季节的不同时间里，植物对于修剪的反应也发生着改变，在夏季过半之后，它们的反应就不会十分强烈了。

对于木本观花植物而言，修剪的时间取决于它们的花期。园艺工作者们需要知道，这些植物的花朵究竟是由当年的新枝生长出来，还是从去年夏天就长成的老枝上生出的。一般来说，从新枝生花的植物都要在盛夏之后开花，夏季的前半段主要进行新枝生长。从老枝开花的植物在生长季的早期就可以开花，几乎可以在从隆冬直到盛夏的任意时段开花。

Prunus avium
欧洲甜樱桃

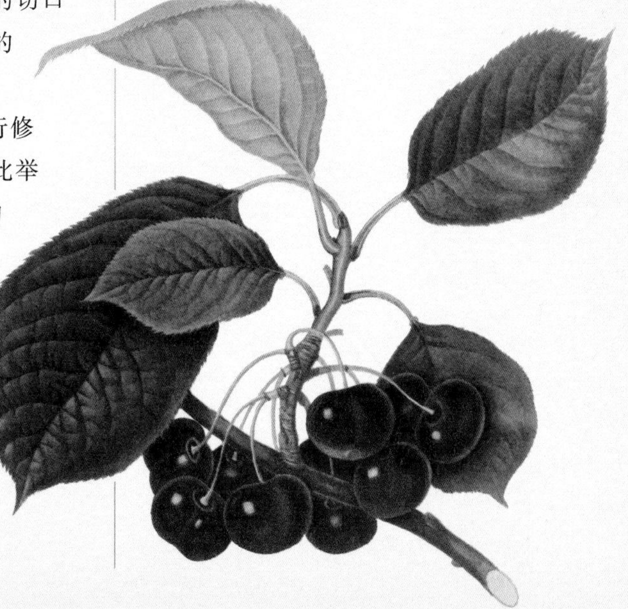

乔木的修剪

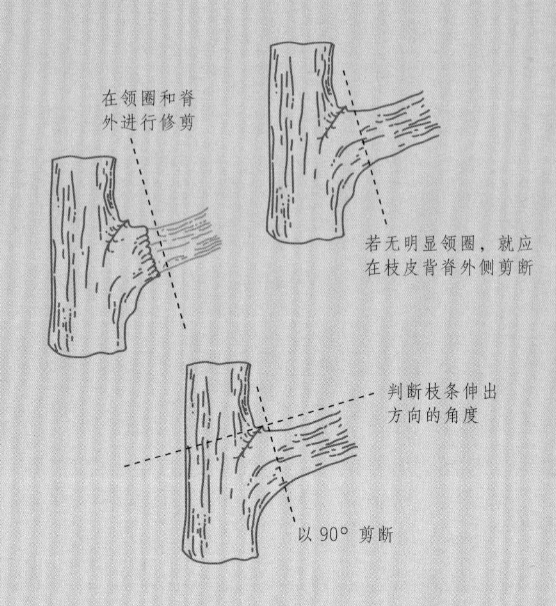

乔木领圈

乔木的分枝结构以及枝条的连接方式分为三类：具领圈连接；无领圈连接以及共优连接（即从同一点发出的两个枝条直径近似相同，无任一枝条表现出优势）。分枝的领圈中包含有可以提供化学保护的组织，它们可以隔离截断区域、抑制感染发生。

每一种分枝类型都有相应的最佳修剪方式，以使这些分枝能够得到最好的密封，避免截断区域衰退。

具领圈连接

领圈是树枝基部与树干连接且微微膨大的部分。对于具领圈的连接类型，园艺工作者应该在领圈外剪断枝条，而不应该把领圈一同减掉或破坏它的完整结构。无领圈的分枝应该沿着枝皮背脊的外缘与树干的夹角方向进行修剪。对于共优连接的枝条，切口的顶部应刚好超出枝皮背脊的褶皱，直达连接主干的枝条外侧为止。

在实际操作中，枝皮背脊和领圈有时难以辨别，使得业余爱好者很难作出准确地判断。还有一些情况下，分枝的位置很难或完全不可能锯得到。质量大的断枝在掉落时可能会扯掉部分树皮，这种伤害在进一步修剪之前是很难恢复的。如果需要对大树进行修剪，请务必聘请一个具有专业工具、丰富经验和资质的专业人士进行操作，因为相比于你自己和树都面临生命威胁，这样显然好多了。

环剥

正如在第二章提到的那样，环剥可以用来控制植物的生长。它能起到与断根类似的效果，对于那些结实偏少的苹果树和梨树十分有效，但对核果树并不适用。通常的做法是在主干上除去 6～13mm 宽的不完全的一圈树皮，其高度应在地面以上适当的位置，但应远低于最低的分枝。切割时必须恰到好处地切断树皮和形成层。

不完全环割会保留约三分之一的树皮，树仍能够从根部吸取水和矿物质，糖和其他营养素也可以继续运送至根部，但供应的总量均会减少。这样一来，乔木生长的活力会受到极大遏制，如果操作不当可能会导致树的死亡。

树皮环剥只能作为最后的手段，并且只能用于生长旺盛的树木，通常在春季中期至春末之间进行操作。在芽的正上方的树皮开槽或切开一个新月形的切口是另一种类似于环剥的技术，但可以达到具加更加定点的效果。其目的是刺激切口下方的芽进行生长。

修剪

持续地整枝、剪枝以及轻度地弯曲植物都可能导致植物长势不平衡，头重脚轻，或偏向一侧。同时，上述这些如果没有考虑时机是否恰当就进行操作的话，很有可能会减少花芽的产生，最终导致无花无果。一些园艺工作者修剪植物可能下手很重，而另一些人可能会过于小心翼翼，连一根小小的枝条也不愿剪掉。

为了使修剪更为有效，园艺工作者们需要知道这两种做法中哪一个最为合适，以及何时该采取折中的策略。要知道，这样许多植物对于重剪的反应并不好，因为它们可能没有休眠芽或不定芽，因此不会从老枝上产生新的枝条。

与预想中相反的是，若想减少过度生长的植物体积，重剪并不总是最佳方案，因为这样的植物通常会由于重剪而诱发其生长更为旺盛，但这也取决于植物根系的大小，健康程度和活力。经过几年的选择性修剪（但不是重剪），过度生长的大树通常还是可以重现活力，体积也会得以缩小。强壮的茎通常可以稍微向后倾斜二分之一或三分之一，较弱的茎则可以完全修剪掉。

修剪切口

当修剪切口时，务必使用干净、锋利的工具以促进伤口愈合，减少其感染的风险，而在正确的时间和位置进行修剪也同样重要。

修剪切口应干净，无毛边且茎无伤，并应在不伤害芽的前提下尽可能地靠近芽。这样做的目的是为了确保茎是在一个强壮的芽或健康的侧枝处截断。

在剩余的芽或侧枝之上的所有生长都会随之枯萎，因为其上没有任何芽或其他器官需要维持。由此产生的突起和断茬更易遭受疾病感染，还可能会通过茎的剩余部分传染给整个植物。

Wisteria sinensis
紫藤

紫藤需要在冬夏进行修剪，
以产生更多的生花短枝并减少过度生长。

切口愈合

修剪后，植物便会做出反应，表现为暴露细胞中蛋白质的含量上升，暂时性地保护下层组织免受感染。木质部和韧皮部的管道会产生抗真菌的化合物。断面随后便会开始形成愈伤组织。

愈伤组织是一团无序的薄壁细胞，在起始阶段覆盖着切割面。它们随后便会形成维管束和木栓细胞，然后向内生长直到整个区域，或至少覆盖切口的外部一圈。单个细胞也会发生改变，在伤口周围形成“围墙”，防止任何潜在的感染扩散开来。

通常认为，应该在大的修剪断面上刷一

欧洲李。为李属植物涂刷愈伤油漆可能会有助于预防银叶病。

层愈伤油漆。然而，通常来讲，这种做法已经过时了，因为人们发现其实油漆会阻碍正常的愈伤组织生成。它们也可以锁住水分，使得环境更适合病原体的生长。李属植物是个例外，对于李子和樱桃而言，涂刷愈伤油漆通常被认为是一种有效的预防银叶病的措施。

根系修剪

虽然把一棵树提起来进行根系修剪要比修剪分枝操作起来难度大了很多，但通过这种方法，能够减少和抑制过度的营养生长。根系修剪可以降低植物的活力，进而促进植株多开花，而不是多长叶。因此，剪根对于改善开花不多的灌木和果树很有帮助。剪根操作通常都在树木完全休眠的秋季至冬末进行。

不满五年的年幼植物可以直接挖出来，并在重新种回去之前修剪根部。树龄长达十年的老树就需要更多的准备工作了。首先需要围绕着树干 1.2～1.5 m 处挖一条宽和深均为 30～45 cm 的沟。随后，切断主根，并尽快将沟回填。除非是作为最后的手段，树龄较大的成熟乔木不宜进行根系修剪，因为它们的恢复能力已经不如年轻的树了。

掐尖和打芽

柔软的新生部分可以用拇指和食指掐掉。掐尖可以阻止该点的进一步生长并促进侧枝形成，使植株更为繁茂。这项操作经常应用于幼苗和年幼植株，以防止它们长得过高过细，但掐尖其实可以用于植物任何柔软的生长部位。

打芽就是去除植株上多余的芽。对果树进行打芽十分常见，主要是为了防止其形成过多的花芽，结出过多的果实，目的是为了控制果实的数量，保证果实的品质。打芽也可用于纯粹的赏花植物。因为如果我们假设每棵植物能产生花朵的总量是一定的，那么要想让花朵变得更大，那么开花的总数就必须减少。此项原理不仅适用于花朵大小，同时也适用于品质，因为植物体中可利用的营养物和水是有限的，这些资源在更少的花之

去除单干式番茄的侧枝可以促进作物长得更高更大，结果品质更好。

间分配，每一朵就会得到的更多，生长得也就会更好。

摘除枯花

这是一个把褪色、将谢或已经凋谢的花朵摘除的过程。通常是为了使植物看起来始终具有吸引力（而枯花常常给人以不整洁的样子），植物自身也有落花的趋势，它可以使植物开出更多的花。

一旦花已授粉，种子和果实便会开始发育，并向植物的其余部分发送信号，以延缓进一步的花发育过程。定期地摘除枯花可以防止种子和果实产生，避免浪费营养。节省下来的能量将被重新投入到更旺盛的生长过程中，有时甚至会产生更多的花。

花坛植物、鳞茎植物和很多多年生草本植物通常都需要摘除枯花。虽然鳞茎植物并不会继续产生花朵，但其种子生产仍会浪费能源，摘除枯花可以省下这部分能量用于来年开花。园艺工作者们可以摘下发育中的蒴果并保留绿色的花梗直至其枯萎，因为花梗可以通过光合作用合成养料。

观花灌木不需要经常摘除枯花，因为它们每年都要在开花后进行修剪，而且摘花实际操作起来也不容易。然而，一些花朵较大的灌木如山茶花、杜鹃花、丁香（*Syringa*）、玫瑰和牡丹等，摘除枯花对它们的生长还是比较有利的。

还有一些园艺工作者会把植物新生的花摘除，以使其开花更晚、更繁盛，通常都是针对一些夏末开花的多年生草本植物。在盛夏之初就将新生的花芽剪掉，并让其继续生长。紫菀、草夹竹桃和堆心菊适合进行这样的操作。

园艺小贴士

修剪后施肥

修剪过后，给植物施加些肥料是个不错的主意。因为植物会在茎中存储不少营养，剪断枝条必然会使营养的存储量减少。施肥对于激发植物修剪后良好的再生长也很有帮助。

液体肥料见效快，但持续时间比较短暂；颗粒肥料持续时间长一些；缓释肥料的肥效可以持续好几个月。大多数开花的乔木、灌木和攀援植物对于富含钾的颗粒肥料反应良好。

因为植物的吸收根主要分布于叶冠层的边缘，因此肥料也应该在这周围一圈施用。一些园艺工作者会错误地把肥料撒在茎的基部，在那里肥料只能被少数的根吸收利用。

施肥后，需要给土壤浇水以激活肥料，并在上面盖上一层厚厚的有机质覆盖物以保持土壤湿润，例如腐熟的粪肥、花园堆肥或树皮堆肥。

Helenium
堆心菊属

玛丽安·诺斯

1830—1890

玛丽安·诺斯（Marianne North）是一位英国植物画家和博物学家。她周游世界以满足她绘制世界各地植物的激情。

起初，玛丽安曾打算当一名歌手并为此进行过训练，但遗憾的是她的嗓音条件不够好。于是她改变了职业目标，开始绘制花朵并立志画遍世界各国的植物。

从25岁起，玛丽安随她的父亲遍游各地，但其父亲去世对她产生了深刻的影响，此后，她便决定自己要到更远的地方去旅行。她环游世界的灵感来自于她在邱园所见的那些早期探险之旅和植物藏品。

在41岁时，她开始了她的旅行，第一次去了加拿大、美国、牙买加，然后去了巴西。1875年，在特内里费岛（Tenerife）待了一段时间之后，她开始了为期两年的环球之旅，先后探访了加州、日本、婆罗洲、爪哇、锡兰（今斯里兰卡）和印度，并用油画的方式绘制当地的植物和景观。

玛丽安·诺斯是维多利亚时代的著名画家，她周游世界并用画笔记录下各地的独特植物。

幸运的是，由于她父亲的政治生涯，玛丽安有优越的社会关系。她利用这些关系为她的旅行提供资助，其中包括美国总统和诗人亨利·沃兹沃思·朗费罗（Henry Wadsworth Longfellow）。在英国，玛丽安也有很多赞助人，包括查尔斯·达尔文（Charles Darwin）和邱园园长约瑟夫·胡克爵士（Sir Joseph Hooker）。

尽管有这些著名的人脉关系，玛丽安更喜欢独自旅行并探访了很多对多数欧洲人闻所未闻的地方。她最幸福的时刻当属在野外发现植物，身处其自然栖息地中并为它们作画。玛丽安所画的植物中有一些是新种，也有一些以她的名字命名。

回到英国之后，她在伦敦举办了几次植物画作展览。随后，她将她所有的植物画作收藏捐给了皇家植物园邱园，甚至建立了一个画廊保管它们。玛丽安·诺斯画廊于1882年首次开放，直至今日。它是英国唯一一处女性艺术家的永久个展。到邱园的游客们可以领略到这座维多利亚时代的宝库的荣光，并一睹这位开创性画家的非凡植物艺术收藏。

即使这样，她的旅行生涯还没有结束。1880年，在查尔斯·达尔文的建议下，她前往澳大利亚和新西兰并在那里住了一年时间专心作画。1883年，在她的画廊开放之后，她

“我早就梦想能到一些热带国家，并在那些自然丰富繁茂的地方绘制其特有的植物种类。”

继续旅行和作画，访问了南非、塞舌尔和智利。

她的画具有极高的科学准确性，这使得其画作具有永久和重要的植物学研究和历史价值。她所绘制的班克木属植物 *Banksia attenuate*, *B. grandis* 和 *B. robur* 备受推崇。许多植物以她命名，例如诺斯槟榔（*Areca northiana*），诺斯文殊兰（*Crinum northianum*），诺斯火炬花（*Kniphofia northiana*）和诺斯猪笼草（*Nepenthes northiana*），以及特产于塞舌尔的 *Northia* 属（山榄科）。

在婆罗洲花果期的野生凤梨。这是玛丽安·诺斯于1876年在她为期两年的环球旅行并绘制植物和景观的途中创作的。

诺斯曾短暂地研究过维多利亚时期的花卉画家瓦伦丁·巴塞洛缪（Valentine Bartholomew）的画作。这幅诺斯猪笼草（*Nepenthes northiana*）的画作体现出她生机勃勃的风格。

玛丽安·诺斯画廊

位于邱园内的玛丽安·诺斯画廊收藏了832幅精美彩绘：来自世界各地的植物、动物和当地居民的场面，这是玛丽安·诺斯在短短13年的旅程中精心创作的。它体现了玛丽安·诺斯作为一个艺术家、探险家，同样也是邱园的首批捐助人之一所作出的巨大贡献。

不幸的是，几年前画廊的建筑和里面的绘画开始出现了损坏。建筑本身并非专门针对展览空间设计，也没有恰当的环境控制手段，因此湿热和霉菌破坏了建筑和绘画。墙壁和屋顶不再完好，也不能抵挡风雨。值得庆幸的是，2008年邱园从国家彩票公司获得了大量拨款，这使得针对画廊和绘画的重点修复工程得以实施。其中包括建设新的触屏互动装置。

大小和形状的修剪

虽然许多植物在不受干预时看起来更自然，但是更多的植物还是需要经过修剪才能达到某种效果和造型。如果经过严格的看护和修剪，四处蔓延的攀援植物看起来会更好；反之，它们很快就会长成一团乱麻。

即使你的花园需要一种自然的外观，也仍然需要对修剪环节加以最起码的重视。开花后的轻剪可以控制住植物不规则或过度旺盛地生长，一些阻挡视线的灌木也能得以谨慎地控制住。像大叶醉鱼草（*Buddleja davidii*）这样较大的灌木可能还需要在每年冬末进行重剪，进而保存营养以便在来年夏天再次复苏。

需要一年四季反复修剪的植物很可能对于其所栽植的空间显得体型过大。在这种情况下，可能将其移栽并换上别的植物可能更加合适。常见的例子如杂交柏（× *Cuprocyparis leylandii*），它经常被作为绿篱植物，但很快就会变得太高，此外还有桉树和春天开花的绣球藤。

去除死亡、患病、垂死或受损的生长部分

植物体的死亡部分应被完全除去，因为它对植物的其余部分没有贡献，还可能成为感染的来源。任何患病的或开始枯萎的部分也应被去除。所有患病的部分应该从感染的部位及时清除并销毁。

通过修剪，像蚜虫（尤其是羊毛蚜虫）、红蜘蛛、钻茎毛虫和介壳虫等害虫可以完全或部分地得到控制。修剪可以控制的疾病还包括褐腐病、溃疡病、珊瑚斑病、火疫病、白粉病、锈病和银叶病。园艺工作者们并不应该把修剪作为控制任何害虫或疾病的万能方法，但因为疾病和虫害的存在都有潜在的致病原因，所以找出问题的根本所在并加以解决永远都是最好的建议（见第九章）。

如果受损或患病的部分已经自然痊愈，那么最好还是保持现状，而不是把它们切除以长出新生部位。遭受例如强风、动物啃食或雷击而部分损坏的枝条，如果仅仅将其捆绑复位的话很难恢复，因此通常情况下最好还是将其剪除或是或将其剪短成一个合适的替代茎。损坏的树皮是最不可能重新复原的。

Buddleja davidii
大叶醉鱼草

造型修剪

许多乔木和灌木都能自然地长成一个形态优雅的分枝结构。而其他一些植物如果在头一两年修剪一下便会收到不错的效果，长大后只需要少许修剪即可。年幼的乔木、果树和灌木，尤其是那些没有分枝或很少分枝的鞭状苗，特别需要进行修剪以形成一个良好的分枝结构。

灌木的造型修剪并不一定需要每年进行重剪，但它有助于构建一个平衡的形状，去除拥挤交叉的枝条也可使茎间隔适宜、形态匀称。修剪后，植物应具有均匀的分枝结构以及平衡、开放的习性。大部分植物会借此形成永久的木质构架。随着植物不断生长，应使新生部位也一直保持这种开放式的习性。

修剪常绿灌木

通常情况下，常绿灌木基本不需摘除枯花，而去除枯枝或死芽以及修剪造型的操作也易于管理。如果可能的话，常绿阔叶树最好用修枝剪进行修剪，因为大剪刀可能会在其大叶子上留下难看的棕色的边缘。园艺工作者们请记住：一年当中过早进行修剪可能会使新生部分更容易遭受春霜冻害；在夏末或秋天修剪未免就会太晚了些，因为柔嫩的新生增长来不及在冬季来临之前变硬。北半球的园艺工作者会以五月底举办的英国皇家园艺协会的切尔西花展作为参考。此时进行修剪既不会太早也不会太迟，所以此时进行修剪也被称为“切尔西修剪”(Chelsea chop)。

一些常绿灌木很不适合重剪。因为它们产生的不定芽数量不多，也不容易从旧枝上生出新枝条。这些灌木包括金雀儿属(*Cytisus*)、染料木属(*Genista*)、帚石南属(*Calluna*)、欧石南属(*Erica*)、薰衣草和迷迭香。如果这些灌木已经好几年没有修剪，并随后被重剪，只留下棕色的老枝，它们很可能会直接死亡或产生非常少和细弱的新枝，看起来很难看，而且长势也不好。相反地，这些植物只需每年进行轻度地修剪便可保持健壮和浓密，大小合适、枝繁叶茂。

Rosmarinus officinalis
迷迭香

迷迭香不适于重剪，因其不会从老枝重新发芽。但应每年进行轻度修剪。

整型修剪

修剪是园艺工作者可以调控木本植物开花的一个主要方法。其时间主要取决于植物何时开花，以及花蕾究竟是产生于当年生新枝还是去年夏天成熟的老枝上。

Penstemon gracilis
纤细吊钟柳

花

在晚秋到春末（有时初夏）的这段时间开花的植物，其花蕾必然产生于去年夏天，因此也就是从老枝上生出的。对于夏季和初秋开花的植物，开花时植物正处于旺盛生长中，它们的花也是当年新生的。修剪开花灌木的一般规则是一旦它们的花凋谢就应进行修剪。这会为明年的花芽留下整个一季用于生长。在夏末或秋天开花的灌木如绣球花常常要等到春季才能进行修剪，以给予一定程度的防霜保护。在抽芽之前进行修剪通常是个不错的选择。

有些开花较晚的灌木勉强可以算作耐寒植物，如倒挂金钟、吊钟柳、避日花（*Phygelius*）等，但如果修剪过早还是容易受到霜冻和严寒的侵害，因此最好在春季中期或寒冷天气过后再进行修剪。

果实

修剪果树的主要目的是促进花芽和果芽的产生，增加阳光射入冠层以促进果实成熟。因此应去除树上低产的枝条，并将树冠塑造成一个高效稳定的外形。如果不加修剪，果实的总产量可能会更高，但每个果实的个头会变小、品质也会较差。

许多果树有两种类型的芽：最终会发育成果实的花芽以及长成新叶和枝条的营养芽。在许多果树中，花蕾比营养芽更肥硕，形成于沿枝条分布的一系列短枝之上，这种类型被称为短枝挂果。另外还有一些树的花芽聚集在枝条顶端，称为顶端挂果。

花芽萌生季节的生长条件以及随后的冬季天气会影响花芽的数量。花芽通常只生长

Malus domestica
苹果

合理地修剪苹果树会使产量高且均匀，并使果实大小适中。

于两年或三年的茎上，因此一棵年幼的果树可能需要经过数年的打理才能达到可观的产量。

大小年现象

一些果树，尤其是苹果和梨，会有大小年现象，即它们每隔一年才能结出产量可观的果实。这种现象受到很多因素影响，包括树的健康程度和环境因素，以及品种上的差异。

乔木很可能会陷入大小年的循环状态——在大年产量巨大，在小年寥寥数已。在大年，果树消耗了数量巨大的水、营养和能量供应，以至于需要在接下来的整个生长季才能完全恢复。在小年过后的那个冬天，园艺工作者们可以通过细心地修剪从而克服大小年的模式——那便是正常修剪，但在树上尽可能多地留下一年生的芽。这些芽在第二年不会结出果子，而直到下一个小年才会开花。另一种方法是疏花，在一周的花期内将十分之九的花序摘除。

园艺小贴士

徒长枝

由于过度修剪，若干新芽可以同一时间于同一位置一起生出，该过程中产生的细枝称为徒长枝。随着时间的推移，这些可能产生有用的再生生长，并正常开花结果，但其通常数量过多，彼此拥挤。如果不需要产生替代增长，徒长枝应该被削减或完全清除。

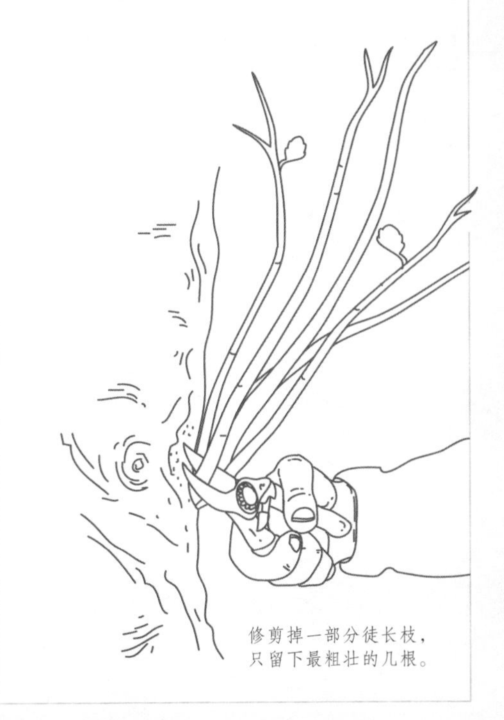

修剪掉一部分徒长枝，只留下最粗壮的几根。

Cornus alba
红瑞木

茎叶修剪

一些落叶灌木的茎色彩鲜艳，常用来点缀冬季的花园，特别是像一些山茱萸属的植物，如红瑞木（*Cornus alba*）、欧洲红瑞木（*C. sanguinea*）、柔枝红瑞木（*C. sericea*），以及悬钩子属（*Rubus*）和一些柳属（*Salix*）植物。这些茎变老以后，颜色会渐渐褪去，因此应在春季对其进行重剪，以刺激其长出新枝，在秋季重新色彩斑斓。

这种修剪通常每年都会进行，但如果必要的话也可以减少到每两三年一次。如果灌木在夏季来临之前长到了一定高度，只需每年去除三分之一至一半的最老的茎，这种轮换的修剪需要持续两到三年时间。

这种大幅度修剪至地面处的操作也被称为平茬。红瑞木和柳树也可以进行截顶操作，目的是使所有的茎都从一根主干上生长出来。截顶的高度可以根据园艺工作者不同的需求而定。值得注意的是，并不是所有的乔木和灌木都适合进行平茬和截顶。

平茬

这种修剪技术会把灌木或乔木所有的茎都截短至略高于地面的位置，它十分适用于那些具有彩色幼茎的植物和观叶植物，还能帮助能够经得起重剪的植物复壮。过度生长的榛子、鹅耳枥以及紫杉（为数不多的耐重剪的针叶树种）可以在冬末被截短至地面附近。这会促进许多新枝产生，还可以减少数量、稀疏枝条，最终再次构建一株开阔、通风的灌木。

尤其是榛子，每隔几年就该进行平茬，其长出的长直茎可用作菜园里的豆架。平茬是一种幅度很大的，但十分有用的修剪方式，它可以把一些原本可以长得很高的乔木控制在允许的高度范围内。例如，平茬可以使毛泡桐（*Paulownia tomentosa*）长成一株大灌木，其副作用是会产生非常具有观赏性的大叶子，但实际上这种植物可以在一年内轻松长高3m。桉树同样可以这样处理，特别是当树长得很高时就很容易在大风天里被吹倒。

1. 体型过大或生长过度的灌木适宜进行平茬

2. 在冬季或早春对茎进行重剪

3. 健壮的新枝会很快再长出来

4. 一些多余的茎需要被剪掉

截顶

乔木或灌木的所有茎都可以被剪短至主干顶部——这便是截顶。这是一种有用的技术，不仅可以使植物的木质结构变得更高以作为背景材料，还可以用于限制某些树木的高度，如桤木（*Alnus*）、梣木（*Fraxinus*）、北美鹅掌楸（*Liriodendron tulipifera*）、桑树（*Morus*）、悬铃木（*Platanus*）、栎树（*Quercus*）、椴树（*Tilia*）和榆树（*Ulmus*）。截顶的最佳时间是冬末或早春，并最好是在小树时进行操作，因为年轻的树木对受伤的反应更为迅速，可以减少感染的风险。

园艺小贴士

如何截顶

最初这棵树可以长到所需的高度，随后要将侧枝全部去除，刺激茎从主干顶部生出。

一旦进行了截顶，就需要持续不断地对其进行修剪，因为新枝的重量和角度可能会使植株变得虚弱，特别是当许多茎都挤在一起的时候。

每次截顶，茎都应该在上次截顶的切口之上被剪掉。这么做是为了避免暴露衰老的木材，减少感染溃烂的风险。

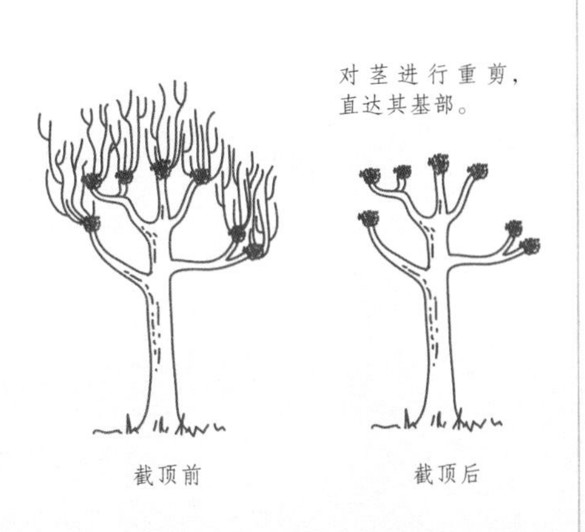

观叶植物的修剪

许多落叶灌木和乔木主要是用于观赏其五彩缤纷的大叶子，例如紫葳楸和它的黄叶品种‘Aurea’、紫叶大果榛（*Corylus maxima* ‘Purpurea’）、品紫黄栌（*Cotinus coggygria* ‘Royal Purple’）及其他栽培品种、毛泡桐（*Paulownia tomentosa*）、火炬树（*Rhus typhina*）和西洋接骨木（*Sambucus nigra*）。如果在每年春天进行重剪，这些灌木将产生更大的叶子。

不幸的是，这样的重剪或多或少都会影响植物开花，这也就是为何大多数灌木都不会结果。如果你想让它们开花，那就每隔三四年进行一次重剪或不进行重剪。

Corylus maxima
大果榛

Narcissus tazetta
水仙

第八章

植物的感官

Botany and the Senses

BBC 著名主持人、博物学家大卫·艾登堡（David Attenborough）曾说过:“植物可以观看，可以计算，彼此间也可进行通信。它们能够对轻轻地接触迅速做出反应，对时间的估计也格外精确。”这种说法看似天马行空，但随着植物学家们对植物了解得越多，越发现植物对其生存环境的感知竟然如此密切。

有经验的园艺工作者们对此已经有了一些模糊的印象，但不大可能清楚地了解它们究竟是如何发生的。大多数人仅仅认为植物或多或少就是一种静物，这也情有可原，因为植物的时间尺度与我们是完全不同的。

然而，大多数人都已经知道，新生的芽总是朝向光线，发芽的种子能够感知重力，花可以把头转向太阳，有的甚至在晚上会闭合。一些植物甚至可以捕获猎物或躲避敌人。我们发现得越多，我们就能找到更多的例子。植物的感觉功能是植物学家们才刚刚开始弄明白的一个现象。

感受光线

早在17世纪中叶的一些实验中，人们就已得知：植物可以感受光线并在光照下进行光合作用（见第89—90页）。如今，植物学家们已经能够描述多种植物对光做出的反应，如光形态建成，这是植物在光的影响下自身结构发育的一种方式；向光性，这是植物组织向光或背光生长的一种习性；光周期现象，植物生长状态与日照时间的同步现象。

可见光只是整个光谱中的一部分，其它还包括x射线、伽马射线、无线电波、微波。但要顺便提一下，声波可不是光谱的一部分。光的波长是纳米级别的（1nm等于十亿分之一米），是眼睛能看到的电磁波谱的一部分。组成可见光谱的每种颜色的光的波长都各不相同，红光的波长最长，为620 ~ 750 nm，紫光的波长最短，为380 ~ 450 nm，绿光的波长为495 ~ 570 nm。当所有颜色的光混在一起时就形成了白光。可见光谱的两边是红外线（750 ~ 1000 nm）和紫外线（300 ~ 400 nm）。植物也能够感受到这些波长的差异。

植物器官中含有光敏化合物（即光感受器），会对光线的存在甚至是特定波长的光做出反应。主要的光感受器包括光敏色素，吸收红光和蓝光；隐花色素，吸收蓝光和紫外线；UVR8，吸收紫外线；原叶绿素酸酯，吸收红光和蓝光。从这一点上我们可以看出，位于光谱两端的红光和蓝光是对大多数植物有用的光。有趣的是，我们的眼睛看到的唯一的颜色，就是那些从物体反射回来的光的颜色。我们认为植物是绿色的，恰恰是因为植物不吸收绿光。

向光性

茎和叶经常会把自身朝向光源。根很少具有向光性，但是如果受到光照时，它们倾向于朝着背光方向弯曲。向着光生长被称为正向光性，远离光生长被称为负向光性。

1880年，查尔斯·达尔文（Charles Darwin）和他的儿子弗朗西斯·达尔文（Francis Darwin）用实验证明了植物感受光刺激的部位是生长锥，生长锥的弯曲是由一侧的细胞生长减慢引起的。为了展示这一点，他们使用了发芽的燕麦幼苗的胚芽鞘。那些生长锥被遮住的幼苗无法对光做出反应，但是那些只有生长锥暴露在外的幼苗仍能向光生长。1913年，丹麦科学家博伊森·詹森（Boysen-Jensen）证明：有某种化学信号从生长锥被运送到了其下方的植物细胞。这便是1926年由弗里茨·文特（Frits Went）随后发现的植物激素——生长素。

光照强度的增加会导致向光性的相应增强——但这种增强是有限度的。如果光线太强烈，植物便会产生负向光性，表现为植物开始躲避光线。光照强度过高，特别是在紫外光的范围内，就可能刺激植物产生花青素——一种天然的“防晒霜”。

植物学家已经证明，向光性是由光谱中的红光和蓝光引发的，这使他们相信应该有不止一种类型的光感受器参与了植物向光性的生理过程。

光周期现象

植物生长与季节和日照时间的同步被称为光周期现象。它会引起植物的诸多反应，例如枝干伸长、开花、长叶、休眠、气孔开闭以及落叶。动物的光周期现象也很常见。事实上，我们所看到的大部分自然世界正在发生的事情都是因为植物和动物能够感知昼夜长短的变化。

因为赤道附近地区的日照时长很少发生季节性变化，所以植物离赤道越远，光周期的季节性作用就越明显。例如，在凉爽的温带地区，我们可以看到巨大的季节性差异，于是我们看到随着夏季渐渐结束，整个森林中的树会落叶，多年生草本植物的地上部分也会枯死。

一年中日照长度变化的速率是不同的。在夏至和冬至附近的变化速率很慢，但在春天和秋天春分和秋分附近，日照长度变化更快。通常情况下，植物是对夜晚而不是白天的长度做出反应。

光周期现象对植物的影响研究主要集中于开花时间上，因为其通常与季节相关。在人为控制条件下（即把异常的天气情况排除在外），大多数植物都会在每年差不多相同的日期开花。

植物要么是长日照植物（LDP），要么是短日照植物（SDP）。长日照植物只有当昼长超过其光周期临界值时才会开花，因此这些植物通常在春末或夏初这样的白天越来越长的时间里开花。短日照植物在昼长低于其光周期临界值时才会开花，例如一些代表性的夏末或秋季开花植物——紫菀和菊花。夜间的自然光如月光，或者是街道上的照明光并不足以干扰正常的开花时间。

还有一些植物的开花时间不受日照长短的影响。许多常见的杂草以及蚕豆和西红柿都是日中性的。它们在植株整体发育到一定阶段或年龄后就会开花，或是在不同的环境因素刺激下开花，例如一段时间的低温。

园艺小贴士

某些植物只有在光周期刚好的时候才会开花，如甜菜、萝卜、生菜和豌豆，而另一些则不太挑剔，即使光周期并未完全达到也能开花，如草莓、黑麦、燕麦、车轴草和康乃馨。当到达或接近光周期的临界时，植物通常还需要几天才能逐步开花，但有一些植物如牵牛花（*Ipomaea nil*）仅需短短一天便可以进入开花周期。有证据表明一种名为成花素的激素会诱导植物开花的过程，但它是否存在尚存争议。

Convolvulus tricolor
三色旋花

光形态建成

植物对于既无方向性也无周期性的光做出的反应称为光形态建成，这是光线影响植物发育的过程。例如在种子萌发过程中，当新生的嫩芽首次接触光线时，它便会给根部发出一个信号，促使根系开始分枝。植物激素在光形态建成过程中发挥了重要作用，它们作为信号分子，由植物体的一部分发出并引起其他部分做出反应。马铃薯块茎的形成是另一个例子，其茎在低光照条件下会伸长，或长出叶子。

颜色信号

植物经常利用色彩来引诱动物的感官，无人可以否认硕大艳丽的花朵的吸引力。在野外，五颜六色的花朵可以吸引传粉者，犹如闪亮的灯塔。

传粉者对不同波长的光的反应不同，而花朵的颜色就是专门为吸引传粉者设计的。许多昆虫，特别是蜜蜂，对波长较长的蓝光、紫光和紫外光十分敏感，而主要由鸟类传粉的植物总会开出红色和橙色的花朵。蝴蝶则喜欢如黄色、橙色、粉红色和红色等颜色。

许多花上具有条纹或细线的图案，称为蜜导。这些图案可作为昆虫的着陆跑道，指引它们走向花蜜和花粉。一些蜜导在正常光照条件是可见的，但许多只能在紫外光下可见。有些花朵上偶尔也会出现荧光，在光线暗的条件下可以察觉到。

大多数花会在成功授粉后凋谢，并通常表现出色彩强度的降低。这其实是向经过的传粉者发出的信号：我已经老了，不能再提供花粉和花蜜的奖励了，应该转向另一朵花。实际上，某些植物的花会在授粉后变色，如紫草科（*Boraginaceae*）勿忘草属（*Myosotis*）和肺草属（*Pulmonaria*）的某些植物，其花色会从粉红变成蓝色。果实也会通过颜色变化来显示自己成熟与否。

触摸和感觉

植物不仅对触摸比较敏感，也对如重力和气压等外部力量敏感，植物对触摸的定向反应被称为向触性，对重力的反应称为向地性。

向触性

像葡萄这类攀缘植物的卷须具有很强的向触性。卷须会通过触泡或触突（一种能够传递感觉的表皮细胞）探测到它们依附生长的坚固物体，并引起缠绕反应。任何缠绕在支持物上的植物茎，或任何攀援的根或缠绕的叶柄也是通过向触性得以实现的。

在这一生理过程中，植物生长素再次扮演了重要的角色。受到物理刺激的细胞会产生生长素，运送到位于接触面相对一侧的组织中。此处的组织随后会生长得更快，伸长并围绕着物体弯曲。在某些情况下，接触面一侧的细胞还会压缩，进一步增强了弯曲反应。

根具有负向触性，

Pulmonaria
肺草属

Passiflora alata
翅茎西番莲

表现为远离接触到的对象生长。这帮助它们穿透土壤，选取阻力最小的路径，避开石头和其他大型障碍物。

像含羞草（*Mimosa pudica*）这样敏感的植物，其叶子被碰触时能够闭合下垂，但这不是向触性的反应，而被称为感震性——它们现象类似，但其实是由不同的力学反应造成的。

感震性是一种非常快速的反应，其反应基于细胞膨压（即细胞内含有多少水）快速地改变，而并非由细胞生长引起。感振性反应的另外一个例子为捕蝇草（*Dionaea muscipula*），它们的陷阱在昆虫降落其上时就会关闭，以及绞杀植物哥斯达黎加榕（*Ficus costaricensis*）的缠绕茎或根。

园艺小贴士

风和抚摸的影响

生长在有风情况下的植物会产生更加强壮厚实的茎来抵御风的伤害。园艺工作者们在给树架设立桩时应加以实际地考虑，应该架设一根高度不超过三分之一树高的短桩，而不是一个高度略低于最低分枝的长桩。这样，树能够在风中自由弯曲并刺激树干在基部附近增厚。即使将来移除了立桩，树木也能够照料自己。用手指或一张纸轻轻地刮蹭幼苗有助于产生更健壮的茎，使幼苗和随后的年幼植株更具弹性。

向地性

与他们的向光性实验一样，查尔斯·达尔文和他的儿子也第一次向世人演示了植物的向地性现象。它有时被称为向重力性，向地性的生长是植物对重力做出的反应。根表现出正向地性，沿着地球引力的方向向下生长，而茎表现出负向地性，沿着与根相反的方向向上生长。

在花园里，发芽中的幼苗也能表现出向地性，新长出的根会开始向下扎入土壤。然而，向地性也出现在一些乔木和灌木上，它们具有垂枝或夸张地向下增长的习性。例如“垂枝”柳叶梨（*Pyrus salicifolia* ‘Pendula’）和“吉尔马诺克”黄花柳（*Salix caprea* ‘Kilmarnock’）。如平枝栒子（*Cotoneaster horizontalis*）这样的植物，其茎会沿着地面生长，既不向上也不向下，表现为一种中性向地性。

皮埃尔-约瑟夫·雷杜德

1759—1840

比利时画家、植物学家皮埃尔-约瑟夫·雷杜德（Pierre-Joseph Redouté）可能是所有植物画家中最著名的一位。他在法国马尔梅松城堡（Chateau de Malmaison）创作的玫瑰和百合的水彩画尤其享有盛名。据说他的玫瑰画作是所有植物画家最常仿效的花卉画作。他经常被称作“植物绘画界的拉斐尔”。

雷杜德没有受过正规教育，追随着父亲和祖父的脚步，他在十几岁的时候便离开家成为一名画家，从事肖像画、宗教题材甚至室内装潢。

23岁时，雷杜德跟随做室内装潢和景观设计的哥哥安托万·费迪南德（Antoine Ferdinand）来到巴黎。在那里，他遇到了植物学家勒内·德方丹（René Desfontaines），并在他们的指导下转向植物插画的创作。当时的巴黎是欧洲的文化和科学中心，对于植物插图的兴趣正处于最盛时期，雷杜德的事业因此蓬勃发展。

皮埃尔-约瑟夫·雷杜德的一些作品堪称最著名的植物插画。

1786年，雷杜德开始为国家自然历史博物馆（Muséum National D’histoire Naturelle）工作，他为科学出版物绘制插图，给动植物收藏品进行编目，甚至参与了一些植物考察探险活动。次年，他前往英国皇家植物园邱园研究植物。在英国，他还学会了点画雕刻和彩色印刷技术，这为他日后创作其美丽的植物插图打下了专业基础。他后来将点画雕刻的技术引入法国。他还开发了一种新的色彩应用方法，可以使用小块的麂皮或棉絮将一系列颜色画到铜雕上。

在随后的几年中，雷杜德受聘于法国科学院。正是在这个时候，他成为了荷兰植物画家杰勒德·范·斯潘东克（Gerard van Spaendonck）的学生，范·斯潘东克教他如何使用纯粹的水彩作画，而他的资助人法国植物学家夏尔·路易·莱里捷·德·布吕泰勒（Charles Louis L’Héritier de Brutelle）教会他如何解剖花朵并描绘其特征性状。他练就了将对自然的观察描绘于纸上的能力，这在当时非常受欢迎。

莱里捷还把他介绍给凡尔赛宫的成员，玛丽·安托瓦内特（Marie Antoinette）成为了他的赞助人。作为她的官方宫廷画师，他为她的花园作画。其他赞助人还包括法国国王，从路易十六到路易腓力。雷杜德继续画画并平安度过了法国大革命。

1798年，拿破仑·波拿巴（Napoleon

Bonaparte）的第一任妻子——皇后约瑟芬·德博阿尔内（Joséphine de Beauharnais）成为了他的赞助人。雷杜德最终成为了约瑟芬皇后的官方画师。作为皇后开发和记录花园的项目的一部分，他开始给马尔梅松城堡花园里的植物作画。他甚至陪同波拿巴远征埃及。在皇后赞助的这段时间里，雷杜德的职业生涯蓬勃发展，并创作出了最华美的作品，绘制了远至美国、日本和南非的植物。

***Rosa* cultivars**
一些栽培蔷薇品种

《花卉圣经》（*Choix des plus belles fleurs*）是他自认为职业生涯中最为出色的插图作品的集锦。

皇后死后，雷杜德了成为自然历史博物馆的设计总管，为女性王室成员教授绘画课，并纯粹出于审美价值绘制了一系列作品如《花卉圣经》（*Choix des plus belles Fleurs*），这些为其职业生涯画上了完满的句号。

雷杜德与同时代最伟大的植物学家一同合作，为近50部出版物提供了插图。他的主要作品包括《老鹳草属专著》（*Geraniologia*）的插图、《玫瑰图谱》（*Les Roses*）（3卷）、《百合图谱》（*Les Liliacées*）（8卷）、《花卉圣经》（*Choix des Plus Belles Fleurs*）、《果实图谱》（*de Quelques Branches des Plus Beaux Fruits*），《486种百合和168种玫瑰图谱》（*Catalogue de 486 Liliacées et de 168 Roses Peintes par P.-J. Redouté*）以及《花卉入门》（*Alphabet Flore*）。

法国大革命期间，他记录的许多花园都已归为国有。在他的职业生涯中，雷杜德一共发表了2 100多个版面，描绘了1 800多个不同的物种。法国马尔梅松国家博物馆和其他博物馆收藏了大量画在羊皮纸上的雷杜德水彩画原作，但也有很多藏于私人之手。

Sprekelia formosissima
燕水仙

本图同样出现在了《花卉圣经》一书中，但该种被标为孤挺花属（*Amaryllis*）。

感知气味

如第三章所述，植物会对空气中的某些分子做出反应，最广为人知的便是乙烯，正在成熟的果实对其最为敏感。乙烯也参与到植物器官的衰老、落花和落叶的过程，高等植物的所有部位都可以合成乙烯。当植物面临如洪涝和受伤等环境胁迫时，也会产生乙烯。

研究表明，当害虫攻击植物时，植物会向空气中释放多种挥发性化学物质，例如会被邻近的植物感知的信息素。这些化学物质中有一种名为茉莉酸甲酯，可以诱导附近的植物产生单宁等有机化合物，以帮助它们抵御并击退即将到来的攻击（详见第九章“化学防御”）。令人愉悦的割草气味，实际上也是植物释放了多种挥发性化学物质的结果。这些可能具有植物防御的功能，并作为一种信号被其他植物接收。

菟丝子属（*Cuscuta*）是一类寄生植物，其幼苗会通过化学感应的方法来探测并向着宿主生长。美国宾夕法尼亚州立大学的科学家们通过一系列的实验证明：五角菟丝子（*C. pentagona*）会朝向番茄产生的挥发性化学物质生长。他们的实验首先证明：如果将菟丝子种植在它最喜欢的一种宿主——西红柿附近时，即使是在黑暗中，菟丝子的幼苗也将朝向宿主生长。随后他们证明，菟丝子如果生长在一株没有番茄气味的假植物附近时，它就会直直地生长。当面对番茄还是小麦的选择时，菟丝子总是朝向番茄生长。最后，为了证明菟丝子确实是对番茄气味敏感，科学家们将这两种植物分别种植在两个不同的盒子里，盒子之间只由管道连接，通过管道，番茄的气味可能传送到菟丝子那一边，结果菟丝子会向着管道生长。

此外，如果菟丝子旁边仅种着小麦，菟丝子便会饥不择食地朝它会生长，因为毕竟它需要一个食物源。但如果可以选择，它将始终朝向番茄生长。这表明，小麦也能产生菟丝子可以检测到的引诱剂，但番茄产生的化学物质的混合气味对菟丝子更具吸引力。

Cuscuta reflexa
大花菟丝子

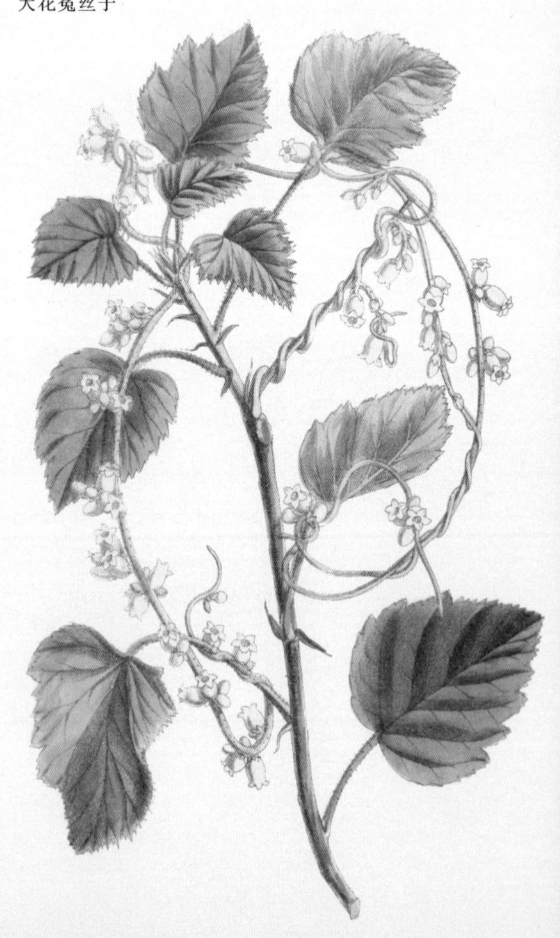

气味作为引诱剂

一些花的香味可以在我们的记忆里留存多年，当我们再次闻到这些植物时，这些记忆便会立即重现。一些植物的气味强烈到可以压倒一切，而还有些植物产生的气味只能用令人作呕加以形容。难怪植物给予了我们世界上最美妙的香水。

Lonicera fragrantissima
郁香忍冬

目前，我们所能了解和识别的大部分的植物香味都是由花朵产生的。与奢华的颜色一样，花朵散发出的香味也是主要用于吸引传粉者的，同时也是果实表示其成熟的一个信号。它们产生这些挥发性化合物，很容易便散发到空气中。不同物种含有不同的芳香油，混合在一起便形成了各自独特的气味。其中最丰富的挥发性化合物便是苯甲酸甲酯。

许多冬季开花植物的香味会非常浓烈。如花园中深受喜爱的郁香忍冬（*Lonicera fragrantissima*）、藏东瑞香（*Daphne bholua*）和美丽野扇花（*Sarcococca confusa*）是众所周知的香花。它们的气味之所以如此浓烈，是因为冬天缺乏传粉者，所以它们必须尽可能广泛地宣传自己，吸引传粉者。

还有一些植物会产生具有香味的叶子，主要是为了抵御食草动物的啃食（见第九章“化学防御”）。在炎热和干燥的气候条件下也时常会见到有香味的树叶，例如那些用作烹饪香料的迷迭香、罗勒、月桂和百里香。除了作为植物的一种防御手段，这些“精油”在保护植物应对干旱缺水中也发挥重要作用。叶片周围或表面上的一层油或油蒸汽可以减少水分的流失。

原产于南欧和北非的白鲜（*Dictamnus albus*）是一个很好的例子。它会产生具香味叶子，在炎热的天气下就会产生大量的挥发油，实际上用一根火柴就可以将其点燃，它也因此得到了一个俗名“burning bush”，意为“燃烧的灌木”。

感受震动

虽然听起来不太可能，但最近的研究表明，植物确实可以对某些声音和震动做出反应。

虽然声音对于植物的作用尚未充分搞清楚，但这些研究背后的理论认为：植物需要察觉周围环境中究竟发生了什么，利用声音会使它们更具竞争优势，因为毕竟声音信号在自然环境中无处不在。

植物的听觉

许多植物的花朵都能感受声波：它们的花药只有在正确的频率震动时才释放花粉，这一频率与到访的蜜蜂产生的频率完全一致，它们的飞行肌肉已与花朵实现了完美地协同进化。

玉米幼株的根能发出可听见的频繁的滴答声。这些根还具有频率选择敏感性，能够对特定的声音作出反应，致使其向声源弯曲生长。类似地，悬浮在水中的玉米幼株的根会朝着 220Hz 的连续发射声源生长，这一频率位于根的发声频率范围内。其他研究表明，声音可以对种子萌发和植株增长速率产生影响。

园艺小贴士

与植物交谈

有些园艺工作者认为与植物交谈可以促进植物生长，但没有证据能够证明声波确有此功效。一些人辩称，其实可能是人们呼出的二氧化碳和水蒸气改善了植物的生长，但短暂提高的二氧化碳和水蒸气的水平不太可能持续足够长的时间，以使其对附近的植物产生显著的影响。

声音的产生

尽管听起来有点异想天开，但科学家们早就发现植物可以产生并发射声波，既可以在音频范围的低端——10 ~ 240 Hz 内，也可以发出频率在 20 ~ 300KHz 的超声波。目前，人们对植物产生声音的机制知之甚少。

植物细胞的振动是其内细胞器自主运动的结果。随后，来自个体细胞的振动作为声波传播到邻近的细胞。如果接收细胞可以接受这个频率，它们也将开始振动。如果声波扩展到植物之外，它就会如同一个声音信号。

Zea mays
玉米

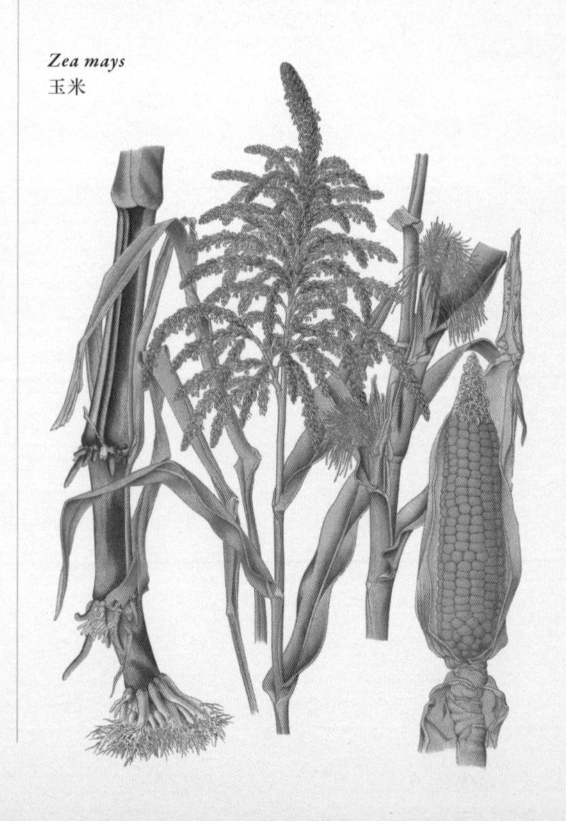

人类感觉与植物

不仅是植物，园艺工作者也有感情。有些植物的繁荣是因为它们身上具有园艺工作者们渴求的理想特性。花园中的植物会满足我们所有的感官：视觉、听觉、触觉、味觉和嗅觉。

视觉和听觉

园艺工作者种植植物，通常都是为了美丽的外观以满足我们的视觉享受。如果植物看起来很漂亮，我们就会种植。植物通过产生一些观赏特性以满足我们的需求，主要是花朵、果实和叶片。然而，园艺工作者可以通过添加如声音和气味等感官维度以增加体验的深度，对于那些视力不佳的园艺工作者而言，视觉反而没什么用处的。

园艺工作者们常常忽视那些由植物产生的声音，但和煦的微风吹拂树叶的沙沙声响听起来确实让人非常放松。特别是禾草和竹子产生的声音是这类植物的主要栽培价值之一。

不过，当花园位于主路、铁道、工业园区和其他噪声来源附近时，声音就会变得令人讨厌。在此情况下，植物可以用作一个活的隔音屏。这些隔音屏往往比墙或栅栏更为有效，因为它们可以吸收、转移和衍射声波和振动。它们还有助于抵御风害并减轻交通污染带来的不良影响。

单层树木隔音效果很弱。声波会在植物间来回反射，因此双排树会更有效，其整体效果可以降噪 8 分贝。在大多数情况下，每一株高 1m 的树可以降噪 1.5 分贝。虽然这看似微小，但植被还是大大降低了人们对噪音的感知程度，因为看不见的噪声来源往往会更加容易接受。

尽管一年四季都有树叶的常绿树被认为是最有效的隔音屏，许多落叶乔木和灌木在长满树叶的夏天也十分有效，而这往往也是我们待在室外花园里的时间段。栅篱，也称柳墙，是一个介于栅栏和树篱之间的混合体。栅篱是将活着的柳树编成两排平行的高达 4 m 的树墙，两堵墙之间填满土壤。栅篱可以将噪音水平降低 30 分贝，这要比混凝土墙、栅栏或土堤更为有效。

触觉

对于许多园艺工作者而言，触觉会是一个重要的植物属性。取决于叶的结构，植物的触觉可以从柔软到极硬。叶片可以是革质的、多毛的、光滑的或闪亮的，这种叶片质地的差异会为花园增添不少多样性和趣味点。

味觉和嗅觉

如果不是因为这些香料植物闻起来或是尝起来不错，我们一定不会在花园里种这么多。例如罗勒（*Ocimum basilicum*），若不是其味道的魅力，花园里怎可能有它一席之地。菜园中的一些植物并不会起到很多的装饰作用，但许多人喜欢它们的新鲜味道，这些味道有时在商店里很难找得到。

同样，如果除去所有的气味，花园的一大部分美感便会消失。虽然气味很难量化，但一个花园的气味常常可以使我们为之倾倒。譬如温暖春日里刚割下的嫩草的气味，或是夏日清晨挥之不去的茉莉花香，或是阳光明媚的午后那凉爽的秋风。在我们购买植物时，许多植物的气味是至关重要的选购原因。例如，当我们想买玫瑰时，气味往往是首要考虑的因素，遗憾的是，并不是所有的玫瑰都有浓烈的香气。

Malus floribunda
多花海棠

第九章

害虫、疾病和生理失调

Pests, Diseases and Disorders

对几乎所有的植食性生物而言，植物不过是食物而已。植物覆盖着世界大部分地区的地表，这意味着它们形成了一个巨大的能量来源，很容易被所有植食动物利用，特别是昆虫。因此，植食动物对植物的影响不可低估。

然而，植食动物的巨大破坏性潜力未能阻止植物主宰地球，我们很少看到害虫把植物的叶子全部吃光——至少在野外是这样。植物的防御策略在其生存中扮演了重要的角色，它是对植食动物的攻击策略所做出的回应。

同样，疾病流行也比较罕见。更常见的是一些单独的病例，个别植物会因体弱而容易受到细菌或真菌的感染。然而在现代，外界引入的害虫和疾病会对本地植被和花园植物造成严重破坏。当植物在世界各地间运输时，会携带有非本地的感染源。

近期在英国，白蜡树深受一种可导致白蜡枯死病的真菌（*Chalara fraxinea*）的威胁；还有一种引起类似真菌疾病的疫霉（*Phythophthora ramorum*）值得关注，它会导致日本落叶松（*Larix kaempferi*）、众多山毛榉科（*Fagaceae*）植物以及许多观赏灌木患病。

昆虫害虫

昆虫对农业和园林的影响已经有数千年的历史记录。《圣经》在《出埃及记》(*Exodus*)中就记载过，而在整个19世纪初，北美先民一直深受蝗灾的困扰——这些可怕的蝗虫大军所过之处会把所有的植物都吃掉。然而，只有在刚刚过去的这100年里，科学家们才开始渐渐理解植食动物和植物之间的相互作用。

根据进化历史，植食性昆虫已经经历了与植物和天敌的漫长的多个回合的协同进化和适应。因此这并不奇怪：不同种类的昆虫已经进化出应对各自不同宿主的各种各样的生活策略和摄食机制——所有这些都是为了利用其宿主必不可少的。

经过长期进化，几乎所有植物都“聚拢”了一批属于自己的特定的昆虫“小伙伴”，其中许多已与它们的植物“朋友”密切相关。在花园里，苹果和梨上的苹果蠹蛾(*Cydia pomonella*)以及百合花上的百合负泥虫(*Lilioceris lilii*)就是很好的例子，它们宿主的名字成为了各自拉丁学名的一部分。而某些种类的蚜虫是食谱更加广泛的害虫。每个具有专一的宿主植物的物种都是通过一系列独特的方法实现的。

作为昆虫食物的植物

植物组织主要是由水和很多难以消化的纤维素和木质素等化合物组成，根据其成分我们可以判断：绝大多数情况下，植物是一种相当低质量的食物。因此植食性昆虫们为了获取所需要的营养，必须消耗大量的植物才能满足生长。换句话说，它们需要吃得很多，或者更科学的说法是“高消耗策略”。

有些植物组织会比其他部位提供更好的食物来源，如种子、花粉和花蜜。处于快速增长中的幼嫩部位充满了活跃的分生组织，可以作为很好的食物，但几乎没有昆虫享用它们，因为这是一种糟糕的取食策略，很可能会导致宿主植物死亡。一些昆虫如蚜虫，会将口器刺入韧皮部吸食树液，只取用一些光合作用的产物，这通常不会给植物的生产机构造成直接的损害，除非引发病毒感染或严重的叶片卷曲。

植物们会为昆虫取食设置重重障碍，使

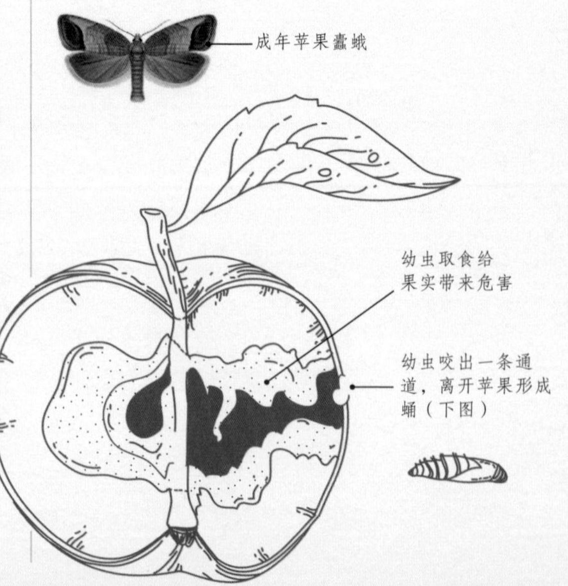

雌性苹果蠹蛾会在发育中的果实上或其附近产卵。孵化后，幼虫会钻入苹果取食，在其中打洞，造成严重危害。

自身难吃、有毒，或是难以获取。一些植物也会与植食性昆虫互利共生，例如中美洲的锈色拟切叶蚁（*Pseudomyrmex ferruginea*）和牛角相思树（*Acacia cornigera*）。蚂蚁以树产生的特殊蛋白质分泌物为食，作为回报，蚂蚁会十分努力地保护宿主植物免受其他植食动物的侵扰，它们还会清除掉那些接触到其宿主植物的其他植物。1979 年，进化生态学家丹尼尔·詹森（Daniel Janzen）首次描述了这种非凡的共生关系，它给予了这种植物相比于其对手巨大的竞争优势。

昆虫如何取食

以植物为食的昆虫已经进化出多种不同的取食机制用于利用植物组织，它们的各不相同的口器结构证明了这一点。昆虫的口器大致可分为两类：一类是用于啃咬和咀嚼的，另一类主要用于刺穿和吮吸植物的汁液。

昆虫的咀嚼口器由下颚、上颚和下唇板组成。在吸食汁液的昆虫中，其基本的口器样式发生了巨大的改变，下颚部分已经变成了又长又细的针状结构，称为口针。

正如前文提到的那样，一种植物可以被不同的昆虫以各自特殊的方式取食。例如柳兰（*Chamaenerion angustifolium*）可以为数量惊人的植食性昆虫提供食物。以其叶片为食的昆虫有红天蛾（*Deilephila elpenor*）和蛾属（*Mompha*）昆虫的幼虫以及跳甲属（*Altica*）昆虫等。还有些昆虫吸食它的汁液，蚜虫会吸食其叶片和茎中的韧皮部；云斑木虱（*Craspedolepta nebulosa*）会吸食根的韧皮部；原丽盲蝽（*Lygocoris pabulinus*）吸食叶片；沫蝉（*Philaenus spumarius*）吸食茎的木质部。

咀嚼昆虫的口器针对咀嚼植物组织进行了优化，这些部位主要是叶片，但也包括花、茎、芽和根。头部两侧的那对下颚可用于切割、撕裂、挤压或咀嚼食物。最常见的咀嚼害虫包括多种甲虫、叶蜂、蝴蝶和蛾类的幼虫以及一些成年甲虫。

潜叶虫是一类体型微小，可以在叶片上下表皮之间的生存的昆虫幼虫。由于它们取食叶子的内部组织，会在身后留下取食的痕迹，因此得名。大多数潜叶虫是某些蛾类、叶蜂或蝇类的一些幼虫，有时也可能是甲虫或黄蜂的幼虫。潜叶虫物种经常专一性地取食一类或同属植物，例如冬青潜叶蝇（*Phytomyza ilicis*）和菊花潜叶蝇（*P. sygenesiae*）。

吸食汁液的昆虫有着针状的口器，称为口针。它可以刺穿植物表皮，从韧皮部或木

柳兰的叶片是红天蛾幼虫的常见食物，但它们同样也会取食其他一些植物，例如拉拉藤属（*Galium*）植物。

质部中吸取汁液。除了具有宽阔口器的叶蝉以外，绝大多数植物组织的表面都看不见任何孔洞，但许多吸食者都会产生有毒的唾液，会使叶片变色或卷曲。叶卷曲能够为植物提供某种程度上的保护以防御天敌。一些汁液吸食类昆虫，特别是蚜虫、叶蝉、蓟马和白粉虱，会通过唾液传播病毒疾病。

大多数吸食汁液的昆虫在植物的地上部分取食，多数为叶片，但也有一些蚜虫、粉蚧和飞虱取食根部。常见的吸食汁液害虫包括蚜虫、叶蝉、粉蚧、介壳虫、蓟马、木虱和粉虱等。

蜜露是一种富含糖分的液体，吸食汁液的昆虫会把它作为废物分泌出来。一些黄蜂和蜜蜂会把这些蜜汁收集起来。有些蚂蚁会“放牧”蚜虫以收集它们产生的蜜露，甚至会将蚜虫移动到植物汁液产量最多的部分。蜜露还会引来煤污病，这是由一种覆盖在植物表面的黑色粉状真菌引起的疾病。煤污病对植物的伤害比较小，虽然它本质上只影响外观，但它可以降低阳光到达叶片的照射量。车若停在长有排泄蜜露的昆虫的树下，也可能很快变得很脏。

蚜虫类

蚜虫是迄今为止花园里数量最多的一类害虫。它们有时被称为绿蚜或黑蚜，这取决于其颜色，但对于不同种类的蚜虫，其颜色从黄色到粉红色到白色或杂色的都有。它们大小为 2 ~ 6 mm 长。

蚜虫虫害通常肉眼可见，它们往往会侵害茎尖，叶背甚至花蕾，数目通常极为庞大。有些物种，例如苹果绵蚜（*Eriosoma lanigerum*）和山毛榉叶蚜（*Phyllaphis fagi*）会产生蓬松的白色蜡状分泌物把自己遮盖起来，

Aphis pomi
苹果蚜

以保护自身免受干燥和捕食者的袭扰。

蚜虫能以惊人的速度繁殖。在春季，几只蚜虫就可以迅速变成数以万计的庞大群体，尽管绝大多数最终成为鸟类和食肉昆虫的腹中餐。一年中大部分时间里，蚜虫大军是由取食宿主植物的无翅的雌性若虫组成。经过一系列蜕皮后，雌性若虫变为成虫，通过孤雌生殖繁育出雌性幼虫，其间不需要任何雄性参与。雌性幼虫长得很快，在短短的 8 ~ 10 天后就可以开始繁殖。一只在春季孵化出来的雌虫，正常情况下可在一个夏天内繁殖出多达 40 ~ 50 代的雌虫。

有些雌性若虫会长成有翅的成虫，通过飞行侵扰新的植物体，但它们的翅膀不是很强壮，多数情况下是凭借偶然的机会完成植物间的转移。在夏末和初秋，有翅的雄蚜开始出现，与其他雌性蚜虫交配产卵。大多数蚜虫会在冬天消失，它们就是靠着这些卵确保其年复一年地生存下去。在春天，当雌性幼虫从卵中孵化出来，新的周期便又重新开始了。

次级宿主

有些植食性昆虫需要两种植物才能完成生命周期。这些宿主植物既可以是园林栽培植物也可以是杂草，因此控制杂草有时可以帮助减少虫害。有些蚜虫会在一类植物上待上全年，但它们可能只在一部分时间内活跃。

例如黑豆蚜（*Aphis fabae*）会在一些灌木上产卵过冬，如欧卫矛（*Euonymus europaeus*）、山梅花属（*Philadelphus*）和荚蒾属（*Viburnum*）植物。夏天，它会待在一些次级宿主上，包括一些作物如豆类、胡萝卜、马铃薯和西红柿等200多种不同的栽培和野生植物。

李短尾蚜（Brachycaudus helichrysi）会在李属植物（如李子、樱桃、桃、洋李子和梅）的树皮和芽内产卵越冬。它们在叶片上取食，造成叶片卷曲。在春末或夏初，有翅成虫飞到各种草本植物特别是在菊科植物上度过夏天。在秋季，有翅成虫再飞回树上产卵越冬。

虫害爆发

一些昆虫会造成极大的危害。从生态学的角度来看，虫害爆发通常是单纯的捕食者与猎物间失衡的结果。这与农民、果园和菜园里的园艺工作者的经验是一致的：高密度种植的单一类型的植物通常要比单独种植时更容易遭受虫害。相反，如果将易感作物种植在高密度的环境中，通常对园艺工作者或农民而言更容易管理。

虫害发生有三种类型：梯度发生、周期性发生和爆发式发生。梯度发生是害虫密度的突然增加，通常由小面积内丰富的食物引发。一旦食物来源耗尽，害虫种群要么迁移别处，要么崩溃消亡。

周期性发生的虫害是指虫害的发生与其食物来源——植物宿主的生长季节保持周期性的同步。轮作是每年把某种类型的农作物移栽到不同位置，旨在打破依赖土壤传播的害虫周期并预防它们引发的各种疾病。每当有皆伐时，松树皮象（*Hylobius abietis*）就会在人工针叶林周期性地爆发。在皆伐[①]的做法普及之前，人们从来都不知道这种害虫会表现出周期性的行为。在天然林中这类虫害的爆发很少见，因为那里的树木是自然更替的，而不是皆伐。

爆发性的虫害可能是最具破坏力的。疫情会在蛰伏许久之后突然发生，然后扩散到周边地区。当虫害爆发过后，昆虫种群可能会在相当长的一段时间内保持较高的水平，直至恢复到正常水平。

欧洲荚蒾（*Viburnum opulus*）是黑豆蚜及其他蚜虫的冬季宿主，它们在春天新张开的嫩芽和叶片上取食。

① 皆伐是指在一个采伐季节内，将伐区上的林木全部伐除的森林主伐方式。

其他常见害虫

一提到花园这个词，很多人都会马上想到蛞蝓和蜗牛以及一些其他害虫，它们几乎就是花园的同义词。

蛞蝓和蜗牛

长期以来作为园艺工作者的敌人，这些软体动物一有机会就会吃掉植物的大部分，尤其是叶和茎。它们全年都会给花园带来严重危害，但幼苗和草本植物的新生部位才是最危险的。

大多数蛞蝓和蜗牛在晚上进食，经常留下暴露踪迹的黏液痕迹提醒你注意到它们的存在。它们在温暖潮湿的环境下造成的危害最严重。因为蜗牛有外壳保护，所以它可以比蛞蝓更自由地在干燥的地面上移动。但蛞蝓可以全年保持活跃，蜗牛在秋季和冬季就会休眠。

大多数蜗牛和蛞蝓都生活在土壤表面，但龙骨蛞蝓（*Milax*）主要生活在植物的根部并在此取食，进而导致植物的地下部分如块根和块茎遭受严重损害。它们的繁殖主要发生在秋季和春季，可在原木、石头、花盆或土壤中发现的成片的乳白色的球形卵。

花园中往往生活着许多种蛞蝓，大多数种类取食范围颇广的植物体部分，还有一些是捕食者，取食其他蛞蝓和蠕虫。

红蜘蛛

红蜘蛛并不是真正的昆虫，而是蜱螨亚纲的成员。它有八条腿而非如昆虫那样具有六条腿。红蜘蛛不到 1mm 大，颜色各异。许多种类都可以吐丝，正是这些丝线让它们的俗名中出现了“蜘蛛”一词。

红蜘蛛通常情况下生活在叶片背面，它们刺穿植物细胞取食，进而造成危害。虫害会导致叶斑产生，严重时会引起叶片脱落。严重感染的植物会变得十分虚弱，甚至死亡。

红蜘蛛种类很多，约 1 200 种，但最广为人知的是棉红蜘蛛或名为二斑叶螨（*Tetranychus urticae*），它们会攻击很多种植物。它们喜欢炎热、干燥的条件，因此在炎热的夏季（最适温度在 24～27°C），它们便会大量繁殖，给室内或温室里的植物带来严重危害。卵会在短短三天之内孵化，五天之后便会性成熟。每只雌虫每天可产卵多达 20 枚，并能存活两到四个星期。

线虫

线虫是一类微小的生活在土壤中的蠕虫状动物。许多种类以细菌、真菌和其他微生物为食。有些种类会寄生昆虫，并可用于生物防治。

主要的植物线虫害虫包括菊花叶枯线虫（*Aphelenchoides ritzemabosi*）、茎线虫（*Ditylenchus dipsaci*）、马铃薯孢囊线虫（*Heterodera rostochiensis* 和 *H. pallida*）以及根结线虫（*Meloidogyne*）。有些种类在植物体内生存、取

Tanacetum coccineum
红花除虫菊

食，而另一些生活在土壤中，取食植物根毛。有些物种还会在取食时传递植物病毒。植物遭受线虫危害的症状表现为发育不良、叶片扭曲变棕、死亡或茎部膨大等。受感染的植物会变得虚弱、缺乏活力甚至死亡。

哺乳动物和鸟类

较大的动物往往都是更加贪婪且不加选择的植物采食者。在野外，从最小的老鼠到最大的非洲象都可能成为这样的植食者。园艺工作者们当然几乎不可能碰到任何和大象一样大的动物，这也算是万幸，因为大象们的取食行为极具破坏性，为了获取食物甚至会把整棵大树连根拔起。

兔子的取食范围非常广泛，包括观赏植物、水果和蔬菜，并很容易对草本植物、灌木和小树造成致命伤害。它们甚至可以环割成年树木并且特别爱吃苹果。春天新种的植物和柔软的新生部位最容易遭殃，兔子甚至还会吃掉那些在其他时间不会被取食的植物。

园艺工作者需要特别留意兔子的出没，它们可以将地表之上的草本植物一扫而空，还能给半米高以下的木本植物的叶片和嫩枝造成危害。当出现兔患时，就应该竖起 1.4m 高的铁丝网围栏，易受影响的木本植物主干周围也应放置护树栏。铁丝网围栏的底部 30 cm 处应向外弯曲成直角，置于土壤表面，防止兔子从它下面挖洞。

鹿科动物，特别是小麂（*Muntiacus reevesi*）和狍子（*Capreolus capreolus*）会对多种植物造成严重损害。其造成的危害与兔子类似，但作为大型动物，鹿的危害通常更加广泛。虽然鹿大多数植物都吃，尤其是最近种植的那些，但也有一些像牡丹这样的植物不会被鹿取食。

松鼠，特别是灰松鼠（*Sciurus carolinensis*），会毁坏一大批观赏植物、水果和蔬菜。但它们通常不吃树叶，而是吃果实、坚果和种子、花蕾（特别是山茶花和木兰的花蕾）以及如甜玉米等蔬菜，它们还会挖出鳞茎和球茎吃掉。松鼠们能造成的最严重的危害就是剥去树皮。

鸟类也可能成为严重的花园害兽，但另一些鸟种，特别是蓝山雀和山雀（*Cyanistes and Parus*），可以有效地控制昆虫害虫。斑尾林鸽（*Columba palumbus*）通常是最严重的植物害鸟，它们能吃许多种植物的叶子，特别是芸苔、豌豆、樱桃和丁香。它们啄食树叶并扯掉大部分叶片，通常只留下叶柄和大的叶脉。它们会吃掉黑醋栗等灌木的芽、叶片和果实。在一年中大部分之间里，红腹灰雀（*Pyrrhula pyrrhula*）都以野花的种子为食，但是当冬末食物稀缺时，它们便会开始吃树上那些尚未萌发的芽，尤其是果树的芽。

詹姆斯·索尔比

1757—1822

詹姆斯·索尔比（James Sowerby）是英国著名博物学家、雕刻家、插画家和艺术史学家。在他的一生中，他仅凭一己之力为产自英国和澳大利亚的成千上万的动植物、真菌和矿物绘制了插图并编目分类。

索尔比享有双重职业身份，既是一名杰出的艺术家也是一名敏锐的科学家，两种身份的差异在他身上得到了统一。他架起了艺术和科学之间的桥梁，通过与植物学家密切合作，他的绘画异常精确和科学。他的主要目标始终是把自然世界带给更广大的受众们——园艺工作者和自然爱好者。

他出生于伦敦，立志成为花卉画家并在皇家艺术学院学习。他有三个儿子——詹姆斯·德·卡尔·索尔比（James De Carle Sowerby）、乔治·布雷丁厄姆·索尔比一世（George Brettingham Sowerby I）和查尔斯·爱德华·索尔比（Charles Edward Sowerby），他们都紧随其父亲的工作，形成了博物学家中著名的索尔比家族。他的儿子和孙子们继续投身于由他发起的庞大的工作量中，索尔比的名字与博物学插图仍然紧紧地联系在一起。

索尔比受伦敦切尔西药植园（Chelsea Physic Garden）园长威廉·柯蒂斯（William Curtis）之邀首次涉足植物插画领域。他同时为《伦敦植物志》（*Flora Londinensis*）和《柯蒂斯植物学杂志》（*Curtis's The Botanical Magazine*）绘制插图，后者是在英国出版的第一本植物学杂志。在索尔比绘制并雕刻的插画中，有70幅作品在《柯蒂斯植物学杂志》前四卷中被使用。同时，他还受植物学家埃希蒂尔·德布鲁戴尔（L'Hétritier de Brutelle）之托为其《老鹳草属专著》（*Geranologia*）提供花卉插图。以上这些连同后来的两部作品，帮助索尔比在植物插画领域崭露头角。

由詹姆斯·爱德华·史密斯（James Edward Smith）所著的《新荷兰植物标本》（*A Specimen of the Botany of New Holland*）是介绍澳大利亚植物区系的第一本专著，其插图绘制和出版均由索尔比完成。这部书开端以迎合大众兴趣为目的，主要介绍了新安蒂波德斯殖民地的有花植物的传播繁殖，还包括了对其植物标本的拉丁文描述。索尔比的手工上色版画是基于带回英国的原始草图和标本制作的，既有描述性，也在美感和准确性上尤为引人注目。在索尔比早期的博物学作品中处处可见这种鲜活色彩和通俗文字的运用，其首要目的就是为了

詹姆斯·索尔比为数以千计的植物和真菌种类绘制了插图。他与科学家们合作，作品严谨细致。

Agaricus lobatus
茶色香蘑

为真菌、蘑菇和 毒菌细致地绘制插图
只是索尔比的专长之一。

Telopea speciosissima
蒂罗花

这幅由索尔比创作的插图用于《新荷兰植物标本》一书中（*A Specimen of the Botany of New Holland*），这是首部记述澳大利亚的植物区系的书籍。

尽可能地惠及更广大的受众。

在他33岁时，索尔比启动了若干庞大的项目——一部36卷的《英格兰植物》（*The Botany of England*）、《英国植物学》（*English Botany*）或称为《英国植物彩色图谱》（*Coloured Figures of British Plants*），着重介绍它们的基本特征、别名以及产地。在接下来的24年里，这些作品陆续出版——包含了2 592幅手工上色的版画，其中有大量的植物种类是第一次被正式出版，这些作品被称为《索尔比植物学》（*Sowerby's Botany*）。

同时代的其他花卉画家的作品常常倾向于取悦富有的资助人，与他们不同的是，索尔比直接与科学家合作。他对物体进行细致的描绘，并借鉴标本和研究成果，这与洛可可时期其他书中的花卉插图作品形成了鲜明对比。他的手工上色版画极为出色，通常用铅笔快速地素描，被步入科学新领域的研究人员给予了高度评价。

他的下一个项目也是类似的庞大规模——《英国矿产贝类学》（*Mineral Conchology of Great Britain*），这是英国无脊椎动物化石的综合名录。这部书的出版时间长达34年，在后期由他的儿子詹姆斯和乔治负责完成。他还创立了一个关于颜色的理论，出版了两部具有里程碑意义的矿物学插画作品：《英国矿物学》（*British Mineralogy*）及其补编《外来矿物学》（*Exotic Mineralogy*）。

出于其严谨的科学态度，索尔比尽可能多地保留了其工作中参考的凭证标本。与他工作相关的全部藏品保存在伦敦的大英博物馆中，包括他为《英国植物学》（*English Botany*）绘制的插图原件和标本收藏，大约5 000件的化石藏品以及大量的私人通信。进一步的工作是由伦敦林奈学会（*Linnean Society of London*）主持。

真菌和真菌疾病

虽然有时被视为植物，但科学家们将真菌划归为单独一个界——真菌界（Kingdom ***Fungi***），包括所有的蘑菇、毒蕈及霉菌等。遗传研究表明，其实真菌与动物而非植物的关系更为密切。植物和真菌之间的两个主要区别在于：第一，真菌并没有叶绿素；第二，真菌的细胞壁中由几丁质构成而不是纤维素。研究真菌的学科被称为真菌学。疫霉属（***Phytophthora***）和腐霉属（***Pythium***）这两类曾经被认为是引起植物病害的真菌现已被归为假菌界（**Kingdom *Chromista***）。

真菌界的生物差异巨大，从单细胞水生种类到大型的蘑菇，并且同植物一样，它们的生活方式、生活史和形态也各不相同。园艺工作者往往只会在它们结出子实体[①]，产生特征性的蘑菇或毒蕈时才会注意到它们的存在。在一年中的其他时间里，它们通常生活于土壤之下或隐藏于植物组织之中。大个儿的真菌会产生菌丝体——这是它们的营养结构，由大量分枝的、精细的螺纹状的“根”组成。在富含有机质的土壤中通常可以发现大量集群的菌丝体。

大多数真菌从有机物中获得营养物质，例如动植物和其他真菌的遗体和碎屑。这些依靠取食死亡或腐烂的有机质生存的种类被称为腐生菌，在自然界的物质循环中起到了基础性作用，特别是在土壤中。其他真菌会寄生于植物或动物体上，许多都会引发粮食作物严重的疾病，或与其他生物偏害共生，例如那些形成菌根的真菌，其中最著名的真菌当属松露，它长在山毛榉木、榛子、桦木和鹅耳枥等种类的树根上。

致病真菌

可以引起疾病真菌的具有致病性。有些真菌，如灰葡萄孢菌（*Botrytis cinerea*）几乎无处不在，可以侵染相当多的植物。其他一些真菌如白粉菌和锈菌类会选择特定的寄主，通常只侵染一种或几个相近物种。例如，虽然锈病的种类很多，但每一种锈菌都只会对应特定的一种或一类植物。侵染金鱼草的锈菌不会侵染玫瑰，可以感染葡萄的白粉菌无法感染豌豆。但园艺工作者们一定要小心，不要使用受污染的工具，以免把疾病扩散到整个花园。

有些病原真菌寄生于植物的活组织，并从寄主活细胞中获取营养。而腐殖营养型的病原真菌会感染并杀死宿主，从死亡的宿主细胞中获取营养。病原真菌通常依照其引发的症状类型进行分类，例如导致枯萎，但通常许多属和种类的真菌都会引起这种病征。

Carpinus betulus
桦叶鹅耳枥

① 子实体是高等真菌产生有性孢子的结构。

常见的真菌疾病

真菌病原体种类繁多，有些种类造成的严重影响远超其他。例如草坪上的硬柄小皮伞（*Marasmius oreades*）尚可将其看成外表上的小瑕疵，但长在大树上的檐状菌则可能表明大树的内部结构已经严重恶化。一些真菌在植物全身各处都能生长，但大多数仅局限于植物体某个特定的部位。下面列出了一些花园中最常见的真菌疾病：

灰霉病

引发灰霉病的灰葡萄孢菌（*Botrytis cinerea*）因其灰色毛茸茸的外表而得名。它们非常常见，可以在大多数活着的和死亡的植物组织上生存，一般会通过伤口或损伤的区域侵染植物地上部的结构。它们主要感染受环境胁迫的植物，但特别是在潮湿的条件下，也会感染健康的植物。花园里可见的其他葡萄孢菌还包括侵染雪花莲的灰霉菌（*B. galanthina*），导致牡丹萎蔫或枯芽的牡丹葡萄孢菌（*B. paeoniae*），导致蚕豆出现巧克力色斑点的蚕豆葡萄孢菌（*B. fabae*）和葡萄孢菌（*B. cinerea*），还有引起郁金香疫病的郁金香葡萄孢菌（*B. tulipae*）。良好的卫生条件对于控制灰霉病非常重要，尤其是对于生长在温室中的植物。任何死亡或将死的植物体部分都应被及时清除，并确保温室内的植物通风良好、不拥挤。

锈病

锈病由柄锈菌属（*Puccinia*）真菌和其他一些属的真菌引起，因其通常产生锈褐色的孢子和小疱而得名。它们会侵染多种花园植物。孢子的颜色各不相同，取决于锈菌的种类及其产生的孢子类型。例如，玫瑰锈病菌

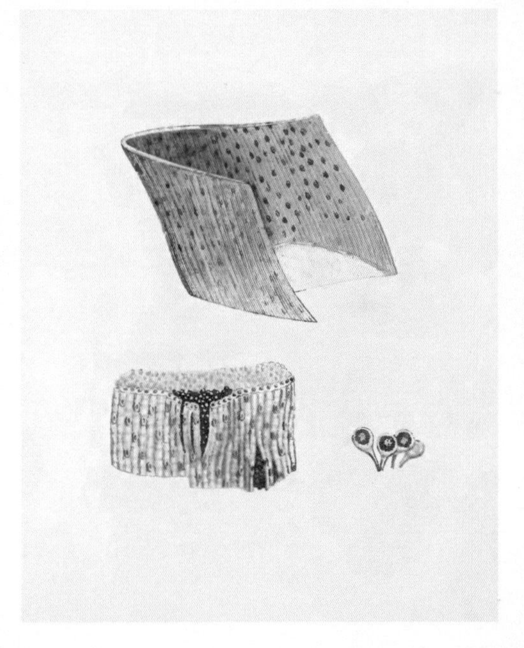

葱锈病（*Puccinia allii*）是一种常见的叶片疾病，也会侵染洋葱、大蒜等近缘植物。它会导致作物减产，也会感染存储状态中的蔬菜。

会在夏季产生橙色的小疱，但在夏末和秋季就会变成黑色的小疱，其中含有越冬孢子。

容易感染锈病的植物通常有蜀葵属（*Alcea*）、葱属（*Allium*）、金鱼草属（*Antirrhinum*）、菊花、倒挂金钟属、十大功劳属（*Mahonia*），薄荷属（*Mentha*）、天竺葵属（*Pelargonium*）、梨属（*Pyrus*）、玫瑰属和长春花（*Vinca*）等植物。锈病菌通常有两个宿主，在生命周期中存在宿主的交替。例如，欧洲梨锈病的部分生命周期就要在杜松上度过。

锈病十分影响美观，常常还会降低植物的活力，甚至导致植物死亡。叶片最容易被锈病菌感染，但其也会感染茎、花和果实。严重感染的叶片通常会变黄并过早地脱落。长时间潮湿的叶片特别受锈病菌的青睐，因此在潮湿的夏天锈病通常更加严重。

为了控制锈病，园艺工作者们需要提供

刺激强劲增长的条件，但要避免过多地施用肥料，因为这会导致产生大量柔软的新生部分，很容易被锈病菌感染。在生长季节结束后，园艺工作者们应清除掉所有死亡和患病的部分以减少孢子越冬的机会。如果在生长季早期就看到叶片被锈菌病感染，尽快地清除叶片可以延缓锈病的扩散速度，但是去除大量的叶片更可能弊大于利。

白粉病和霜霉病

白粉病是由一类近缘真菌引起的疾病，包括叉丝单囊壳属（*Podosphaera*）和其他一些属真菌，它们可以感染多种植物，在叶片、茎和花上产生白色粉末状的外壳。许多植物会受到影响，包括苹果、黑加仑、葡萄、茶藨子、豌豆以及如紫苑、翠雀、忍冬（*Lonicera*）、栎树（*Quercus*）、杜鹃花和玫瑰等观赏植物。受白粉病感染的植物组织有时会发育不良或产生扭曲，例如被玫瑰白粉菌感染的叶片。

Delphinium
翠雀属

覆盖地膜和浇水是一种有效防控白粉病的方法，因为它能缓解水分胁迫压力，使植物不易被感染。及时清除感染的植物部位也会防止二次感染。

霜霉病会破坏观赏植物的外观，影响食用作物的产量和品质。不像白粉病，霜霉病不是那么容易识别。其典型的症状包括：叶片表面会出现变色斑点，下表面会有类似霉菌样的结构，导致树叶褶皱、变褐，以及生长萎缩、缺乏活力。叶片长时间的潮湿会给病菌带来可乘之机，因此潮湿天气下更易发生霜霉病。许多食用和观赏植物都会受到霜霉病的影响，例如芸苔、胡萝卜、葡萄、莴苣、洋葱、欧洲防风草、豌豆、毛地黄（*Digitalis*）、路边青、长阶花、凤仙花（*Impatiens*）、烟草（*Nicotiana*）和虞美人（*Papaver*）。

园艺工作者们应及时去除并处置受感染的组织，以控制霜霉病的蔓延，无论是焚烧或填埋，还是把它们扔到园艺垃圾桶中。应避免密植以保证良好的空气流通，在室内种植时应打开窗户以改善通气。避免在傍晚浇水，因为这会提高植物周围湿度，增加植物被感染的可能性。

黑斑病

黑斑病是由玫瑰双壳菌（*Diplocarpon rosae*）引起的一种严重的玫瑰疾病。它会侵染叶片，极大地降低植物活力。其典型症状表现为叶片上表面出现紫色或黑色斑块，斑块周围的叶片会变黄并引起落叶，遭受严重感染的植物甚至会落光几乎所有的叶片。这种真菌的遗传差异很大，新菌株产生得很快。这意味着培育出的抗病新品种通常无法长时间持续抗病。

在秋季收集、销毁或填埋落叶有助于来年延缓黑斑病的发生。使用杀菌剂效果会更好，并且最好是将几款产品交替使用以最大限度地提高其效力。

溃疡病

溃疡通常是圆形或椭圆形的区域，经常发生在伤口处或芽上，其内的组织死亡、凹陷。有些溃疡是由细菌病原体引起的。苹果溃疡病是由从赤壳真菌（*Neonectria galligena*）引起的，它会侵染苹果和其他树木的树皮。柳树黑色溃疡病主要危害茎部，由小丛壳真菌（*Glomerella miyabena*）引起。欧洲防风草溃疡病的主要致病菌为花枯锁霉菌（*Itersonilia perplexans*）。

为了预防溃疡病发生，园艺工作者们应当关注植物的栽培需求以确保其排水状况和土壤 pH 值适宜。任何受影响的部位应该在感染处以下完全切除并销毁。主干和大的分枝上的溃疡病更难控制，在感染部位周围去除外部的树皮并让溃疡组织暴露在外，可能会令其干燥死亡以达到治愈的目的。对于已经严重感染的植物应考虑将其移除。

植物一旦发生萎蔫，如果不是受干旱引起，那么通常就是由于真菌感染所致。有许多不同种类的真菌可导致枯萎，反过来它们也会攻击多种植物。例如轮枝菌（*Verticillium*）和镰刀菌（*Fusarium*），均会侵染草本和木本植物。而像茎点霉菌（*Phoma clematidina*）这样的真菌会专一性地侵染一种宿主植物——引起铁线莲枯萎病。黄萎病的症状表现为下部叶片变黄打皱，伴随着部分或全部植物突然萎蔫，尤其是在炎热的天气下。感染枯萎病的乔木，其树皮下的组织会出现棕色或黑色的条纹，本应白色的木质部导管会略微变红。枯萎病也会引起多种观赏植物发育不良、叶片变黄萎蔫以及长出粉红色或橙色的真菌、根茎腐烂等症状。应特别注意控制杂草，因为一些杂草是致病菌的宿主，而且也应注意不要将被真菌污染的土壤扩散到花园各处。受感染的植物应当被迅速地转移并处置。

铁线莲枯萎病会引起铁线莲迅速枯萎，严重时会导致整个植株死亡。选择抗病品种是一种可行办法，但也可通过一些手段预防枯萎病的发生，例如将植株种在深坑并在地表盖上一层覆盖物就可以起到减少根系的水分压力的作用，进而提高植株的抗病能力。清除并销毁健康茎之上的所有枯萎部分，健康的新芽会随后再从地面上生长出来。

叶斑病

叶斑病通常与植物一系列的生理失调有关，因此很难判断其症状是由真菌感染引起还是由一些不相关的环境因素所导致的。常见的真菌叶斑病例如由小球壳孢菌（*Microsphaeropsis hellebori*）引起的铁筷子叶斑病，以及由数种柱隔孢菌属（*Ramularia*）真菌引起的报春花叶斑病，由乳白柱隔孢菌（*Ramularia lactea*）、

草莓容易受到多种真菌的侵染：草莓小球壳菌（*Mycosphaerella fragariae*）会导致叶斑病；引起叶焦的草莓双壳菌（*Diplocarpon earliana*）；昏暗拟茎点霉（*Phomopsis obscurans*）引起叶枯病以及丛生日规壳菌（*Gnomonia fruticola*）。

地生柱隔孢菌（*R. agrestis*）以及槭菌刺孢（*Mycocentrospora acerina*）引起的堇菜叶斑病，还有醋栗细盾霉（*Drepanopeziza ribis*）引起的醋栗和鹅莓叶斑病。清除和销毁受影响的叶片、确保植物的栽培条件满足其健康生长便可预防感染。受感染的醋栗和鹅莓应该好好施肥并覆上地膜以减少水分流失，一些栽培品种也会表现出一定程度的抗性。

致病疫霉的症状首先表现在叶上，但会通过土壤感染块茎，造成块茎严重腐烂，无法食用。

蜜环菌

蜜环菌是几种不同的蜜环菌属真菌（*Armillaria*）的俗称，它们可以感染并杀死多种木本植物和多年生草本植物的根部。其最典型的症状是在树皮和木材之间出现白色的菌丝体，通常可在地面或稍高于地面的位置发现，具有强烈的蘑菇气味。在秋季，有时会在被感染的树桩上长出一团团蜂蜜色的伞菌，也可在土壤中发现黑色的鞋带状根状菌索。蜜环菌在地下传播，侵染并杀死多年生植物的根部，随后以朽木为食。它是在花园中最具破坏性的真菌疾病之一。

为了防止蜜环菌蔓延到未受感染的植物上，需要放置由橡胶池塘衬垫制成的物理屏障，深入土壤 45 cm 并在土壤表面以上留出 3 cm 高。通过这种办法，并定期深耕会打断并阻止根状菌索的蔓延。一旦确认出现蜜环菌感染，应马上把受感染的植物包括其根系清除并销毁，或送到垃圾填埋场，否则这些将继续为真菌提供食物来源。

疫霉病

疫霉病致病菌包括一些最具破坏性的植物病菌，例如导致番茄和马铃薯晚疫病的致病疫霉（*Phytophthora infestans*）。其他疫霉属菌种还包括多枝疫霉（*P. ramorum*），它可以侵染 100 多种植物宿主，以及导致杜鹃根腐和阔叶树伤流溃疡病的恶疫霉（*P. cactorum*）。

疫霉根腐病是由疫霉属的一些菌种引起的，它还是继蜜环菌之后，造成花园乔木和灌木根茎腐烂的最常见的原因。多年生草本植物、花坛植物以及球茎植物也会受到它们的影响。疫霉根腐病主要出现在质地较重或渍水的土壤中，并且其症状与单纯由水涝引发的症状非常难以区分。这些症状包括萎蔫、叶片变黄稀疏以及分枝顶梢枯死。腐霉属（Pythium）的许多菌种会导致多种植物根部腐烂，当其侵染新生种苗时也被称为“立枯病”。立枯丝核菌（Rhizoctonia solani）也会导致种苗猝倒。

尽管疫霉病非常难以控制，但改良土壤排水可以大大降低植物感染的危险。当疫霉病在花园中首次出现或还限于局部时，受感染的植物应该立即被销毁，土壤也应该更换新的表土。在英国，一旦某地疑似出现多枝疫霉（*P. ramorum*）病情，就应该及时上报植物健康和种子巡查办公室（Plant Health and Seeds Inspectorate, PHSI）。

病毒疾病

1892年，俄国生物学家迪米特里·伊凡诺夫斯基（Dmitri Ivanovsky）最早发现了病毒。起初，他试图找到烟草花叶病的致病菌，因为此病在当时给烟草作物造成了巨大的危害。最后，他发现了一个比细菌要小得多的颗粒，他称之为“看不见的病”。后来它被命名为病毒，并且只有当20世纪30年代电子显微镜发明之后，病毒才可以被实际地观察到。它们的直径为20~300nm。

病毒无法被归为生物体：因为它们不会增长，只进行繁殖，它们也不呼吸，甚至没有细胞结构。一些科学家把它们称为“可移动的遗传因子”，因为它们本质上仅仅是由蛋白质外壳包围着的核酸内核。在感染细胞之后，病毒会关闭宿主细胞的DNA，并用自己的核酸指导宿主细胞的结构制造新病毒。因此，病毒一旦脱离宿主就丧失了复制自身的能力——它们是专性寄生物。

尽管在花园里常见的病毒为数不多，但还是可以归为大约50个科，70多个属。病毒依照其引起的症状以及首次发现这种病毒的寄主植物进行命名。例如，在第一种被发现的病毒还可以感染土豆、西红柿、辣椒、黄瓜和众多观赏植物之后，但它仍称为烟草花叶病毒（TMV）。

尽管病毒是系统性的，被感染的植物全株都能检测到其存在，但它们的症状可能仅在一个区域表现出来，或者在不同植物间差异很大。植物病毒可以影响许多植物，引起生长扭曲、叶片、嫩枝、茎和花的变色，以及活力减弱、产量减少，但它们很少杀死植物。

病毒的传播

为了成功繁衍下去，病毒必须能够在宿主间传播。由于植物不会移动，因此植物间的病毒传播通常需要借助载体。对于TMV而言，人是它们的主要载体。TMV病毒非常稳定、耐热，因此它在香烟中都不会受到影响，并且可以通过吸烟者的手传播。

类似的传播方式同样发生于番茄种植园，在修剪或繁殖过程中，当植物汁液经由一把刀或手指直接从受感染的植株转移到健康的植株时，病毒便会借机传播。相对地，少数病毒可以通过受感染的种子传播。

昆虫是最常见的载体，特别是吸食汁液的昆虫，如蚜虫、叶蝉、蓟马和粉虱等。TMV可以通过食叶昆虫的口器进行传播，它的传染性极强，只需要一根叶片表皮毛的断裂，便可以最终感染整个植株。生活在土壤中的线虫也可以传播病毒，因为它们取食受感染的根系。真菌病原体也可以传播病毒。

病毒离开其宿主之后的

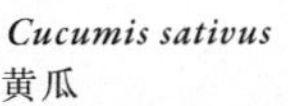

Cucumis sativus
黄瓜

常见病毒疾病

病毒名称	病毒宿主	传播途径
花椰菜花叶病毒（CaMV）	十字花科植物；一些菌株还能感染茄科植物	蚜虫
黄瓜花叶病毒（CMV）	黄瓜等瓜类，以及芹菜、生菜、菠菜、瑞香、翠雀、百合、水仙（Narcissus）和报春花	蚜虫和被感染的种子
莴苣花叶病毒（LMV）	菠菜和豌豆，以及观赏植物，特别是骨籽菊（Osteospermums）	蚜虫和被感染的种子
烟草花叶病毒（TMV）	土豆、西红柿、辣椒、黄瓜和众多观赏植物	蓟马；工具或手指的物理传播；偶尔可能通过受感染的种子传播
番茄斑萎病毒（TSWV）	除了番茄以外还有多种植物，包括秋海棠（Begonia）、菊花、瓜叶菊（Cineraria）、仙客来、大丽花（Dahlia）、大岩桐（Gloxinia）、凤仙花和天竺葵	蓟马，特别是西花蓟马
茄瓜花叶病毒（PepMV）	番茄	物理传播，但也可能种子传播
美人蕉黄斑驳病毒（CaYMV）	美人蕉	未知，推测可能是通过物理接触传播，如繁殖植物时使用的一些工具
菜豆黄花叶病毒（BYMV）	豆类	蚜虫

生存能力各有不同，许多种类可以忍受较广温度范围，但它们可能无法离开宿主生存很长时间。高温和阳光暴晒可以迅速杀死许多病毒，但有些足够强大，可以通过修剪工具传播。一些病毒甚至可以在堆肥中生存下来。

对于植物病毒无法进行直接的化学控制，除非通过杀虫剂来控制昆虫传播媒介。清除感染植株等非化学控制手段可以防止它们成为进一步的传染源。一些观赏植物和杂草会被相同的病毒感染，所以控制杂草的生长对预防病毒疾病也很有帮助。接触过感染植物之后，务必对双手和工具进行清洗、消毒。永远不要用被病毒感染的植物进行繁殖。

园艺小贴士

郁金香的颜色变异

病毒是导致植物生长不良的显著原因，但有时它们对植物健康的有害影响会带来一定的观赏效果。在郁金香中，花朵上条纹或色彩变异都是由蚜虫传播的郁金香碎色病毒引起的。虽然病毒的毒株有轻度和重度之分，但都会对鳞茎产生不良影响。今天，数目众多的具有杂色花的郁金香都是选择性育种的产物，具有遗传基础，而不是病态的表现。然而，少数早期的病毒品种仍然存在。

郁金香多种多样的颜色变异

细菌疾病

细菌是微小的单细胞生物，通过一分为二的分裂方式进行无性繁殖。每20分钟它们就会分裂一次，因此可以快速建立起很大的菌落。大多数细菌都具有运动能力，它们长有鞭子一样的鞭毛，可以推动其自身穿过水膜。与真菌一样，它们是土壤中有机质的主要分解者。

大约有170种细菌可以引起植物患病。它们无法直接渗透到植物组织中，而是通过伤口或一些自然开口如叶片上的气孔进入。细菌十分顽强，如果没有找到宿主，它们就可以进入休眠状态直至机会出现。与生活在细胞内的病毒相反，细菌在植物细胞之间的空隙中成长，产生毒素、蛋白质或酶以破坏或杀死植物细胞。农杆菌甚至会修改植物细胞的基因，改变其生产生长素的水平，从而导致植物产生癌症状生长——结瘿。有的细菌还会产生大量的多糖分子，阻塞木质部导管引起植物枯萎。

青枯假单胞菌（Pseudomonas solanacearum）感染会导致马铃薯的青枯病或褐腐病。它是第一种被证实的细菌病原体。

细菌疾病的流行

植物表面通常都存在细菌，但只有当条件适宜它们生长繁殖时才会导致植物患病，如高湿度、拥挤以及植物周围空气流通不畅等情况。

由细菌引起的植物疾病往往在冬季更为流行。因为在此期间光照强度和时间均会减少，植物生长不活跃，容易受到环境压力的胁迫。任何不利于植物生长的条件都会使它们更容易遭受感染，例如温度波动、土壤排水不良、营养不足或过剩以及浇水不当等。用喷雾装置浇水会在叶片上形成一层水膜，细菌便可在其中繁殖。

细菌疾病通常由雨水、风或动物传播。使用污染的工具，不正确地处置受感染的植物材料，或是在冬季对植物管理不当等原因都会引发细菌疾病的传播扩散。感染的症状通常是局部的，但因其可以导致植物组织的迅速恶化，它所带来的危害会相当严重。其症状包括叶尖枯萎、叶斑、疫病、溃疡、腐烂、枯萎或植物组织的彻底崩解。

在某些情况下，细菌感染会产生明显的菌脓症状，例如细菌性溃疡病、铁线莲黏液流和火疫病。许多此类感染会导致植物组织的软化，并伴随着特征性的难闻异味。人们还给这类细菌起了令人回味的名字。

细菌性溃疡病

细菌性溃疡病是一种由丁香假单胞菌引起的李属（Prunus）植物的茎叶疾病。它会导致树皮上出现凹陷死亡、溃疡的斑块，通常还伴有黏稠的菌脓，并在叶上留下点点“弹孔”。如果感染扩散到整个树枝，这个枝条就会死亡。

冠瘿病

冠瘿病是一种危害许多木本和草本植物根茎部位的疾病。感染会引起植物茎干、分枝和根系出现疙瘩状的肿胀和冠瘿，它是由根癌农杆菌（*Agrobacterium tumefaciens*）引起的。

黑胫病和细菌性软腐病

黑胫病和马铃薯块茎软腐病是由黑胫果胶杆菌（*Pectobacterium atrosepticum*）和胡萝卜果胶杆菌（*P. carotovorum*）引起的细菌性疾病。受其感染的块茎会变软、腐烂发臭。黑胫病还会引起茎基部出现软腐症状，导致叶片变黄、萎蔫。

铁线莲黏液流溢

铁线莲黏液流溢是由不同种类的细菌造成的，尤其是对铁线莲属植物（*Clematis*）影响最大。它会导致植株萎蔫、枯死，并从茎中流出白色、粉红色或橙色的恶臭的分泌物。这种疾病十分致命，但将感染部位修剪掉有时也可能会挽救植物。铁线莲黏液流溢病还会侵染许多乔木和灌木，如朱蕉（*Cordyline*）。

火疫病

火疫病由梨火疫病菌（Erwinia amylovora）引起。它只感染蔷薇科梨亚科（*Pomoideae*）植物，如苹果、梨、栒子、山楂（*Crataegus*）、石楠、火棘和花楸等植物。

图示由密执安棒杆菌（Corynebacterium michiganense）引起番茄的细菌性溃疡病。早期症状包括植株萎蔫以及着叶片和果实上的斑点。

火疫病的症状包括：花朵会在花期萎蔫并死亡；随着感染扩散，嫩枝也会枯萎死亡；枝条上出现溃疡症状，在潮湿的天气下还会从感染部位渗出黏糊糊的白色液体。被严重感染的树木可能会表现得像被火烧焦了一样。这种疾病是于 1957 年从北美意外地传入英国本岛的，现已是广泛流行。但在马恩岛（Isle of Man）、海峡群岛（Channel Islands）和爱尔兰等岛上还未流行。疑似疫情必须报告给植物卫生和种子巡查办公室。

细菌疾病难以控制，园艺工作者们应把疾病的预防作为首要重点。栽培防治手段包括使用无菌的种子和繁殖材料，消毒修剪工具，以及防止植物表面损伤，以免为病菌侵入提供可乘之机。

寄生植物

有些植物无法生产出全部或部分自身需要的营养物质，因此它们会寄生或部分地寄生于其他植物体上。目前已知的寄生性被子植物有 4 000 余种，它们可能是专性寄生，没有宿主就无法完成其生活史，或者为兼性寄生。专性寄生的植物通常没有叶绿素，因此不具有大多数植物那样典型的绿色外表；兼性寄生的植物含有叶绿素，可以独立于寄主完成生活史。所以，兼性寄生植物通常也被称为半寄生植物。

Striga coccinea
红花独脚金

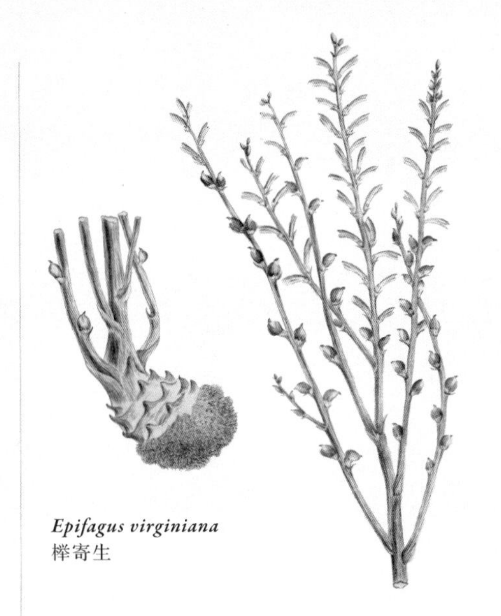

Epifagus virginiana
榉寄生

一些寄生植物是多面手，例如菟丝子（*Cuscuta*）和红花疗齿草（*Odontites vernus*）就能寄生多种植物。另一些寄生植物具有较强的专一性，只会寄生于少数几种甚至一种植物，例如榉寄生（*Epifagus virginiana*）只会寄生于大叶山毛榉这一个物种（*Fagus grandifolia*）。

寄生植物会将自身连接到寄主植物的根或茎上。它们的根已特化为吸器，可以进入寄主植物体内，然后穿透韧皮部或木质部以获取营养物质。列当（*Orobanche*）、菟丝子和独角金（*Striga*）会给多种作物带来巨大的经济损失。槲寄生（*Viscum*）会给森林和观赏乔木带来经济损失。

列当

列当属（*Orobanche*）下共有约 200 余种，它们完全缺乏叶绿素，是寄生于寄主植物根部的专性寄生植物。它们的茎为黄色或麦秆色，叶片退化成黄色的三棱尺状，开出很像金鱼草的白色或蓝色的花朵。在地表以上只能看见其花序。其幼苗会伸出根状的结构，连接到附近寄主的根系上。

菟丝子

菟丝子属（*Cuscuta*）约有150种，专性寄生，具有黄色、橙色或红色的茎，叶退化为细小的鳞片。它们的叶绿素含量非常低，有些种类如反折菟丝子（*C. reflexa*），略有进行光合作用的能力。菟丝子的种子在土壤表面或近表面处发芽，随后幼苗必须快速找到其寄主植物。幼苗用化学感受的方法来探测并朝向寄主生长（见第八章）。如果10天之内菟丝子幼苗没有找到其寄主植物，它就会死亡。

独角金

独角金属（*Striga*）是以种子越冬的一年生植物，它们很容易经风、水、土壤或动物媒介传播。有些种类是粮食作物和豆类的严重病原生物，特别是在撒哈拉以南的非洲地区。在美国，独角金被视为一种严重的有害植物，以至于在20世纪50年代，国会专门拨款以试图消灭它们。国会拨款赞助的研究已经帮助美国农民几乎将独角金从自己的国土上根除。只有在寄主植物的根部产生的分泌物存在的情况下，独脚金的种子才会发芽。发芽后，它们就会长出吸器，刺入宿主根细胞，形成钟形的肿胀。独脚金主要生活在地下，在长出地面开花结籽之前，它们可能需要在地下度过数周时间。

火焰草

火焰草属（Castilleja）约有200种左右，它们是开着鲜艳花朵的一年生或多年生植物。大多数种类原产北美，俗称“印第安画笔花”或“草原之火”。火焰草半寄生于禾草类植物和其他植物的根部。因为它们的花朵极具吸引力，所以人们做了大量的研究以使它们可以在没有寄主植物的情况下能够种植在花园或温室里。

大花草

大花草属（*Rafflesia*）是分布于东南亚的一个十分独特的植物类群，全属共有约28个种。它们寄生在崖爬藤属植物（*Tetrastigma*）上。大花草仅有的可在其寄主外见到的部分就是它们巨大的花朵，在一些种类中，其花的直径可以长到1m，重达10公斤。即使是花朵最小的种类——巴尔特大花草（*R. baletei*），其花的直径也能达到12.5 cm之多。大花草的花闻起来（甚至看上去）都像一只死亡腐烂的动物，这也让它们有了尸花和腐肉花的俗称。腐烂的气味会吸引昆虫，尤其是苍蝇为其花朵授粉。

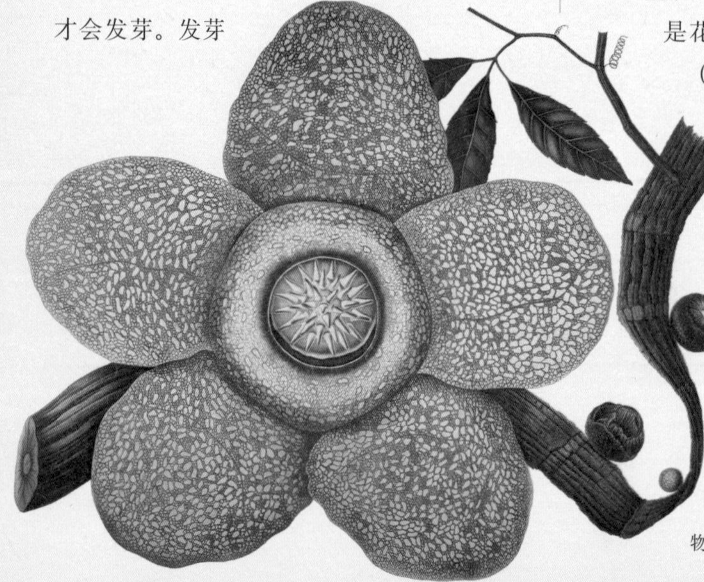

Rafflesia arnoldii
大花草

大花草会散发出一种腐肉的气味以吸引传粉昆虫，因此也得名尸花。它拥有被子植物中最大的单花。

植物的自我防御

植物的防御要么是被动的，要么是主动的。通常情况下，植物会表现出被动防御，例如异株荨麻（*Urtica dioica*）的刺毛；而主动防御一般仅当植物受伤时才会看到，例如一个化学反馈。主动防御的优势在于它只有在需要的时候才会产生，潜在成本较低，因此植物能够把更多的能量投入到生产过程中。正如所预期的那样，不同植物的防御机制差异很大，从改变物理结构到合成毒素一应俱全。

Urtica dioica
异株荨麻

机械防御

所有植物的第一道防线一定是其表层。

外层树皮和角质层

木本植物的表面防御是其木栓质的树皮和木质化的细胞壁，而草本植物靠的是它们的叶和茎上厚厚的角质层。它们必须能够抵挡住一定程度的物理攻击。

释放到表面的化合物

植物内部会产生一些防御性化合物并释放到表面。例如树脂、木质素、二氧化硅以及覆盖表皮并改变组织质地的蜡质。例如冬青属植物（*Ilex*）的叶表面就非常光滑，因此要想取食它们就会比较困难，它们也相当地硬厚，许多种都“武装”有尖锐的叶齿。禾草类植物的二氧化硅含量很高，这使它们变得非常尖锐、难吃、不易消化；像牛和羊这样的特化的反刍动物，它们已经进化出了食用这些植物的能力。

角质

角质层由一种名为角质的不溶性的聚合物构成，这是对微生物非常有效的屏障。但是有些真菌产生的酶能够分解角质，从而使角质层被破坏，于是就可以像从气孔或伤口那样侵入植物。

外部的毛、表皮毛、棘和刺

外部的毛、表皮毛、棘或刺存在的意义都是为了防止害虫接近植物体。表皮毛还可演变成诱捕昆虫的倒钩，并分泌黏液，例如像茅膏菜（*Drosera*）这样的食肉植物的叶子；或含有大量的刺激物或毒素，例如富含大麻酚的大麻。

针晶体

有些细胞中含有针晶体。草酸钙或碳酸钙的针状结晶会让取食者难以下咽，伤害草食动物的口腔和食道，从而使植物的化学防御更有效地发挥作用。菠菜中含有丰富的草酸钙针晶体，如果大量食用肯定不利于健康，幸运的是，它们可以在烹调过程中被破坏掉。

化学防御

植物会产生多种不同的化学物质以抵御攻击。这些化学物质包括生物碱、氰苷和芥子油甙，萜类和酚类。这些物质被称为次生代谢产物，因为它们不参与植物如生长、发育和繁殖等主要生理功能。

生物碱

已知有相当数量的生物碱具有不同程度的毒性。所研究最为透彻的生物碱包括咖啡因、吗啡、尼古丁、奎宁、马钱子碱和可卡因。它们会对所有动物的代谢系统产生不利影响，还会带来难吃的苦味以使动物不把它们作为“食谱”上的首选。有毒生物碱紫杉碱存在于欧洲红豆杉（*Taxus baccata*）全株各部分，除了包围种子的红色假种皮。

氰苷

当食草动物吃下植物并破坏细胞膜之后，氰苷会变得有毒，释放氢氰酸。

芥子油甙

芥子油甙被激活的方式大致相同，其会导致严重的腹部不适和口腔刺激。

萜类化合物

萜类化合物包括一些具有挥发性的精油，例如香茅油、柠檬烯、薄荷醇、樟脑和蒎烯，以及可能对动物有毒的乳胶和树脂。这类化合物是有毒的杜鹃花叶片的背后“真凶”，此外还有存在于毛地黄（*Digitalis*）中有毒的毛地黄苷也是此类化合物。

酚类化合物

酚类化合物包括单宁、木质素和大麻酚。它们会使植物难以消化，并扰乱捕食者的消化过程。天竺葵会在花瓣中产生氨基酸以抵御其主要害虫——日本甲虫，它们吃过花瓣之后便会麻痹瘫痪。 毒蛋白是大戟科和豆科植物中存在的一类有毒的植物蛋白。

其他次生代谢产物

次生代谢物不仅仅起到毒药的作用。黄酮类化合物不仅在生长素的运输、生根发芽、传粉受精等过程中起到重要作用，还具有抵抗细菌、真菌和病毒的能力，有助于保护植物免受感染。

一些由植物产生的次生代谢产物可用作杀虫剂。例如烟草（*Nicotiana*）中的尼古丁；某些菊花中的除虫菊酯；印度苦楝（*Azadirachta indica*）中的印楝素；柑橘属（Citrus）植物中的右旋柠檬烯；鱼藤属

（Derris）植物中的鱼藤酮；红辣椒中的辣椒素等。

化感物质是已知的一类可以影响邻近植物生长的次级代谢产物。黑核桃（*Juglans nigra*）和臭椿（*Ailanthus altissima*）这两种植物均被发现可以从其根系分泌化感物质以抑制其树冠之下的植物的生长。一些乔木和灌木的枯枝落叶也同样具有类似的效果。其他的例子还包括鼠耳山柳菊（*Hieracium pilosella*）。

植物的味道

许多次生代谢产物具有鲜明的气味或味道。这无疑是对食草动物取食所做出的进化上的反应，但对人们来说，这些次生代谢产物赋予了许多食品植物独特的品质。所涉及的化学反应有时非常复杂，例如番茄就经常被描述为果味或甜香中混有一丝泥土或发霉的气味。此外，这些气味会随着果实成熟发生改变，因为这些复杂的挥发性芳香化合物的混合物也会与果实中的果糖、葡萄糖发生相互作用。据统计，有 16 ~ 40 种化合物会对番茄的风味产生影响。

西非灌木神秘果（*Synsepalum dulcificum*）的果实具有一种奇特的能力，它可以使酸味的食物尝出甜味。它含有一种名为奇果蛋白的糖蛋白，能够结合到舌头的味蕾上，使随后吃下的所有东西尝起来都是甜的，即使它们本来是酸的。来自同一地区的奇异果（*Thaumatococcus danielli*）可以产生一种名为奇异果甜蛋白的极甜的蛋白质。它比蔗糖甜 3 000 倍，而且几乎不含卡路里，使其可用作适合糖尿病患者的天然甜味剂。

许多十字花科的作物都有一股苦味，特别是球芽甘蓝。近年来，人们培育出许多新品种以减少或消除这种苦味，生产出吃起来更甜的球芽甘蓝。引起苦味的是一类名为芥子油甙的化学物质，它们主要是为了防御昆虫和食草的哺乳动物的取食而产生的。因此，甜味的球芽甘蓝更容易遭受虫害。

Capsicum annuum
辣椒

黄瓜也一度被认为是很苦的蔬菜，还会引起某些人相当严重的消化不良以及其他消化道问题。这主要是由一种名为葫芦素的化学物质引起的。但人们已经被培育出了一种名为“不打嗝”的黄瓜品种，它们会产生较少的葫芦素。研究表明当黄瓜处于胁迫条件时，葫芦素的含量就会增加，所以这些栽培品种如果在不适宜的条件下种植，结出的黄瓜也很可能会变苦。不适宜的条件包括浇水不足或不规律、极端温度和营养缺乏等。

绝大多数豆类，但特别是大豆、扁豆、青豆和芸豆，如果生吃会有剧毒。因为它们含有一类名为凝集素的化学物质，所以必须要把它们完全煮熟、充分浸泡、发酵或发芽以后才能放心食用。某些豆类需要吃掉相当多才会引起中毒反应，但仅仅四五颗生芸豆就可引起严重的胃痛、腹泻、呕吐等症状。

进一步的植物防御手段

拟态和伪装

许多植物会使用进一步的手段防御捕食者，这些手段已不属于主动防御和被动防御的范畴了。例如拟态和伪装就发挥了巨大的作用，而其他一些植物会“聘请”动物为其自身提供服务，以提高它们的竞争优势，正如前文介绍过的牛角金合欢的例子。当含羞草被触摸或受到震动时，它会马上做出反应——叶片迅速地闭合，这种对接触振动做出的反应被称为感振性反应。这种反应随后通过电信号和化学信号传遍整个植株，并突然减少了可攻击的区域，也会物理性地驱逐掉一些小型昆虫。

一些植物会在叶片上模拟蝴蝶卵的存在，这样便可以阻止真正的卵产在叶片上，因为雌蝶一般不会将卵产在已有蝴蝶卵的植物上。西番莲属植物（*Passiflora*）的一些种类会在叶片上产生特殊的物理结构，与黄色的袖蝶（*Heliconius*）卵十分类似。野芝麻（*Lamium*）会模仿荨麻（*Urtica*）的外形，希望能够通过这种“冒名顶替”骗过捕食者。

植物要想良好地伪装自己要比动物困难得多，因为植物需要经常平衡隐藏自我与吸引传粉昆虫和种子传播者之间的关系。生石花属植物（*Lithops*）就将伪装做到了极致，它们的外表与其栖息地周边的石子和卵石非常像。

互利共生

互利共生是另一种类型的防御手段，植物会吸引其他动物以保护其自身免受攻击。共生关系可以单纯地通过为帮手提供花蜜等食物来源得以实现：有些蜜腺就长在花朵之外，并不用于传粉，这些外蜜腺就是为了回报共生动物而设的。有些种类的西番莲就有这样的外蜜腺，它们会吸引蚂蚁用来防御产卵蝴蝶。

有些植物甚至会为它们的“助手”提供保护和住房，正如我们在金合欢树上所见，它们产生了基部膨大的尖刺，形成的镂空结构为蚂蚁提供了住所。它们的叶子上还有外蜜腺，可以生产蜜液为蚂蚁提供食物。血桐属（*Macaranga*）植物的茎皮很薄，也可给蚂蚁提供住所以及独有的食物来源。

互利共生还会发生在化学水平上。植物与真菌也可能会发展成共生关系，真菌产生的毒素能够帮助植物抵御捕食者，在例如羊茅属（*Festuca*）和毒麦属（*Lolium*）植物中已发现了此类

Mimosa pudica
含羞草

机制。这种共生方式帮助植物节省了自己产生次级代谢产物的能量。某些为了应对昆虫攻击而产生的次级代谢产物不仅可以充当提醒其他临近植株的“报警”信号，还可以吸引这些植食昆虫的天敌。

昆虫对次生代谢产物的反应

可以预料的是，随着时间的推移，在植物反复尝试毒害它们的捕食者之后，这些植食动物也会开始表现出一定程度的适应或演化出耐受这些次生代谢产物的能力，例如可以迅速代谢毒素或将其迅速排泄出体外。许多取食广泛的哺乳动物都有化解轻微毒性的能力；还有一些昆虫能够以产生尼古丁的植物为食——它们只会吸食韧皮部中的汁液，其中不含尼古丁。

值得注意的是，许多昆虫都能够将植物毒素累积在自身体内，并用它们作为对其食肉动物天敌的防御机制。叶蜂取食松树并把松针中的树脂储存在它们的肠道内。这些树脂可以帮助叶峰防御鸟类、蚂蚁、蜘蛛以及一些寄生虫。朱砂蛾（*Tyria jacobaeae*）的幼虫取食新疆千里光（*Senecio jacobaea*）并吸收其有毒生物碱，使其自身变得十分难吃。成蛾会以鲜红的体色作为警告。

生物防治

园艺工作者们有时会利用或被鼓励使用植物害虫的天敌作为化学防治的替代，这种方法被称为生物防治。在开放的花园中，如瓢虫、草蛉和食蚜蝇等昆虫可以吃掉大量的蚜虫和其他软体昆虫，对维持害虫水平处于合理范围起到了显著的作用。

园艺工作者们已经开始成功地将许多害虫的天敌用于控制害虫种群，例如捕食螨、寄生蜂或致病线虫等。由于大部分生物防治手段需要相对稳定的条件，并在温度和湿度方面有着具体特定的要求，因此它们主要用于温室和暖房中。用于控制蛞蝓的蛞蝓线虫（*Phasmarhabditis hermaphrodita*）以及控制藤象鼻虫的斯氏线虫（*Steinernema kraussei*）和异小杆线虫（*Heterorhabditis megidis*）在土壤温度高于5℃时就具有活力，因此可以在室外使用。其他一些线虫可用于控制大蚊幼虫、金龟子幼虫、眼蕈蚊以及胡萝卜、洋葱和白菜根蝇幼虫，它们通常需要在土壤温度达到12℃以上的温暖环境中才能发挥作用。

朱砂蛾（*Tyria jacobaeae*）的幼虫取食千里光，并将其有毒的生物碱吸收并累积在自身体内。

抗病育种

许多植物育种者致力于培育出抗虫抗病的植物新品种，以保护它们免受病害侵扰，从而减少农药用量。出于时间和成本考虑，大部分研究集中在经济价值十分重要的粮食作物上。

培育抗虫抗病的新品种通常涉及从野生种或已知的栽培种中寻找具有合适抗性的遗传物质，然后将其转入到其他的品种中去。例如在苹果研究中，人们已经开发了抗梨火疫病菌（*Erwinia amylovora*）、白粉病（*Podosphaera leucotricha*）、疮痂病（*Venturia inaequalis*）以及苹果绵蚜（*Eriosoma lanigerum*）的品种。在育种过程中使用的抗性基因主要来源于苹果属的许多野生种，例如多花海棠（*Malus floribunda*）、苹果（*M. pumila*）和西府海棠（*M. × micromalus*）抗病育种的过程与杂交育种相同（见第119页）。它包括以下步骤：

鉴定

野生近缘种和一些老品种经常被用作育种的材料，因为它们常常携带一些有用的抗性性状。因此，基因库和种子库中之所以保存了许多古老物种和年代久远的品种，就是为了保留下它们的基因材料。

杂交

将一个具有所需性状的栽培品种（例如口味好和产量高）与一个具有抗性基因的植物进行杂交。

种植

将杂交产生的新植物种群种植在一个易染虫害或疾病的环境中，通常在温室里。这可能需要人工接种并仔细筛选病原体，因为对于同一病原体的不同菌株而言，植物抗性的效力会有很大差异。

选择

抗性植物是被选择出来的。同时，由于植物育种者们还在努力改善植物主要与产量和品质相关的其他性状，因此谨慎地选择至关重要，必须保证其他的有用性状不会丢失。

许多多年生作物通常是无性繁殖的，例如大部分水果和土豆。在此类情况下，可以通过更先进的方法进行抗病育种，即将源自抗病物种或栽培品种的基因直接导入到植物细胞中，对植物加以改进。在一些案例中，基因可以从毫无亲缘关系的生物体中转入，这一科学领域被称为基因修饰或转基因。尽管很多人都在担心此类研究会对环境产生不良影响，但毫无疑问，这项技术在植物育种领域的地位已经得到公认。

一种抗性如果经过多年的广泛种植仍然有效，那么它就可以被定义为持久抗性。不幸的是，一些抗性很容易随着病原体种群的进化被克服或躲避掉，因此人们始终需要不断地研究抗病育种。

Malus floribunda
多花海棠

生理失调

植物出现的许多问题都与害虫或疾病无关。它们反而可能是由环境或栽培条件不佳导致的，例如光照不足或过强、天气灾害、内涝以及缺乏营养等，这些对植物的生长有着直接的影响。

判断植物是否出现生理失调，首先就应该检查植物所处的环境和土壤条件是否适宜，以及最近是否出现了极端天气，例如暴雨、干旱、晚期或初期霜冻以及强风。土壤分析也会有所帮助。更多有关环境因子及其对植物影响的信息请详见第六章。

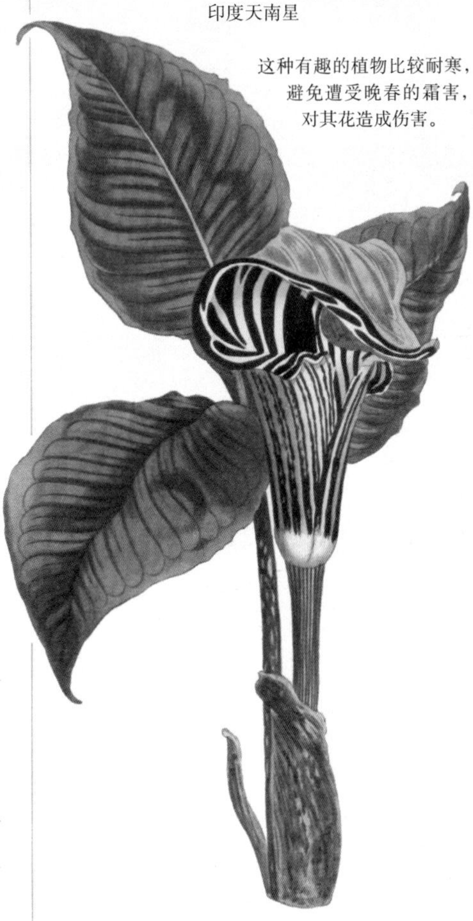

天气灾害

暴风雨、雪和霜

受寒冷和霜冻而死的植物可能会在春季开始长叶，但在几个月之后突然死亡。究其原因是树叶正常生出，但是如果根部已经死亡，植物就无法吸收水分来补充从叶片丢失的那部分了。霜冻和寒冷主要影响那些不耐寒的植物，但如果新生部位遭受严重霜冻，即使是耐寒植物也会受伤，尤其是在经历一段时间的温暖天气之后突然转冷。除了上述的例子，植物受冻的症状通常在过夜之后表现出来，例如顶端生长萎蔫、茎顶梢枯死以及芽变色。遭受霜冻的花通常会夭折，不结果。

在春季，霜害和冷害也是可以避免的，只要保证不耐寒的植物在霜冻危险过去之后再种到室外即可，或是对它们进行适当的抗寒锻炼以使其能够适应室外的气候条件。如果有预报霜冻即将来临，可以用园艺毯对易受影响的植株加以保护。即使实际上没有结霜，干燥的冷风也会严重影响春季植物生长，因此适当地遮蔽或架设防风墙是非常有必要的。

Arisaema triphyllum f. zebrinum
印度天南星

这种有趣的植物比较耐寒，但需要避免遭受晚春的霜害，霜冻会对其花造成伤害。

干旱、暴雨和渍水

干旱会导致植物忍受水分胁迫并枯萎。一旦植物受到旱灾影响，它能否恢复取决于

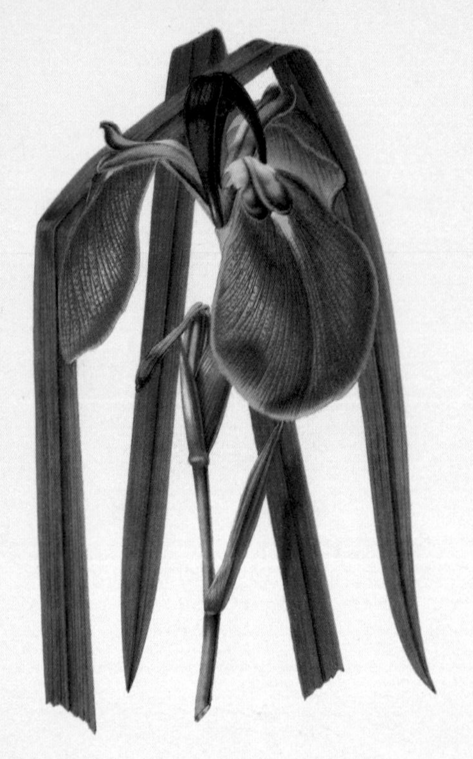

玉蝉花（Iris ensata）喜欢潮湿的土壤，应避免干旱。

根部是否受到严重损坏。在长期炎热、干燥的天气下，植物需要充足地浇水。浇灌根部周围的土壤，保证土壤每周几次被彻底浇透，要比每天浅层浇水更为有利。覆盖物也有助于保持土壤水分以及根系凉爽。

大雨，特别是久旱过后的大雨，容易导致块根作物和西红柿开裂，土豆变形、空心。提高土壤中的有机质含量并使用覆盖物会有助于在环境条件突发变化时充当缓冲。

在排水不良的粘土上容易发生渍水，尤其是在强降雨之后。植物会变黄并发育迟缓，并且它们往往更容易受到干旱和疾病的威胁。改良土壤及其排水情况将有助于缓解这个问题。冰雹会损坏果皮较软的果实，引起褐腐病及其他疾病的感染。苹果表面上的褐色斑点或纹路表明其曾遭受过一场春季冰雹的袭击。

像暴风雨、雪或霜这样的仅仅一次短暂的天气事件，就会给植物造成损害，但通常情况下长期的天气事件造成的危害最为严重，并在某些情况下，危害的症状可能需要数周或数月时间才会表现出来。当植物出现叶片变褐、萎蔫、枯死或其他症状时，应考虑过去一年来的天气状况，并寻找害虫和疾病的迹象。

养分缺乏

植物生长中出现的例如叶片变色等一系列症状可能是由于土壤养分缺乏导致的。这可能由必需元素不足甚至过量引起，还可能因为土壤 pH 值不适，使得原本存在的养分被“锁定”，无法提供给植物。避免养分缺乏的关键在于确保土壤健康，并含有丰富的腐熟有机质（见第六章）。

虽然营养缺乏的主要症状已在第六章有所介绍，但还有一些症状特定地出现在某些植物上。例如，苹果苦痘病是由缺钙引起的，它会导致果实的表皮出现凹陷和苦味的褐斑。而西红柿和辣椒缺钙会引起脐腐病——离茎最远的果顶上出现凹陷、干燥和腐烂的区域。

叶斑病

虽然许多真菌和细菌性疾病可以引起叶斑症状，但它们也可能是由生理失调导致的。这是在一些常青树和不完全耐寒的植物上经常发生的问题。叶斑通常表现为叶片上出现紫褐色斑点，这也是处于胁迫下的植物的典型症状。在寒冷潮湿的冬天，寒风或霜冻不论单独哪个或是一同出现，都会造成叶斑症状。新近种植的植物，特别是成熟或半成熟的个体，尤其容易受到影响。

番茄不熟症

番茄果实上出现硬绿区域的症状称为番茄不熟症，而成熟果实长满斑点，内部组织变白或微黄的症状被称为白壁症。两者都是由光照过强、高温或养分缺乏引起的。较大的温度波动很可能会对大多数植物产生胁迫，特别是对于花椰菜而言，它们会表现得格外“繁茂”，每朵小花都会发育伸长，看起来就像点点米粒一般。

浮肿

浮肿是叶片上产生的木栓化凸起的斑点和斑块。虽然它们听上去和看起来像是一种疾病，但其实都是由水的过度积累导致的——当植物从根部获得的水多于它能从叶片蒸发出去的水时，过多的水就会导致细胞破裂。过度灌溉或渍水通常是浮肿发生的主要原因，或者是由于种植植物的温室或塑料大棚湿度过高所致。浮肿在以下几种植物中最常出现，如山茶花、倒挂金钟、天竺葵、仙人掌和一些多肉植物。

Crassula coccinea
红花青锁龙

因为这是一种多肉的多年生植物，所以不应浇水过多。特别是在它不开花时应保证土壤干燥。

突变造成的生理失调

植物突变是自然发生的基因突变，它可以使任何植物的任何器官外表发生改变。它们会以多种不同的方式展现出来，例如奇怪颜色的花、双花以及叶上的条纹、斑点或彩斑等。

多数的突变是细胞内随机产生的变化结果，但它也可以被寒冷天气、温度波动或虫害等条件触发。通常情况下，突变的植物会在来年恢复到其原来的模样，但如果产生的突变是稳定的并可以一年年或一代代地遗传下去，它就具有了成为一个新的商业品种的潜力。

在开花植物中，有时植物会产生扁平、细长的嫩枝和花序，看起来就像把许多茎压扁揉在一起的样子，这种现象被称为扁化。它的产生原因有很多，比如植物生长点的异常活动、随机的基因突变、细菌或病毒感染、霜冻或动物危害等，甚至可能是由锄地造成的机械损伤而引发的结果。

扁化现象的发生是不可预测的，并通常只发生在一个枝条上。通常受影响的植物包括翠雀、毛地黄（*Digitalis*）、大戟、连翘、百合、报春花、柳树（*Salix*）以及腹水草。一些稳定扁化的植物会被繁殖以保持它们的性状，并已成为栽培植物。例如百鸟朝王鸡冠花（*Celosia argentea var. cristata*）和日本扇尾柳（*Salix udensis 'Sekka'*）。如果在花园中发现了扁化的枝条，若不想要的话，使用干净的修枝剪就可以轻而易举地将其去除。

维拉·斯卡尔斯·约翰逊

1912—1999

维拉·斯卡尔斯·约翰逊（Vera Scarth-Johnson）是一位著名的植物学家、植物插画家和环保主义者。她最令人铭记的是她对库克敦（Cooktown）地区丰富独特的植物类群的热爱，尤其是在澳大利亚昆士兰州（Queensland）约克角半岛（Cape York Peninsula）的奋进河谷（Endeavour River Valley）。她被视为澳大利亚的国宝，鼓舞并激励着人们珍惜澳大利亚这一地区的植被和环境。

维拉·斯卡尔斯·约翰逊不仅是一名备受尊敬的植物学家和植物画家，还是一位活跃的生态环境保护者。

维拉出生于在英国利兹市附近，她上的学校离詹姆斯·库克船长（Captain James Cook）的出生地很近，库克船长是有历史记录以来第一个到访澳大利亚东海岸的欧洲探险家。她前往巴黎求学，但她发现除了花园以外，自己对其他事物都不感兴趣。随后她返回英国，在两所学院学习艺术。因为她自幼就是一个狂热的园艺工作者，所以她十分渴望投身于园艺事业。然而，她无法找到一位愿意接纳女学徒的雇主。但维拉毫不退缩，经过五年在不同岗位上的工作，她终于攒够了钱去完成赫特福德郡农业研究所（Hertfordshire Institute of Agriculture）的园艺课程。在此之后，她曾在一个商品菜园工作，直到她的祖父，一位富裕的羊毛制造商，给了她一些钱，她才建立起自己的商品菜园。

第二次世界大战之后，维拉移居到澳大利亚。那时她已35岁左右，可能是受到库克船长的启发，在定居昆士兰州之前，她先住到了维多利亚州。在这里，她种植蔬菜、烟草和甘蔗，成为了仅有的第二个获得砂糖分配权的女性。维拉是位非常勤奋、事必躬亲的农民。

一有任何闲暇时间，维拉就会去画当地的植物花卉，积累了大量藏品。在20世纪60年代中期，她听到一个电台采访英国皇家植物园邱园园长的节目，他提到邱园在很大程度上依赖于义务援助，尤其是来自世界各地的收藏家的援助。维拉随即写信给园长，主动提供帮助并附上了她的一些画作，由此开始了她与邱园标本馆漫长却又充满热情的姻缘。

维拉进行了多次自费旅行，在澳大利亚和太平洋岛屿上收集植物标本，提供给澳大利亚、邱园以及其他欧洲和北美的标本馆。这些机构都极大地受益于她的研究和对项目的热情，例如仅昆士兰州标本馆一家就接收了来自她的超过1 700份植物标本。

告别了奋进河谷的美景，在她60岁的时候，维拉在库克敦定居并开始收集该地区的本土植物。在当地土著部落（Guugu-Yimithirr）原住民的陪同下，她开展了多次大范围的探险旅程，发现新的植物物种甚至还记录下它们的用途。可能是受到了约瑟夫·班克斯（Joseph Banks）和丹尼尔·索兰德（Daniel Solander）的启发，前者参与了詹姆斯·库克船长的第一次伟大的航海发现之旅，而后者是第一位踏上澳大利亚大陆的受过大学教育的科学家，维拉开始着手描绘和记录的这片区域内的植物。不幸的是，由于罹患帕金森氏病，她最终只完成了160幅插图。

维拉性格外向、充满魅力，是一名积极的社会活动家。她反对任何会对她所称的“我的河”（奋进河）产生不利影响的开发活动——有人曾提议在奋进河的北岸建立一座硅砂矿，但在维拉呼吁人们认识到其对环境的威胁之后，当地建立起了奋进河国家公园。

在库克敦植物园（Cooktown Botanic Gardens）的自然之力大楼（Nature's Power house）内展览着维拉的无价的植物插画藏品。她的愿望是通过这些藏品和自然之力大楼来鼓舞人们欣赏和保护自然环境。为了纪念她，位于金坤那国家公园（Kinkuna National Park）附近的班德堡（Bundaberg）东南部的一个自然生态区被命名为“维拉·斯卡尔斯·约翰逊野花保护区”（Vera Scarth-Johnson Wildflower Reserve）。

Nicotiana tabacum
烟草

当维拉搬到昆士兰之后，她开始种植烟草等作物作为收入来源。

Vappodes phalaenopsis
蝴蝶石斛

蝴蝶石斛是昆士兰植物区系的代表物种。这幅由维拉·斯卡尔斯·约翰逊绘制的插图展示了其生长在鸡蛋花树上的场景。

《国家宝藏：库克敦和澳大利亚北部有花植物》（*National Treasures: Flowering Plants of Cooktown and Northern Australia*）是一本介绍维拉的插画藏品的书，上面有她的笔记和其他丰富的信息。其他书籍如《暖东海岸和新南威尔士州的野花》（*Wildflowers of the Warm East Coast and Wildflowers of New South Wales*）。

维拉被授予澳大利亚勋章（OAM），以表彰她对于植物插画艺术和环境保护的贡献。

参考书目

Attenborough, D. *The Private Life of Plants*. BBC Books, 1995.

Bagust, H. *The Gardener's Dictionary of Horticultural Terms*. Cassell, 1996.

Brady, N. & Weil, R. *The Nature and Properties of Soils*. Prentice Hall, 2007.

Brickell, C. (Editor). *International Code of Nomenclature for Cultivated Plants*. Leuven, 2009.

Buczaki, S. & Harris, K. *Pests, Diseases and Disorders of Garden Plants*. Harper Collins, 2005.

Cubey, J. (Editor-in-Chief). *RHS Plant Finder 2013*. Royal Horticultural Society, 2013.

Cutler, D.F., Botha, T. & Stevenson, D.W. *Plant Anatomy: An Applied Approach*. Wiley-Blackwell, 2008.

Halstead, A. & Greenwood, P. *RHS Pests & Diseases*. Dorling Kindersley, 2009.

Harris, J.G. & Harris, M.W. *Plant Identification Terminology: An Illustrated Glossary*. Spring Lake, 2001.

Harrison, L. *RHS Latin for Gardeners*. Mitchell Beazley, 2012.

Heywood, V.H. *Current Concepts in Plant Taxonomy*. Academic Press, 1984.

Hickey, M & King, C. *Common Families of Flowering Plants*. Cambridge University Press, 1997.

Hickey, M & King, C. *The Cambridge Illustrated Glossary of Botanical Terms*. Cambridge University Press, 2000.

Hodge, G. *RHS Propagation Techniques*. Mitchell Beazley, 2011.

Hodge, G. *RHS Pruning & Training*. Mitchell Beazley, 2013.

Huxley, A. (Editor-in-Chief). *The New RHS Dictionary of Gardening*. MacMillan, 1999.

Kratz, R.F. *Botany For Dummies*. John Wiley & Sons, 2011

Leopold, A.C. & Kriedemann, P.E. *Plant Growth and Development*. McGraw-Hill, 1975.

Mauseth, J.D. *Botany: An Introduction to Plant Biology*. Jones and Bartlett, 2008.

Pollock, M. & Griffiths, M. *RHS Illustrated Dictionary of Gardening*. Dorling Kindersley, 2005.

Rice, G. *RHS Encyclopedia of Perennials*. Dorling Kindersley, 2006.

Sivarajan, V.V. *Introduction to the Principles of Plant Taxonomy*. Cambridge University Press, 1991.

Strasburger E. *Strasburger's Textbook of Botany*. Longman, 1976.

网站资源

Arnold Arboretum, Harvard University
www.arboretum.harvard.edu

Australian National Botanic Gardens & Australian National Herbarium
www.anbg.gov.au

Backyard Gardener
www.backyardgardener.com

Botanical Society of America, web resources
www.botany.org/outreach/weblinks.php

Botany.com
www.botany.com

Chelsea Physic Garden, London
www.chelseaphysicgarden.co.uk

Dave's Garden
www.davesgarden.com

Garden Museum
www.gardenmuseum.org.uk

International Plant Names Index (IPNI)
www.ipni.org

New York Botanical Garden
www.nybg.org

Royal Botanic Gardens, Kew
www.kew.org

Royal Horticultural Society
www.rhs.org.uk

Smithsonian National Museum of Natural History, Department of Botany
www.botany.si.edu

University of Cambridge, Department of Plant Sciences
www.plantsci.cam.ac.uk

University of Oxford Botanic Garden
www.botanic-garden.ox.ac.uk

USDA Plants Database
www.plants.usda.gov

索引

图片来源

Front cover: Huffcap Pear © RHS, Lindley Library
Digitalis purpurea © RHS, Lindley Library

Back cover: Rosaceae, Pyrus aria © RHS, Lindley Library

26, 29, 47, 48, 59, 60, 61, 65, 66, 67, 71, 72, 73, 75, 76, 78, 80, 86, 90, 91, 92, 99, 102, 103, 104, 119, 120, 125, 127, 128, 130, 142, 149, 151, 152, 153, 160, 163, 173, 179, 180, 181, 183, 193, 197, 200, 204 & 219 © RHS, Lindley Library

94, 168 & 182 © Alamy

96 © Getty Images

201 205 & 206 images used with permission of the Agricultural Scientific Collections Trust, NSW, Australia

All images in this book are public domain unless otherwise stated.

Every effort has been made to credit the copyright holders of the images used in this book. We apologise for any unintentional omissions or errors and will insert the appropriate acknowledgment to any companies or individuals in subsequent editions of the work.

图书在版编目（CIP）数据

英国皇家园艺学会植物学指南 /（英）霍奇（Hodge, G.）著；何毅译．—重庆：重庆大学出版社，2016.4（2024.7 重印）
书名原文：RHS Botany for Gardeners
ISBN 978-7-5624-9688-5

Ⅰ．①英… Ⅱ．①霍… ②何… Ⅲ．①植物学–指南 Ⅳ．①Q94–62

中国版本图书馆CIP数据核字（2016）第034813号

英国皇家园艺学会植物学指南
yingguo huangjia yuanyi xuehui zhiwuxue zhinan
[英]杰夫・霍奇 著
何 毅 译
刘全儒 审订

责任编辑 王思楠
责任校对 邹 忌
封面设计 韩 捷
内文制作 常 亭

重庆大学出版社出版发行
出版人 陈晓阳
社址 （401331）重庆市沙坪坝区大学城西路 21 号
网址 http://www.cqup.com.cn
印刷 当纳利（广东）印务有限公司

开本：720mm×980mm 1/16 印张：14.25 字数：295千
2016年5月第1版 2024年7月第9次印刷
ISBN 978-7-5624-9688-5 定价：86.00元

RHS Botany for Gardeners
Contributing Author: Geoff Hodge
RHS Consultant Editor: Simon Maughan

First published in Great Britain in 2013 by Mitchell Beazley,
an imprint of Octopus Publishing Group Ltd,
Endeavour House, 189 Shaftesbury Avenue, London WC2H 8JY
www.octopusbooks.co.uk

An Hachette UK Company
www.hachette.co.uk

Published in association with the Royal Horticultural Society

版贸核渝字（2015）第248号